国家杰出青年科学基金项目资助

大跨建筑结构倒塌破坏机理

韩庆华　芦　燕　徐　颖　著

科学出版社

北　京

内 容 简 介

本书总结了作者十多年来大跨建筑结构倒塌破坏机理相关研究成果。从工程实例出发,对国内外的大跨建筑结构倒塌实例进行汇总并剖析其原因,重点论述了大跨建筑结构的倒塌分析方法。围绕常见大跨建筑结构体系(网架结构、网壳结构、立体桁架结构等)开展增量倒塌分析和连续倒塌分析以阐明其破坏机理,提出相关的大跨建筑结构抗倒塌设计方法。最后对大跨建筑结构中常见非结构构件的抗震性能进行系统阐述。

本书为大跨建筑结构倒塌破坏机理的理论研究和推广应用奠定了基础,为我国相关规范、规程的修订提供重要资料,可为从事大跨建筑结构领域的广大科技工作者和设计人员提供参考和借鉴,亦可作为研究生和本科生的学习用书。

图书在版编目(CIP)数据

大跨建筑结构倒塌破坏机理/韩庆华,芦燕,徐颖著. —北京:科学出版社,2017.6

ISBN 978-7-03-053518-4

Ⅰ.①大… Ⅱ.①韩… ②芦… ③徐… Ⅲ.①建筑结构-大跨度结构-坍塌-研究 Ⅳ.①TU399

中国版本图书馆 CIP 数据核字(2017)第 127892 号

责任编辑:任加林 / 责任校对:刘玉靖
责任印制:吕春珉 / 封面设计:耕者设计工作室

科学出版社 出版
北京东黄城根北街 16 号
邮政编码:100717
http://www.sciencep.com

三河市骏杰印刷有限公司 印刷
科学出版社发行 各地新华书店经销

*

2017 年 6 月第 一 版   开本:B5 (720×1000)
2017 年 6 月第一次印刷   印张:19 1/2
字数:380 000

定价:80.00 元
(如有印装质量问题,我社负责调换〈骏杰〉)
销售部电话 010-62136230 编辑部电话 010-62139281(BA08)

序　言

　　大跨建筑结构是一个富有生命力的结构领域。近30年来，各种类型的大跨建筑结构在美、日、欧、澳等国家发展很快。建筑物的跨度和规模越来越大，采用了许多新材料和新技术，创造了丰富的空间结构形式。许多宏伟而富有特色的大跨建筑结构已成为当地的象征性标志和著名人文景观。从今天来看，大跨建筑结构已成为一个国家建筑科技发展水平的重要标志之一。20世纪80年代以后，我国各种类型的大跨建筑结构进入协调的发展阶段，出现了越来越多的创新设计，形势相当喜人。同时，2008北京奥运会、2011深圳世界大学生运动会、2014南京青奥会等国际赛事的举办，全国交通枢纽的建设与升级，进一步促进了大跨建筑结构的建设，如北京奥运会主体育场"鸟巢"、国家大剧院、深圳宝安国际机场、武汉火车站、北戴河火车站等，这些闻名于世的标志性大跨建筑结构代表了新时期我国建筑领域取得的新成就。自2013年提出"一带一路"倡仪以来，沿线基建投资已达数万亿。我国相继制定了一系列重大城市和交通基础设施、能源和资源基础设施等的建设规划。未来20～30年仍是我国大规模基础设施建设的高峰期，也为大跨建筑结构的发展及应用带来巨大的机遇。

　　然而，在施工或使用过程中由于荷载或环境改变，遭受地震、风灾、暴雪等自然灾害所导致的大跨建筑结构倒塌事故却时有所闻，像巴黎戴高乐机场候机楼屋盖倒塌、德国巴特赖兴哈尔溜冰场屋盖倒塌、广东奥林匹克中心羽毛球综合馆膜结构坍塌等。这些大跨建筑结构的倒塌破坏造成了不可估量的人员伤亡和财产损失，严重影响了生命财产安全乃至社会稳定。2016年7月28日，习近平总书记在唐山抗震救灾和新唐山建设40年之际调研考察时指出：努力实现从减少灾害损失向减轻灾害风险转变，全面提升全社会抵御自然灾害的综合防范能力。因此，在保证建筑主体结构本身的安全可靠的同时，需保证建筑结构中非结构构件不损坏和不中断工作，以使灾后人员损伤和财产损失降至最低，已成为结构工程领域研究的热点与难点。

　　该书开篇精要地对大跨建筑结构的发展及工程应用进行了概述。从工程实例出发，对国内外的大跨建筑结构倒塌实例进行汇总并剖析其原因，重点论述了大跨建筑结构的倒塌分析方法。后续章节围绕常见大跨建筑结构体系（网架结构、网壳结构、立体桁架结构等）开展增量倒塌分析和连续倒塌分析以揭示其破坏机理，并提出大跨建筑结构相关抗倒塌设计方法。最后对大跨建筑结构中常见非结构构件的抗震性能进行系统阐述。全书内容丰富、系统全面、图文并

中常见非结构构件的抗震性能进行系统阐述。全书内容丰富、系统全面、图文并茂，可读性好。

该书系统介绍大跨建筑结构倒塌破坏机理，不仅是作者及科研团队近些年研究成果的总结，也集中展现了我国大跨建筑结构倒塌破坏机理研究的技术水平。相信该书的出版有助于广大科研工作者和技术人员了解和掌握大跨建筑结构倒塌破坏机理的相关知识，为大跨建筑结构的抗倒塌设计提供参考和借鉴。

天津大学

2017 年 5 月

前　　言

近年来，大跨建筑结构在世界范围内得到了广泛应用。这不仅能够衡量一个国家的建筑发展水平，同时也可体现一个国家的综合国力。我国大跨建筑结构研究和应用虽起步较晚，但发展速度惊人。在体育场馆、交通枢纽、会展中心、影视剧院、工业建筑等重大工程中，出现了一批规模宏大、形式新颖、技术先进的地标式建筑，大跨建筑结构也迅速地融入了公众生活。这为大跨建筑结构的发展创造了机遇，也提出了全新的挑战。

由于大跨建筑结构主要应用于活动频繁、人员密集的公共建筑中，其在施工或使用过程中由于荷载或环境改变，遭受地震、暴雪等会引起结构的受力模式、传力途径及应力分布发生变化，进而导致整体失效或节点失效直至倒塌破坏，已造成不可估量的人员伤亡和财产损失，严重影响了生命财产安全乃至社会安全。因此，结构安全是大跨建筑结构领域追求和发展的永恒主题。本书首先对大跨建筑结构的倒塌实例进行汇总和分析，重点介绍了开展结构倒塌分析的分析原理及方法，阐述了常见大跨建筑结构体系的倒塌破坏机理与性能分析，便于为同类研究人员和工程设计人员在进行大跨建筑结构倒塌破坏机理分析时提供参考。

本书共分十章。第 1 章讲述了大跨建筑结构的发展、大跨建筑结构倒塌实例及原因分析、结构倒塌破坏基本概念及分类以及结构倒塌判定准则；第 2 章重点论述了增量倒塌和连续倒塌的分析方法；第 3 章讲述了网架结构倒塌破坏机理及性能分析；第 4 章讲述了网壳结构倒塌破坏机理及性能分析；第 5 章讲述了拱形立体桁架结构倒塌破坏机理及性能分析；第 6 章讲述了网架结构抗连续倒塌性能分析；第 7 章讲述了球面网壳结构抗连续倒塌性能分析；第 8 章讲述了柱面网壳结构抗连续倒塌性能分析；第 9 章讲述了立体桁架结构抗连续倒塌性能分析；第 10 章重点讲述了非结构构件抗震性能及破坏机理。

本书第 1、2、3、6、7 章由韩庆华教授编写，第 4、5、10 章由芦燕副教授编写，第 8、9 章由徐颖博士编写。本书由韩庆华教授统稿。研究生黄倩文、吴凡、邓丹丹等参与了部分文字和图表的整理、绘制工作。博士研究生刘一鸣、赵一峰，硕士研究生王晨旭、傅本钊、张学哲、黄倩文等协助完成了部分试验、计算和分析工作。他们均对本书的完成做出了重要贡献，在此表示衷心的感谢。

本书是在作者及其科研团队十多年研究工作的基础上完成的，由于作者水平有限，书中难免存在不足之处，敬请读者批评指正，以便在今后的研究工作中加以改进。

著　者

2017 年 5 月

目　录

第1章 绪 论

进入 21 世纪，我国的社会经济得到了飞速发展，人们对建筑的要求也越来越高，大跨建筑结构一直是一种备受瞩目的结构形式，它具有三维空间的结构形体，在荷载作用下为三向受力，呈现空间作用，结构具有明显的空间力学特性。大跨建筑结构已被广泛应用于体育场馆、会展中心、影视剧院、交通枢纽等公共建筑。

1.1 大跨建筑结构的发展

目前，大跨建筑结构的建设如火如荼，结构形式也越来越多，根据受力特点空间结构可分为刚性、柔性和杂交三种结构体系。

刚性结构体系的特点是结构构件具有很好的刚度，结构的形体由构件的刚度形成，属于这一类体系的结构有薄壳结构、折板结构、网架结构、网壳结构等。

薄壳结构受力合理，其力学原理十分巧妙。薄壳结构充分利用了材料的性能，使曲面内的薄膜产生内力（双向轴向力和剪力），依靠这种内力承担外荷载，薄壳结构的厚度很小，造型美观，但是能承受相当大的荷载。薄壳结构几何形状合理，壳体结构的强度和刚度得到了保证，大部分材料直接受压，材料的潜力得到充分发挥。因此，在建筑工程中，壳体结构得到了广泛的应用。薄壳结构按曲面形成方式进行分类，可以分为圆顶薄壳、双曲扁壳、筒壳、双曲抛物面壳等结构形式。建筑材料大部分采用钢筋或者混凝土。薄壳结构能把材料的强度充分利用，同时又能结合承重结构与围护结构两种功能。在实际工程中，还可充分利用对空间曲面的组合与切削，建造成建筑造型新颖奇特的建筑。薄壳结构的优点在于可以分散压力。著名的悉尼歌剧院就是薄壳结构的成功工程案例之一。

折板结构是由若干狭长的薄板，相交成一定角度，连成折线形的空间薄壁体系。折板结构跨度一般在 30m 以内，在实际工程中适宜于矩形平面的屋盖，两端一般设置通长的圈梁或墙，以此作为折板的支点。常用折板形式有 V 形、梯形等。V 形折板安装方便、制作简单且省材料，目前在我国预应力混凝土 V 形折板得到广泛应用，V 形折板最大跨度一般可以超过 24m。

网架结构大多由钢构件组成，具有多向受力的性能，空间刚度大，整体性强、并有良好的抗震性能、制作安装方便，是我国大跨建筑结构中发展最快、应用最广的一种结构形式。天津科学宫礼堂网架由天津大学设计，建成于 1966 年 6 月，平面尺寸为 14.84m×23.32m，网架高度为 1m，网格形式为斜放四角锥平板网架，周边简支于外墙的刚性过梁上，材料为 Q235 钢。杆件采用壁厚为 1.5mm 的高频电焊薄壁钢管，节点采用壁厚为 3mm 的焊接空心球。其用钢量为 $6.25kg/m^2$，仅为钢筋混凝土屋盖中的钢筋用量或平面钢屋架用钢量的一半，经济效果极其显著。网架结构在我国已有大量的建设实例，材料除采用 Q235 钢和 Q345 钢外，尚有采用不锈钢及铝合金材料做成的网架。另外，网架上弦采用带肋钢筋混凝土平板，下弦及腹杆采用钢管结构，即钢-混凝土组合网架结构，这种结构也有不少建成的工程实例。

网壳结构是曲面形的网格结构，兼有杆系结构和薄壳结构的固有特性，主要优点是覆盖跨度大、整体刚度好、结构受力合理，既有良好的抗震性能、材料耗量低，又有丰富的文化内涵。早在 20 世纪初，德国工程师施威德勒就发明了一种肋环斜杆型网壳，后来这种以他名字命名的网壳一直在圆形屋顶中流传。而今，日本的名古屋穹顶（图 1-1）是当今世界上跨度最大的单层网壳。该体育馆整个圆形建筑直径为 229.6m，支承在看台框架柱顶的屋盖直径为 187.2m。采用钢管形成三向网格，每个节点上都有 6 根杆件相交，采用直径为 1.45m 的加肋圆环，钢管杆件与圆环焊接，成为能承受轴向力和弯矩的刚性节点。为了 1996 年在哈尔滨召开的冬季亚运会而建造的黑龙江速滑馆（图 1-2 和图 1-3），其平面尺寸为 190m×85m，结构用钢量仅为 $50kg/m^2$。

图 1-1　日本名古屋穹顶单层网壳　　　　　图 1-2　黑龙江速滑馆内景图

柔性结构体系的特点是大多数结构构件为柔性构件，如钢缆、钢索、薄膜等，结构的形体必须由体系内部的预应力形成。目前柔性结构体系有悬索结构、充气膜结构、张拉整体结构等。

悬索结构主要由柔性拉索及其边缘构件组成，两者共同承重。组成索的材料也多种多样，随着材料科学的发展，目前索的材料多采用钢丝绳、钢丝束、链条、钢铰线、圆钢以及其他抗拉性能较好的材料。悬索结构能充分发挥高强度材料的抗拉性能，可以把建筑跨度加大。悬索结构材质轻、自重小、材料省、易施工、受力合理、力学计算模型简单、节约工期，并且便于建筑造型，可以适合各种建造的需要。悬索结构以一系列受拉的索作为主要承重构件，这些索按一定规律组

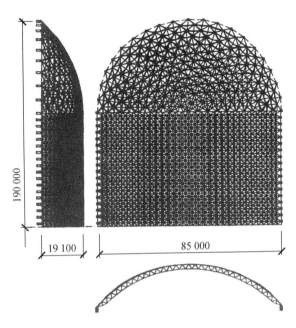

图 1-3 黑龙江速滑馆平面、立面图

成各种不同形式的体系，并悬挂在相应的支承结构上。悬索结构的形式多种多样，按照受力特点一般可将悬索结构分成单层悬索体系、双层悬索体系和索网结构三种类型。

相对于其他结构，膜结构显得比较新颖，膜结构用多种高强薄膜材料为基础，辅以其他材料。膜结构既可以作为覆盖结构，也可以作为建筑物主体。膜结构具有一定的空间强度，所以能够承受一定的外荷载。膜结构不仅形式多样化，而且在满足结构安全、经济的基础上把建造结构的美感表现了出来，体现出丰富的文化内涵。膜结构主要按结构受力特性进行分类，目前常用的结构形式主要有充气式膜结构、张拉式膜结构、骨架式膜结构等形式。张拉膜结构较为常见，主要是通过柱及钢架支承或钢索张拉成形。充气膜结构则是靠室内不断充气，利用产生的压力差，使屋盖膜布上浮，使建筑的跨度增大。骨架式膜结构是目前最新的一种大跨建筑结构体系，适合体育场馆等大中型建筑。气承式膜结构有使用维护费高、漏气等缺点，而骨架式膜结构克服了这些缺点，并且使建筑的净空间加大，更好的满足了使用功能的要求。

杂交结构体系是将刚性和柔性两种结构体系的优点结合起来所组成的结构体系，可以是两种刚性结构体系的组合也可以是刚性和柔性结构体系的组合，如拉索与梁组成的斜拉结构。杂交结构能够同时满足建筑与结构的要求，是建筑师和工程师共同设计的成果。

随着建筑科技的进步，建筑结构呈现多样化，大跨建筑结构也得到了飞速发展。各种不同的结构在实际工程中都已得到广泛的应用，如北京奥运场馆水立方采用膜结构、悉尼歌剧院采用薄壳结构。悬索结构受力合理，节约工期，并且便于建筑造型，可以适合各种建造的需要，除用于大跨度桥梁工程外，在展览馆、体育馆、飞机库、仓库等大跨度屋盖结构中都已被应用。

1.2　大跨建筑结构倒塌实例及原因分析

大跨建筑结构主要应用于活动频繁、人员密集的公共建筑中，其在施工或使用过程中由于荷载或环境改变，遭受地震、风灾、暴雨等会引起结构的受力模式、传力途径及应力分布发生变化，进而导致整体失效或节点失效直至倒塌破坏，造成了不可估量的人员伤亡和财产损失，严重影响了生命财产安全乃至社会安全。

1.2.1　国内大跨建筑结构倒塌实例及分析

1. 深圳国际会展中心网架倒塌

1989 年 5 月建成的深圳国际会展中心 4 号展厅屋盖网架结构 1992 年 9 月 7 日发生整体倒塌（图 1-4），事故发生的主要原因是网架在设计过程中对网架实际屋面荷载形式考虑不当，未考虑天沟及排水坡度的影响，以致暴雨造成屋面积水过多，荷载加大。而在屋盖实际荷载作用下，网架最大支座反力远远大于支座极限承载能力，与最大支座反力相连的压杆也远远超过其临界荷载而受压屈曲，致使整体屋盖结构呈两点支撑的近似悬臂状态，承载力极大降低，整体侧向失稳而倒塌。

2. 湖南耒阳电厂干煤棚倒塌

2000 年 4 月 14 日，湖南耒阳一座 70.68m 跨度的干煤棚，在使用 5 年后发生整体倒塌（图 1-5）。其结构形式为三心圆柱面网壳，两边支座不等高，支承边长为 120m。事故发生的主要原因是该工程在安装基本就位后违反操作规程，在支座未做固定的情况下拆除临时拉索造成支座水平移动 1.4m，竖向落差 0.33m，低端支座向上第 12 列弦杆压屈，并使局部支座、局部杆件与节点受损。随后虽经检修复位，但由此而产生的冲击及复位过程对结构施加的强迫位移导致伸入节点的高强螺栓受损断裂。同时，网壳又长期在非正常的状态下工作，干煤棚中的钢构件接触硫、磷等介质的机会较多，极易腐蚀。该工程在使用过程中又将煤长期堆压在支座节点与杆件上，后经挖掘，发现不少杆件可早已锈蚀而脱离节点。

图 1-4 深圳市国际展览中心网架倒塌实例 　　图 1-5 湖南耒阳电厂干煤棚倒塌实例

3. 内蒙古某钢储罐网壳坍塌

2005 年 10 月内蒙古地区某立式钢储罐的加氢稳定原料罐钢网壳发生整体坍塌。坍塌从西侧开始，顺时针向中心辐射。事故发生时，钢网壳已安装完毕，除边角部位外，大部分蒙皮板已安装就位，在网壳西南侧分三处各堆放蒙皮板 7 张、7 张及 8 张，每张板重约 425kg，共有 8 人在该处进行蒙皮板补角作业。图 1-6 为网壳破坏现场的情况。据现场考察发现，网壳及蒙皮板已经整体塌落，大量节点插件在根部断裂，并有个别插件从毂体中拉出，罐壁及加强槽钢无明显破坏和变形。

（a）整体坍塌现场 　　　　　　　　　　（b）坍塌边部情况

（c）节点破坏情况一 　　　　　　　　　　（d）节点破坏情况二

图 1-6 内蒙古某钢储罐网壳坍塌实例

　　（e）支座节点破坏情况一　　　　　　　　（f）支座节点破坏情况二

图 1-6（续）

　　2005 年 10 月 14 日，坍塌事故专家组对事故现场进行了调查，并就可能的事故原因与有关人员进行了讨论。经过分析，专家组初步认为网壳设计中整体稳定性分析未考虑网壳初始几何缺陷，施工过程中的局部堆载，承插式节点的刚度、强度及延性是网壳整体坍塌的可能原因。

4. 广东奥林匹克中心羽毛球综合馆膜结构坍塌

　　2015 年 5 月 4 日，广州市区普遍出现了大雨到暴雨，其中天河区黄村街奥体路降雨量达 88.3mm。受暴雨影响，广东奥林匹克中心羽毛球综合馆顶棚突然坍塌（图 1-7）。发生坍塌的奥体中心羽毛球馆，报建时名为充气式帐篷，馆体周边和顶棚均使用的是 PPC 塑料。该场馆于 2014 年 8 月建成，高 13m，内部还安装有鼓风机维持帐篷运转。造成场馆坍塌的主要原因是场馆没有固定的桩基，主体结构采用充气膜结构形式，且可拆卸移动，结构形式的特殊性导致结构在雨荷载作用下承载力不足而发生整体坍塌破坏。

图 1-7　广州奥体羽毛球综合馆暴雨坍塌

其他部分空间结构倒塌事故见表 1-1。

表 1-1　空间结构倒塌事故

序号	工程名称	事故概况及原因
1	山西某矿区通信楼	该通信楼为棋盘形四角锥焊接球网架结构，平面尺寸为 13m×18m，在大雨后突然倒塌。原因是"设计有严重超载，焊接质量差，腹杆失稳"
2	东胜市东乔玻化厂一车间	该车间为正放四角锥焊接球网架结构，平面尺寸为 20.4m×36m，在暴雨后坍塌。原因是"误用几根 40Mn 钢管，屋顶超载，部分焊接质量差"
3	哈尔滨市自来水三厂净水车间	该车间为正放四角锥焊接球节点网架结构，平面尺寸为 45.6m×45.6m，在整体起吊时网架坠地，导致 3 人死亡。原因是"绞磨主轴扭断，刹车装置失灵"
4	山东淄博某供销大厦	该大厦为两向正交正放网架结构，平面尺寸为 29.7m×33.88m，在铺设屋面板时大量腹板挠曲，一柱端拉裂。原因是"压杆长细比过大，屋面实际做法超载"
5	太原某汽车修理车间	该车间为折板形网架结构，平面尺寸为 24m×54m，在铺设混凝土屋面板过程中大量腹板弯曲。原因是"网架为几何可变体系"
6	咸阳体育馆	该体育馆为螺栓球节点网架结构，平面尺寸为 45m×45m，在屋面板安装完后部分弦杆的连接焊缝开裂。原因是"采用的 CO_2 气体保护焊缝未焊透"
7	天津地毯进出口公司地毯厂仓库	该仓库为正放四角锥焊接球节点网架结构，平面尺寸为 48m×72m，1994 年 10 月 31 日竣工，同年 12 月 4 日突然全部倒塌。原因是"设计简化计算错误及施工量差"
8	郑州国际展览中心	该展览中心为正放四角锥焊接球节点网架结构，平面尺寸为 45m×45m，网架在施工时下沉约 6mm，焊接连接严重破坏。原因是"3 根下弦杆在钢管与锥头连接处断裂"

1.2.2　国外大跨建筑结构倒塌实例及分析

1. 美国哈特福特市中心体育馆坍塌

1957 年建成的美国哈特福特市中心体育馆，屋架网架结构平面尺寸为 92m×110m。在建成 21 年后，即 1978 年发生屋盖结构整体倒塌（图 1-8）。经分析，导致此次屋盖网架结构倒塌的主要原因是上弦受压杆件缺乏足够的有效支撑，所受荷载超过屈服极限荷载，稳定承载力不足而发生屈曲。同时，网架中采用的十字形截面受压杆件发生了扭转屈曲。此外，导致网架倒塌的另一重要原因是网架在设计过程中低估了作用在屋盖上的屋面荷载（约 20%），网架整体实际所受屋面荷载超过其本身所能承受的极限荷载。在施工方面，存在着施工质量监督松懈，网架安装过程中存在严重偏差而未及时纠正及重要建筑材料混用等问题。

2. 德国巴特赖兴哈尔溜冰场屋盖倒塌

德国巴特赖兴哈尔溜冰场建于 20 世纪 70 年代，长 60m，宽 30m，四周墙壁基本由大型玻璃窗构成。2006年1月，溜冰场屋盖结构由于连续大雪，安全储备较低的屋面承受了极大的雪荷载，导致屋面超载引发连续倒塌（图1-9），造成50余名滑冰者死亡。

图1-8　哈特福特体育馆网架倒塌现场　　　　图1-9　德国巴特赖兴哈尔溜冰场屋盖倒塌

3. 巴黎戴高乐机场候机楼倒塌

2004年巴黎戴高乐机场候机楼空间结构倒塌是大跨建筑结构破坏的一个典型例子（图1-10），受到工程界的普遍关注。巴黎戴高乐机场候机厅封闭式结构倒塌，4人死亡。该结构由于强度储备低等多种因素的结合最终引发了结构的倒塌，包括可能由于配筋的不足或错放，使壳体内已经存在一些裂缝，而这些裂缝又使原来在恒载及外来作用（如温度等）下原来就非常"柔性"的结构的状况进一步恶化；结构缺乏必要的多余约束，在局部发生破坏时没有其他途径来传递荷载；支撑杆与壳体连接处存在局部很高的冲剪应力；纵向梁及其与柱子的连接均很薄弱。

图1-10　法国戴高乐机场候机厅倒塌

1.2.3　非结构构件破坏实例及分析

当前地震已成为一种灾害性的自然现象，一旦发生将会造成极大的人员伤亡、财产损失,甚至运营中断。在众多震害报道中,非结构构件的震害也较为常见。据灾害调查显示,1978 年日本宫城县地震中高层公寓建筑的非结构性自承重墙有 60%以上遭到严重破坏;1976 年危地马拉城发生的地震非结构的破坏占全部破坏的 84%,占总损失的 72%。大跨建筑结构中的常见的非结构构件有吊顶、马道、风管、灯具、音箱等屋面吊挂物。大跨建筑结构中吊顶、灯具等非结构构件在遭遇地震后发生不同程度的破损也屡见报道。2005 年日本宫城地震(6 月 18 日,M7.2)造成一游泳馆的吊顶系统大面积掉落[图 1-11(a)];2010 年智利地震(2 月 27 日,M8.8)造成首都圣地亚哥机场航站楼吊顶系统失效,大面积金属吊顶板与其相连接的照明系统等一同坠落,造成机场中断运营[图 1-11(b)];在 2011 年日本大地震中(3 月 11 日,M9.0),日本科学未来馆(Miraikan)的入口大厅处,25m 范围内的吊顶板连带 T 形龙骨一起坠落[图 1-11(c)]。一学校体育馆二层的吊顶板由于螺丝的滑落从 7~11m 不同高度处发生掉落,部分灯具也发生破损[图 1-11(d)]。一公共游泳池由于吊顶龙骨夹具的变形,造成超过 2/3 的吊顶板连同照明灯具发生掉落[图 1-11(e)];2013 年我国芦山地震(4 月 20 日,M7.0)中芦山县体育馆结构出现破坏,其吊顶系统同样破坏严重。图 1-11(f)为其吊顶龙骨的连接件失效导致吊顶板的大量脱落或下垂。

(a)日本宫城一游泳馆吊顶震害　(b)智利圣地亚哥机场吊顶坠落　(c)日本 Miraikan 吊顶破坏

(d)日本一体育馆吊顶板坠落　(e)日本一游泳馆吊顶大面积掉落　(f)中国芦山体育馆吊顶脱落

图 1-11　大跨建筑结构中吊顶系统震害实例

因此,在抗震设计中要不断提高建筑结构的抗震性能与防灾变能力,不仅要保证建筑主体结构本身的安全可靠,更要保证其内部设施和设备等非结构构件不损坏、不中断工作,以使震后人员损伤和财产损失降至最低,使其起到应急避难场所的作用,以期不断提高建筑结构实现既有功能的效果和效率。

1.2.4　结构倒塌原因分析

通过以上倒塌实例得出，大跨建筑结构主要是在结构使用、施工、维修拆除中发生倒塌。其主要原因分析如下。

1. 使用期

在使用期诱发大跨建筑结构发生倒塌的原因可分为两类：第一类是由于撞击、爆炸、火灾、人为破坏、使用不当、结构构件腐蚀老化、结构设计不当，造成部分承重构件失效，阻碍传力途径导致结构倒塌；第二类是由于自然灾害（地震、强风、暴雨、暴雪等）作用下结构进入非弹性大变形，构件失稳，传力途径失效引起结构倒塌。

地震灾害是人类面临的最严重的自然灾害，我国是世界上遭受地震危害较重的国家之一。20 世纪破坏性严重的 20 多次地震中，共死亡 100 余万人，其中发生在我国就有 2 次，且死亡人数达 45 万。2008 年 5 月的四川汶川地震达到了里氏 8.0 级，给人民的生命和财产都造成了巨大的损害。如何确保工程结构，尤其是可能成为避难场所的大跨度结构在地震作用下安全可靠地运行，最大限度地避免人员伤亡，减轻地震灾害带来的经济损失，且设计又不过于保守，成为工程界极其关注的问题。

大风（强风）是指近地面层风力达 8 级（平均风速 17.2m/s）或以上的风。大风会毁坏地面设施和建筑物，影响航海、海上施工和捕捞等作业，危害极大，是一种灾害性天气。大风是快速流动的空气，我国气象观测业务中规定瞬时风速达到或超过 8 级时（17m/s）称为大风；而在天气业务规范中则规定平均风速大于等于 6 级（10.8m/s）时为大风。自然灾害是人类依赖的自然界中所发生的异常现象，它具有自然和社会两重属性，是人类过去、现在、将来所面对的最严峻的挑战之一。当大风给人类社会带来危害时，即构成大风灾害。它通常是一种突发性的灾害，往往很短时间内就会对人类的生产、生活造成较大伤害。

由暴雨引发的灾害在各类灾害中所占比重较大，因此针对暴雨灾害风险所开展的评估与区划研究及试验工作日益受到相关科研工作者和政府部门的重视。暴雨灾害风险区划中的有关成果，既可以为地区经济发展规划、农业产业结构优化和土地资源综合利用提供参考，也是政府部门制定防灾减灾规划的依据。其目的是对暴雨灾害的易发性、危险性和易损性等方面做出评价，在此基础上对暴雨灾害的风险进行相应的分区。暴雨灾害风险区划的具体步骤：一是选取评价因子及其因子量化；二是确定权重；三是建立数学评价模型；四是借助地理信息系统 GIS对暴雨灾害风险进行分区。

雪荷载是大跨建筑结构设计中不容忽视的荷载。近年来由于全球气候的不断变化，极端天气频繁发生，五十年一遇甚至百年一遇的大雪天气时有出现，给人民生命财产安全带来了巨大的损失。国内外因大雪、暴雪导致大跨建筑结构倒塌的实例也很多。

2. 施工期

在施工期，大跨建筑结构发生倒塌的原因如下。

（1）辅助支撑强度、稳定性不足。

由于结构构件强度没有达到设计要求，而辅助支撑提供的承载力不足导致结构发生倒塌。支撑系统出现倒塌的事故主要原因有：①支撑系统的钢管、扣件使用前未进行检测，存在使用不合格产品的情况；②支撑系统设计不合理；③施工现场搭设模板支撑系统时，未按专项方案及有关规范进行搭设操作随意性大；④模板支撑系统验收过于形式化，检查验收不负责任。

（2）不按工艺要求施工。

结构工程施工都应按照施工工艺和规范要求，编制施工计划，在施工过程中要严格按照施工计划进行施工。如果违反工艺要求强行施工，或按照错误的工序施工就会带来严重的后果。

（3）施工时所用结构材料强度达不到结构设计要求。

由于使用的结构材料强度达不到设计要求，当按照正常的施工工艺进行施工时，结构构件不能达到预期承载能力，极易在施工阶段发生结构倒塌。即使在施工阶段没有产生倒塌事故，在结构投入使用后也存在着很大的安全隐患。

（4）无正规的设计图纸，无符合资质的单位，无开工许可就进行施工。

在施工期倒塌的案例中，这种三无的案例占多数。

3. 维修（拆除）改造期

在维修（拆除）改造期，大跨建筑结构倒塌主要是由于自然老化、受环境侵蚀及其他外部作用的影响或建筑结构功能和用途的改变。原有的结构构件的承载力强度下降或不能满足新的功能要求。对原有结构强度鉴定后，需要对原有结构进行改造加固、加建或拆除。在结构的改造、加建或拆除过程中，由于对结构剩余强度鉴定不准确，采用的维修加固、加建或拆除方案不符合实际要求导致结构倒塌。

1.3 结构倒塌破坏基本概念及分类

《工程结构可靠度设计统一标准》（GB 50193—92）第 1.0.4 条规定，工程结构必须满足：在正常施工和正常使用时，能承受可能出现的各种作用；在正常使用时，具有良好的工作性能；在正常维护下，具有足够的耐久性能；在设计规定的偶然事件发生时和发生后，能保持必需的整体稳定性。根据上述规定，可将结构倒塌时间划分为施工期倒塌、使用期倒塌和维修（拆除）改建期倒塌。另外，根据结构倒塌的范围又可划分为局部倒塌和整体性倒塌（或连续性倒塌）。建筑物的倒塌是造成人们生命和财产损失的主要原因。准确地识别出建筑结构的各种倒塌失效模式是对结构进行安全性分析以及抗倒塌设计的基本工作。建筑结构整体倒塌分为两类失效模式：一类是增量倒塌；另一类是连续倒塌。

1. 增量倒塌

增量倒塌是指在强烈侧向作用下，因结构发生过大的侧向变形失稳而丧失了竖向承载能力，最后导致结构发生了整体倒塌的现象。这种倒塌模式可以这样理解：①外因为侧向作用；②破坏的程度大小与外作用大小成比例；③增量，既指外部作用的增大，也指结构破坏程度的增大，前者是因后者为果，且前者是后者的充分必要条件；④结构发生了整体倒塌后果。

2. 连续倒塌

自从 1968 年英国 Ronan Point 公寓倒塌事件发生以来，国外对连续倒塌问题已经进行了 40 余年的研究，其间经历了 1995 年美国 Alfred P. Murrah 联邦政府办公楼倒塌，2001 年世贸双塔倒塌等多起重大事故。在我国，结构发生倒塌的事故也常有发生。例如，1990 年发生在辽宁盘锦的由于燃气爆炸导致主体结构倒塌的事故，以及山西大同发生的一起同样是由于燃气爆炸导致的某居民楼部分坍塌事件。随着这些事故的频繁发生，结构的连续倒塌已经成为严重威胁国家公共安全的重要问题。

结构连续倒塌是指由于意外荷载造成结构的局部破坏，并引发连锁反应，导致破坏向结构的其他部分扩散，最终使结构主体丧失承载力，造成结构的大范围坍塌。一般来说，如果结构的最终破坏状态与初始破坏不成比例，即可称之为连续倒塌，造成连续倒塌的原因有很多，包括设计和建造过程中的人为失误，以及在设计考虑范围之外的意外事件引起的荷载作用，如煤气爆炸、炸弹袭击、车辆撞击、火灾、地震等。连续倒塌一旦出现，一般会造成重大的人员伤亡和财产损失，并产生恶劣的社会影响，因而日益受到公众的关注和工程界人士的重视。

目前，国外一些主要的规范中均有关于如何改善结构抗连续倒塌能力的规定，如英国的 British Standard、欧洲的 EurocodeI 等。美国公共事务管理局编制的《联邦政府办公楼以及大型现代建筑连续倒塌分析和设计指南》（GSA2003）和美国国防部编制的《建筑抗连续倒塌设计》（DOD2005）及 UFC 设计准则较为详细的阐述了结构抗连续倒塌的设计方法及流程。我国现行《混凝土结构设计规范》（GB 50010—2010）第 3.1.6 条规定："结构应具有整体稳定性，结构的局部破坏不应导致大范围倒塌"。该规范只对该条款作了简单的说明，没有提出设计的具体方法和准则，缺乏可操作性。

1.4 结构倒塌判定准则

1.4.1 构件失效准则

准确衡量材料与构件的损伤破坏程度是结构倒塌判别的重要前提与基础。因此，要保证结构倒塌准则能够有效应用，就必须提高材料与构件损伤破坏衡量的准确性，即要准确判断出构件的残余强度与刚度是否完全失效以及进入弹塑性的部位等。这通常可从计算分析模型与损伤评估模型两方面着手解决，即一方面要提高分析模型及数值计算的精细化程度，另一方面要建立合理的材料与构件的地震损伤评估方法。在精细化建模与损伤评估这两方面，迄今为止都还有很多问题没能解决，如考虑多向耦合作用的构件分析模型、考虑动态效应的材料损伤本构关系等。以下仅对构件的地震损伤破坏评定方法进行讨论。

构件的损伤破坏可分为承载力损伤破坏与失稳破坏两种。在承载力损伤破坏方面，目前已形成最具代表性的就是 Park、Ang 于 1985 年在分析总结大量试验数据基础上提出的基于最大变形与累积耗能的双参数模型。继此之后，虽然又出现了众多的构件损伤模型，但大体上都是沿用 Park 模型思路。Park 系列模型虽可较好地反映了首次超越与损伤累积的联合效应对结构破坏影响，但仍不能反映出构件地震损伤的模糊性及受多因素影响等特点。针对这一问题，认为可以从模糊综合评判的角度，采用秦文欣等人提出的结构模糊评估方法，建立构件地震损伤模糊综合评判模型，通过权重大小与评判因素来反映各因素对构件损伤的影响。这样就避开了采用统一表达式的"一刀切"的评估方式，具有较强的灵活性与通用性。

构件除了会发生承载力方面的损伤破坏，还有可能发生动力失稳破坏，特别是对于钢构件。目前，构件动力失稳的判别仍处于研究阶段，没有统一有效的方法，常用的准则有能量准则、刚度准则、位移准则等。杜文风等从工程实用角度，提出一种基于显式物理量——应力变化率的结构动力稳定判别准则。由于该准则在分析结构局部失稳时非常直观有效，因此也可作为构件动力稳定性的判别。

1.4.2 结构失效准则

1. 强度失效倒塌准则

强度失效倒塌无疑是指结构竖向强度发生失效。因此，给出强度失效倒塌定义为：由于动荷载反复作用会导致结构材料与构件累积损伤，使得结构整体或大部分因竖向承载力无法抵抗自身重力及其他竖向荷载作用而发生倒塌。这种因竖向强度不足造成结构倒塌往往属于脆性破坏，大多发生在一些设计不合理、原始强度较低的砌体结构、砖混结构及低层钢筋混凝土框架结构上。其倒塌破坏形式表现为结构主体或某些楼层的主要竖向承重构件发生压溃或脆性断裂，导致结构整体或部分楼层沿竖向"塌落"或"下挫"。

强度失效倒塌分析可以楼层为单位，通过对每一楼层的竖向承载强度进行校核来判断结构是否进入倒塌临界状态。以地震作用为例，结构第 i 楼层共有 n 根竖向承重构件，若楼层竖向强度满足式（1-1），则说明该楼层已进入倒塌临界状态或已发生倒塌失效破坏，即

$$\sum_{j=1}^{n} \sigma_{dj} A_{dj} \geq N_i \qquad (1\text{-}1)$$

式中：N_i 为作用在楼层 i 上的所有竖向荷载，其值等于楼层 i 及其以上所有楼层的自身重力与竖向恒载、活载之和；$\sum\limits_{j=1}^{n} \sigma_{dj} A_{dj}$ 为楼层 i 的竖向承载强度，其中 σ_{dj}、A_{dj} 分别为第 j 根竖向承重构件的最薄弱截面考虑累积损伤后的极限应力与剩余承载面积，通常可根据构件材料损伤参数对原有极限应力与截面面积折减来计算。

现有研究得出当结构发生强度失效倒塌的楼层为底层或破坏楼层数超过结构总层数的 1/2 时，即可认为结构大部分已丧失支撑自身重力的能力，结构发生倒塌破坏。

2. 刚度失效倒塌准则

结构倒塌破坏不仅会发生在竖直方向上，也会发生在水平方向上。当结构整体刚度因下降或退化无法抵抗水平荷载作用时，结构可能会产生不断增大的侧向变形，最终引发倒塌。因此定义这种倒塌破坏为刚度失效倒塌。刚度失效倒塌多发生于普通多层或高层钢筋混凝土框架结构上，其宏观震害一般表现为结构底部屈服，整体发生侧向"倾倒"。

以地震为例，许多研究者很早就意识到刚度降低是结构地震损伤的一个直接体现。Sozen、Banon 等曾利用刚度来评定结构地震损伤。沈聚敏、杜修力等通过分析结构运动方程的解，从数学角度证明了正是由于刚度矩阵的非正定导致了结构运动失稳，发生倒塌破坏。因此，在理论上可以通过分析结构整体刚度矩阵正定性来判断结构倒塌。但实际应用时，这一准则却很难实现。这不仅因为结构整体刚度矩阵会时刻发生变化，而且在某些情况下很难得到结构的整体刚度矩阵。

如果以结构基底剪力-顶点位移（F-Δ）关系作为刚度失效倒塌破坏的评判依据，则可以明显降低倒塌分析的工作量。这是由于 F-Δ 关系能够较好地反映出结构整体侧向刚度的变化，当以 F-Δ 关系作为评判依据时，整体结构已相当于等效为一单自由度体系，F、Δ 即相当于等效单自由度体系的反力与变形。显然，对单自由度体系进行失稳判断是比较容易的。

沈聚敏等通过对单自由度体系运动不稳定状态分析，发现当结构反力进入软化下降段时会形成负刚度，体系会处于变形持续增大的不稳定状态，这种不稳定

状态有可能一直持续直至倒塌，也有可能恢复到稳定振动状态，这主要取决于体系进入不稳定状态时的地震荷载作用、结构自身动力特性等因素。所以，从表面上看，要确定结构是否真正进入倒塌状态，不仅需要判别刚度是否为负刚度，还要判断结构不稳定状态是否可以恢复。对此，本书认为虽然结构有可能在稳定与不稳定间不断转化，但可以肯定的是，随着承载力的逐渐下降这种可能性会越来越低，当承载力下降到某一程度时，结构即进入不能恢复的失稳状态——倒塌。故本书以材料响应及得到 $F-\Delta$ 关系为评判依据，规定结构满足以下三方面条件时即可认为进入倒塌临界状态：①结构底部材料进入下降段；②结构处于负刚度状态；③基底剪力 F 下降到极限值的 80% 时（一般认为结构此时已无承载能力）。

当结构存在薄弱层时，结构也可能发生局部楼层水平侧移过大，造成局部楼层失稳倒塌。所以，在判别结构整体是否倒塌破坏的同时，还有必要分析薄弱楼层是否发生水平失稳。其判别准则与前述整体结构刚度失效准则类似，即在层间相对剪力-层间相对位移关系的基础上，判定该楼层底部材料是否进入下降段、楼层是否处于负刚度状态以及以剪力下降是否达到极限值的 80%，当三方面条件均满足时，即可认为楼层发生倒塌。

3. 稳定失效倒塌准则

在地震作用中，很多结构并未发生较大的侧移，强度承载力也足够，但却因部分构件出现塑性铰或完全失效退出工作形成了可变或瞬变体系而发生倒塌，即几何稳定性失效倒塌。几何失稳倒塌破坏大多发生于一些"强柱弱梁"型框架结构，一般会有明显的破坏预兆，属于塑性破坏。震害调查发现，发生几何稳定性失效倒塌的结构，其散落构件大多会集中在原结构地面位置处。

要分析结构是否成为几何可变（瞬变）体系，就需进行机动分析。目前，结构机动分析通常有三种不同思路：第一种是传统思路，即根据结构塑性铰的数目与位置，运用结构力学几何组成分析方法进行判断；第二种是基于机械铰概念的分析思路；第三种就是建立构件层次上的机动分析技术。在这三种思路中，机械铰概念比较新，构件层次上的机动分析需要基于大量方程组求解运算，相比之下，传统塑性铰的机动分析技术则具有应用广泛、操作相对简单等优点。

参 考 文 献

董石麟, 赵阳, 2004. 论空间结构的形式和分类[J]. 土木工程学报, 37(1):7-12.

杜文风, 高博青, 董石麟, 等. 2006. 一种判定杆系结构动力稳定的新方法——应力变化率法[C]//空间结构学术会议, 40(3): 506-510.

杜修力, 尹之潜, 李小军, 1992. RC 框架结构地震倒塌反应分析[J]. 哈尔滨建筑大学学报, (3):7-13.

傅本钊, 2016. 立体桁架结构抗连续倒塌性能研究[D]. 天津: 天津大学.

建筑工程中大质量事故警示录编委会, 1998. 建筑工程中大质量事故警示录[M]. 北京: 中国建筑工业出版社.

雷宏刚, 2003. 钢结构事故分析与处理[M]. 北京: 中国建材工业出版社.

李靖, 2007. 空间网架自振特性和地震响应分析[D]. 长沙: 湖南大学.

李跃, 2014. 大跨空间结构屋面雪荷载研究[D]. 杭州: 浙江大学.

李镇强, 陈醒辉, 胡佛根, 1981. 大跨度预应力混凝土 V 形折板屋盖结构[J]. 建筑结构学报, 2(3):25-33.

芦燕, 2009. 强震作用下大跨度拱形立体桁架结构动力强度破坏研究[D]. 天津: 天津大学.

芦燕, 2012. 大跨度拱型刚架结构倒塌破坏机理及其试验研究[D]. 天津: 天津大学.

吕大刚, 于晓辉, 陈志恒, 2011. 钢筋混凝土框架结构侧向倒塌地震易损性分析[J]. 哈尔滨工业大学学报, 43(6):1-5.

倪强, 唐家祥, 1999. 钢筋混凝土框架结构倒塌的计算机仿真研究[J]. 华中科技大学学报(自然科学版), 27(8):49-51.

聂桂波, 戴君武, 张辰啸, 等, 2015. 芦山地震中大跨空间结构主要破坏模式及数值分析[J]. 土木工程学报, (4):1-6.

秦文欣, 刘季, 王歆玖, 1994. 结构地震多重模糊破坏评估方法[J]. 世界地震工程, (1):12-20.

沈斌, 2007. 网架结构倒塌破坏机理研究[D]. 天津: 天津大学.

沈聚敏, 2000. 抗震工程学[M]. 北京: 中国建筑工业出版社.

沈世钊, 2001. 大跨空间结构理论研究和工程实践[J]. 中国工程科学, 3(3):34-41.

孙玉红, 聂立武, 韩古月, 2011. 地震作用下建筑结构倒塌失效准则分析[J]. 中外建筑, (7):199-201.

汪菊, 2012. 网架结构设计与加固研究[D]. 长沙: 中南大学.

王博, 崔春光, 彭涛, 等, 2007. 暴雨灾害风险评估与区划的研究现状与进展[J]. 暴雨灾害, 26(3):281-286.

王晨旭, 2013. 大跨度球面网壳结构抗连续倒塌性能分析及比较[D]. 天津: 天津大学.

王多智, 戴君武, 2014. 基于芦山 7.0 级地震吊顶系统震害调查与分析[C]//全国结构工程学术会议.

王俊, 赵基达, 钱基宏, 1994. 深圳国展中心网架倒塌事故分析[C]//空间结构学术会议.

杨晓, 陈醒辉, 1988. 折板结构的发展与应用[C]//中国土木工程学会空间结构学术交流会.

姚激, 顾嗣淳, 2006. 巴黎戴高乐机场候机楼倒塌事故原因初析[J]. 建筑结构, (1):96-97.

于振兴, 刘文锋, 付兴潘, 2009. 工程结构倒塌案例分析[J]. 工程建设, 41(2): 1-7.

张卫中, 2012. 网架结构在强震作用下的倒塌破坏机理研究[D]. 北京: 北京工业大学.

张学哲, 2016. 网架结构敏感性分析及抗连续倒塌性能研究[D]. 天津: 天津大学.

赵攀, 2012. 基于抗震设计的多层 RC 框架结构抗侧向增量倒塌能力研究[D]. 成都: 西南交通大学.

赵宪忠, 闫伸, 陈以一, 2013. 大跨度空间结构连续性倒塌研究方法与现状[J]. 建筑结构学报, 34(4):1-14.

郑宇淳, 2007. 大跨度拱形立体桁架结构的推倒分析[D]. 天津: 天津大学.

中华人民共和国住房和城乡建设部, 2011. 混凝土结构设计规范: GB 50010—2010[S]. 北京: 中国建筑工业出版社.

周道明, 1999. 膜结构工程的发展和应用[J]. 工业建筑, 29(11):1-3.

BANON H, VENEZIANO D, 2006. Seismic safety of reinforced concrete members and structures[J]. Earthquake Engineering & Structural Dynamics, 10(2):179-193.

KAWAGUCHI K, OGI Y, NAKASO Y, et al, 2012. Damage of non-structural components in a large roof building during the 2011 off the pacific coast of Tohoku earthquake and its aftershocks and recovery of ceiling using member materials[J]. Bulletin of Earthquake Resistant Structure Research Center, 45: 63-68.

KAWAGUCHI K, TANIGUCHI Y, OZAWA Y, et al, 2012. Damage to non-structural components in large public spaces by the great east Japan earthquakes[J]. Bulletin of Earthquake Resistant Structure Research Center, 45:45-53.

SOZEN M A, LOPEZ R R, 2015. R/C frame drift for 1985 mexico earthquake[C]. Mexico Earthquakes, ASCE, 85(8): 279-307.

第 2 章　结构倒塌分析方法

本章主要对结构倒塌分析方法进行了概述，对增量倒塌分析方法及连续倒塌分析方法的原理及应用进行了总结。

2.1　增量倒塌分析

2.1.1　推倒分析方法

1. 能力谱法

对结构进行推倒分析在国外研究和应用较早，该方法最先引起人们的关注是在 1975 年 Freeman 等提出的能力谱方法。随后，有关推倒分析方法的研究和应用得到了大家的重视，并逐渐成为结构抗震能力评估的一种较为流行的方法。在国外一些重要刊物及重要会议论文集中，发表了大量有关推倒分析方法的论文。许多学者也将推倒分析方法作为一种分析手段，应用于各种研究。1998 年，Helmut Krawinkler 对推倒分析方法作了全面的阐述，论述了推倒分析方法的优点、适用范围，并指出了其局限性。对推倒分析方法在过去近二十年的发展做了总结概括，给推倒分析方法的研究工作做了恰如其分的定位，对推倒分析方法研究具有很高的理论价值。1997 年，美国 ATC40 和 FEMA272/274 文件的颁布，使推倒分析方法得到了进一步的推广，目前完善推倒分析方法，进一步扩大其适用范围成为研究人员关注的热点。

在 20 世纪 90 年代早期，美国研究学者提出了基于性能（Performance-Based）的抗震设计思想，它要求结构在不同强度的地震作用下达到预期的性能目标，这一理论引起了世界各国工程和研究人员的广泛关注，并开展了多方面的研究。在美国、欧洲和日本，结构工程界都正在将基于性能的设计概念引入新一代的设计规范中，像美国的 ATC40、FEMA273/274 等文件中都详述了此概念。推倒分析方法作为实现基于性能的抗震设计的重要工具，已经得到了公认。近年来，在地震工程领域，推倒分析作为对结构的抗震能力进行评估的一种工具得到了越来越广泛的应用。它可以使工程人员对结构在地震作用下所产生的破坏情况做出较为详细的预测，这一点是目前所使用的基于承载力的抗震设计方法所欠缺的。

能力谱方法是美国应用技术协会推荐的方法，也被日本新的建筑标准法所采用，该方法的基本思想是建立两条相同基准的谱线，一条是由力-位移曲线转化为能力谱线（Capacity Spectrum）；另一条由加速度反应谱转化为需求谱线（Demand Spectrum），把两条线画在同一个图上，两条曲线的交点定为"性能点"或"目标位移"，再与位移允许值比较，确定结构是否满足抗震性能要求。传统的推倒分析方法中力的分布模式和目标位移的求解都基于以下假定：结构的响应仅由结构的第一振型控制；在整个地震过程（即使结构屈服）位移形状向量保持不变。

显然，结构屈服以后以上两个假定都将是近似的，但是研究发现这种方法能够较好地对地震需求进行评估。尽管如此，这些令人满意的预测大部分限定在较低或中等高度的建筑。这种不变的力分布模式既不能够考虑高阶振型的贡献，又不能考虑当结构屈服其振动特性改变后惯性力的重新分布。

2. 改进的推倒分析方法

近年来许多学者致力于对传统推倒分析方法进行改进。其中两种重要的方法为多模态推倒分析和可适应的模态推倒分析。前者考虑除基本振动模态外更高阶模态的贡献；后者考虑当结构屈服其振动特性改变后惯性力的重新分布。

1）多模态推倒分析法（Model Pushover Analysis，MPA）

最早由 Anil K. Chopra 和 Rakesh K. Goel 提出。这种方法基于结构动力理论，保持了传统推倒分析方法在概念上的简单性和计算上的实用性，又考虑了高阶振型的贡献。MPA 方法要求取一定数量的有效振型，对这些振型以其惯性力分布模式进行推倒分析来计算"模态"的地震需求。将这些"模态"的地震需求组合起来就得到了弹塑性体系对整体地震需求的评估。这种方法对弹性体系来说等效为标准的反应谱分析，具体方法如下。

（1）模态时程分析：弹性结构。

定义地面加速度时程为 $\ddot{u}_g(t)$，m、c 和 k 分别代表 MDOF 体系的质量、阻尼和刚度矩阵。相对于地面的位移、速度和加速度向量分别为 u、$\dot{u}$ 和 $\ddot{u}$。定义 ι 为单位向量，则 MDOF 体系的运动方程为

$$m\ddot{u} + c\dot{u} + ku = -m\iota\ddot{u}_g(t) \tag{2-1}$$

式中：右边的部分为有效的地震力，可以表示为模态惯性力分布 s_n 之和。

$$m\iota = \sum_{n=1}^{N} s_n = \sum_{n=1}^{N} \varGamma_n m \varPhi_n \tag{2-2}$$

式中：N 为结构自由度的个数；$\varPhi_n$ 为第 n 阶自振模态，振型参与系数 $\varGamma_n$ 的定义为

$$\varGamma_n = \frac{L_n}{M_n}, \quad L_n = \varPhi_n m \iota, \quad M_n = \varPhi_n^{\mathrm{T}} m \tag{2-3}$$

设

$$u_n(t) = \varPhi_n q_n(t) \tag{2-4}$$

式中：$q_n(t)$ 由式（2-5）确定：

$$\ddot{q}_n + 2\xi_n\omega_n\dot{q}_n + \omega_n^2 q_n = -\Gamma_n\ddot{u}_g(t) \qquad (2\text{-}5)$$

式中：ω_n 和 ξ_n 分别为第 n 阶模态的自振圆频率和阻尼比，令

$$q_n(t) = \Gamma_n D_n(t) \qquad (2\text{-}6)$$

式中：$D_n(t)$ 由第 n 阶模态线性 SDOF 体系的运动方程得到。这个单自由度体系具有和第 n 阶模态 MDOF 体系相同的振动特性：自振频率 ω_n 和阻尼比 ξ_n。

$$\ddot{D}_n + 2\xi_n\omega_n\dot{D}_n + \omega_n^2 D_n = -\ddot{u}_g(t) \qquad (2\text{-}7)$$

将式（2-6）代入式（2-4），则

$$u_n(t) = \Phi_n\Gamma_n D_n(t) \qquad (2\text{-}8)$$

地震反应（层间侧移、内力）可以表示为

$$r_n(t) = r_n^{st} A_n(t) \qquad (2\text{-}9)$$

式中：r_n^{st} 指模态的静力反应，由外力 s_n 产生；$A_n(t)$ 为第 n 阶模态 SDOF 体系的拟加速度反应，且

$$A_n(t) = \omega_n^2 D_n(t) \qquad (2\text{-}10)$$

r_n^{st} 和 $A_n(t)$ 的分析如图 2-1 所示。

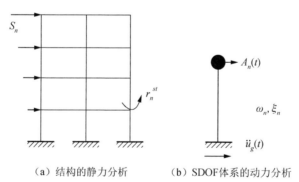

（a）结构的静力分析   （b）SDOF体系的动力分析

图 2-1 弹性 MDOF 体系模态时程分析的理论解释

体系对于全部激励的反应为

$$u(t) = \sum_{n=1}^{N} u_n(t) = \sum_{n=1}^{N} \Phi_n\Gamma_n D_n(t) \qquad (2\text{-}11)$$

$$r(t) = \sum_{n=1}^{N} r_n(t) = \sum_{n=1}^{N} r_n^{st} A_n(t) \qquad (2\text{-}12)$$

以上就是经典的模态时程分析的推导过程：式（2-5）是标准的求解 $q_n(t)$ 的模态方程，式（2-8）和式（2-9）确定了第 n 阶模态对反应的贡献，式（2-11）和式（2-12）给出了所有模态对反应贡献的组合方式。我们已经使用了有效地震力空间分布上模态扩展的概念，这将是 MPA 方法的基础。

（2）模态反应谱分析：弹性结构。

第 n 阶模态对 $r(t)$ 的贡献 $r_n(t)$ 的峰值 r_{no} 为

$$r_{no} = r_n^{st} A_n \tag{2-13}$$

式中：A_n 为第 n 阶模态 SDOF 体系加速度反应（设计）谱的纵坐标 $A(T_n, \xi_n)$，$T_n = 2\pi / \omega_n$ 为 MDOF 体系的第 n 阶自振周期。

这些最大的模态反应按照 SRSS 或 CQC 的方式组合起来。例如，SRSS 方式按照式（2-14）给出模态全部反应的峰值的评估，即

$$r_o = \left(\sum_{n=1}^{N} r_{no}^2 \right)^{1/2} \tag{2-14}$$

（3）模态推倒分析：弹性结构。

如果按式（2-15）给结构施加水平力进行静力分析，则可以得到和 r_{no} 相同的值。

$$f_{no} = \Gamma_n m \Phi_n A_n \tag{2-15}$$

或者，沿结构高度按式（2-16）施加水平力分布模式，然后将结构推至 u_{no}。u_{no} 为第 n 阶模态得到的顶点位移峰值，按式（2-17）确定。

$$S_n^* = m\Phi_n \tag{2-16}$$

$$u_{no} = \Gamma_n \phi_{rn} D_n \tag{2-17}$$

式中：$D_n = A_n / \omega_n^2$，显然，A_n 或 D_n 能够从加速度反应（设计）谱中得到。

从单个推倒分析中确定的模态反应的峰值 r_{no} 可以按照式（2-14）的方式组合得到对模态全部反应的峰值 r_o 的评估。综上所述，对于线弹性结构来说，MPA 方法等效于反应谱方法。

（4）模态时程分析：非弹性结构。

对非弹性结构来说，第 N 层上的水平力 f_s 与水平位移 u 之间的关系不是线性的，而是和位移的时程相关

$$f_s = f_s(u, \text{sign}) \tag{2-18}$$

因此式（2-11）就变成

$$m\ddot{u} + c\dot{u} + f_s(u, \text{sign}\dot{u}) = -m\ddot{u}_g(t) \tag{2-19}$$

标准的方法就是直接求解这个耦联方程，得到"准确"的弹塑性时程分析。

按照相应弹性体系的自振模态扩展出非弹性体系的位移，表示为

$$u(t) = \sum_{n=1}^{N} u_n(t) = \sum_{n=1}^{N} \Phi_n q_n(t) \tag{2-20}$$

代入式（2-19），整理后得

$$\ddot{q}_n + 2\xi_n \omega_n \dot{q}_n + \frac{F_{sn}}{M_n} = -\Gamma_n \ddot{u}_g(t) \tag{2-21}$$

其中

$$F_{sn} = F_{sn}(q, \text{sign}\dot{q}) = \Phi_n^{\mathrm{T}} f_s(u, \text{sign}\dot{u}) \tag{2-22}$$

Kilar、Fajfar 指出，虽然对非弹性结构来说，式（2-19）的解不能用式（2-20）

来表示（因为第 n 阶模态以外的其他模态都对解有贡献），但只有第 n 阶模态的结果起控制作用。在这种假定下，将式（2-6）代入式（2-21）得到

$$\ddot{D}_n + 2\xi_n\omega_n\dot{D}_n + \frac{F_{sn}}{L_n} = -\ddot{u}_g(t) \tag{2-23}$$

地震反应（层间侧移、内力）能表示为

$$r_n(t) = r_n^{st} A_n(t) \tag{2-24}$$

式中：r_n^{st} 指模态的静力反应，由外力 s_n 产生；$A_n(t)$ 为第 n 阶模态非线性 SDOF 体系的拟加速度反应。r_n^{st} 和 $A_n(t)$ 的分析如图 2-2 所示。

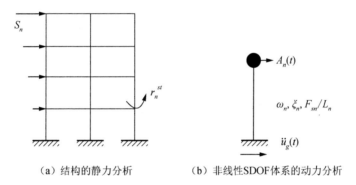

（a）结构的静力分析　　　　　（b）非线性SDOF体系的动力分析

图 2-2　非线性 MDOF 体系模态时程分析的理论解释

$F_{sn}/L_n - D_n$ 之间的关系曲线按图 2-3 确定。

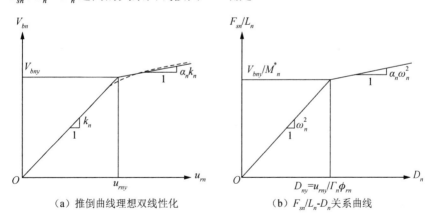

（a）推倒曲线理想双线性化　　　　　（b）F_{sn}/L_n-D_n 关系曲线

图 2-3　F_{sn}/L_n-D_n 之间关系曲线的求解

（5）MPA 方法：非弹性结构。

沿结构高度按式（2-16）施加水平力分布模式，然后做非线性静力分析将结构推至 u_{no}。u_{no} 为第 n 阶模态得到的顶点位移峰值，按式（2-17）确定。D_n 为 $D_n(t)$ 的最大值，从式（2-23）的求解中得到，当然 D_n 也可以从非弹性反应（设计）谱

中得到。在顶点位移为u_{no}时，推倒分析分析将得到对反应峰值r_{no}的评估：各层位移、层间位移、塑性铰分布等。从单个推倒分析中确定的模态反应的峰值r_{no}可以按照式（2-14）的方式组合得到对模态全部反应的峰值r_o的评估。

2）可适应的模态分析方法（Adaptive Model Combination，AMC）

最早是由 Gupta 和 Kunnath 提出的，这种方法是通过组合单个模态的推倒分析结果得到结构的地震响应，在单个模态的推倒分析中考虑部分杆件屈服对结构动力特性的影响。

目前推倒分析方法多用于高层结构的抗震设计，在大跨度结构领域的研究不多。由于大跨度结构的有效振型往往不止一阶，因此从某种程度上来讲，MPA 方法更适用于大跨度结构。由于对空间结构进行水平推倒分析时需要考虑结构扭转的影响，将推倒分析方法应用于空间结构还有很多问题需要解决。

与国外相比，推倒分析方法在我国研究尚显不足，但近年来正逐渐得到广大学者和工程设计人员的重视，目前已有一定的研究成果和工程应用。我国 2001年修订的《建筑抗震设计规范》（GB 50011—2001）引入了推倒分析方法。

2.1.2 增量动力分析方法

1. 研究现状

作为 Pushover 分析方法的动力拓展，IDA（Incremental Dynamic Analysis）方法对一条地震动记录（或多条地震动记录）递增式地调整其强度幅值，从而形成一组（或者多组）具有递增强度的地震动记录，针对每一强度的地震动记录进行一次非线性动力时程分析，直至结构倒塌。类似于静力 Pushover 曲线，将地震动的强度参数与其对应的结构反应参数形成的一系列点连接起来的曲线称为"IDA曲线"，也称之为"动力 Pushover 曲线"。利用 IDA 曲线，可以确定结构的地震需求或抗震能力。根据所采用的地震动记录个数 IDA 方法可分为单地震动记录 IDA方法和多地震动记录 IDA 方法，前者本质上是一种确定性的参数化非线性动力分析方法，而后者则可以考虑地震动的"记录对记录（Record-to-Record，RTR）"的不确定性，是一种宽范围向量化的参数非线性动力分析方法。

早在 1977 年，Bertero 就提出了 IDA 方法的思想，后经美国 Stanford 大学的 Cornell 教授及其学生 Vamvatsikos 等进一步对其研究与应用，于 2000 年被美国 FEMA350 所采用，并作为结构倒塌能力分析的重要方法加以推荐。

国内韩建平等从性能化地震工程的角度，对 IDA 方法的基本原理和应用进行了比较全面的论述。

吕大刚等基于单地震动记录的 IDA 方法，提出了"折半取中"原则，用以确定结构倒塌破坏极限状态点，并以一个五层三跨钢筋混凝土框架结构为例进行IDA 倒塌分析；同时，基于 Nataf 变换的点估计法与单地震动记录增量动力分析相结合，提出了考虑结构随机性的 IDA 方法，并应用于钢筋混凝土框架结构中。

陆新征等采用逐步增量弹塑性时程方法对 RC 框架结构推覆分析侧力模式的研究，同时引入了基于增量动力分析的倒塌储备系数（CMR），并以一个框架结构为例介绍了用倒塌储备系数衡量整体结构抗倒塌能力的具体方法。最后通过一个 8 层 RC 框架结构和一个 20 层 RC 框架——核心筒结构为算例，指出仅考虑地震动单一水平分量的 IDA 分析会高估结构抗地震倒塌安全性，三维地震动输入下结构可能出现更多的倒塌模式。

杨成等应用弹塑性反应谱，对 IDA 方法进行了改进，分析了烈度指标函数对 IDA 曲线离散性的影响，提出了渐变的增量动力分析 IM 函数。

徐艳和胡世德根据 Budiansky & Roth 失稳准则（简称 B-R 准则）结合动态增量法进行研究。从稳定的角度对钢管混凝土拱桥的抗震性能进行研究和探讨，并通过地震模拟振动台试验进行验证。

冯清海和袁万城将增量动力分析方法（IDA）与蒙特卡罗（MC）分析方法相结合，同时考虑地震危险性与桥梁结构在地震作用下的易损性，提出基于 IDA-MC 的特大桥梁地震风险概率评估方法。

张毅刚等利用 IDA 方法对某单层球面网壳的倒塌性能进行了评估，计算了该网壳在任意地震加速度峰值（PGA）下的倒塌概率，然后结合地震危险性曲线，得到了该网壳的年平均倒塌概率。

刘成清采用增量动力分析（IDA）方法进行网壳结构的动力稳定性分析及倒塌分析，并进一步确定网壳结构倒塌的极限状态点。

国外 Vamvatasikos 主要针对 IDA 的基本原理及其如何应用等问题进行了系统的研究和整理，提出了基于 Pushover 分析的简化 IDA（称为 SPO2IDA）方法。John B. Mander 等将 IDA 方法引入桥梁工程中，并对其进行地震风险评估。

增量动力分析（IDA）方法在地震危害性评估方面也有一定的应用，抗震性能水准是指结构相对于每一个设防地震等级所期望达到的抗震性能水准。根据 FEMA，可以将建筑物的抗震性能目标划分四种：基本完好（Operational Performance Level）、轻微破坏（Immediate Occupancy Performance Level）、生命安全（Life Safety Performance Level）、不倒塌（Collapse Prevention Performance Level）。张毅刚利用 IDA 方法对某单层球面网壳的倒塌性能进行评估，计算了该网壳在任意 PGA 下的倒塌概率和年平均倒塌概率。Vamvatasikos 将 IDA 方法引入到结构的敏感性分析和不确定性分析中，以一个九层钢框架结构为例，运用 IDA 方法进行不同参数的敏感性分析，同时，提出将 SRSS 法（简称为"平方和开平方"）与随机性和不确定性分析相结合的方法评估结构抗震性能。汪梦甫基于 IDA 的分析方法提出了结构地震易损性曲线计算方法，结合上海市概率地震危险性分析曲线，对一栋 25 层高层混合结构的地震危害性进行评估。

2. 具体实施方法及关键问题

IDA 方法是对一条或多条地震动记录递增式地调整其强度幅值，从而生成一组或多组具有递增强度的地震动记录，针对每一强度的地震动记录进行一次非线性动力时程分析，直至结构倒塌。其具体的实施步骤和要解决的关键问题有以下几个方面：

（1）先以单地震动为例。选择地震动记录，确定地震动强度参数（Intensity Measure，IM），如峰值加速度 PGA 或相应于结构基本周期 T_1 的谱加速度 S_a（T_1,5%）。在 IDA 方法中，应保证所选的 IM 具有单调性。到目前为止，对于空间结构的地震反应分析，PGA 是应用最为广泛的地震动参数，但是否存在更加有效、充分的地震动参数值得进一步研究。有文献指出，在估计双层柱面网壳的倒塌时地震输入能量比 PGA 更加有效；另外，由多个地震动参数组成的向量式参数应更适合空间结构，Cornell 课题组对向量式地震动参数在普通多高层钢筋混凝土结构中的应用进行了大量研究，结果表明向量式地震动参数在估计地震反应时更为准确，且有效性大为提高，但向量式地震动参数在空间结构中的应用还未见报道。

IDA 分析关键问题之一：确定地震动强度参数 IM，同时还要注意具有相同 PGA 的调幅地震波和未调幅地震波，对结构的动力响应影响。

（2）选取反应结构响应的参数（Damage Measure，DM）。结构性能水平可以由结构的反应参数或者某些自定义的破坏指标来划分，可以是最大的层间位移角 θ_{max}，结构的最大节点位移，也可以是基于能量的累积损伤指标，或者是基于变形和能量相结合的指标。

IDA 分析关键问题之二：确定单一或多个结构响应的参数 DM。

（3）确定调幅原则和调幅系数。通过调幅系数来不断调整地震动强度，得到一系列不同强度的地震动记录 $a_\lambda(t) = \lambda a(t)$，式中 $a(t)$ 为原始地震动记录；$a_\lambda(t)$ 为调幅后的地震动记录，λ 为非负数。地震动调幅原则一般可分为等步调幅和不等步调幅。所谓等步调幅，即通过确定一个固定的调幅增长步长 $\Delta\lambda$ 进行地震动的调幅；不等步调幅中，增长步长 $\Delta\lambda$ 不断变化。Vamvatsikos 采用不等步调幅，Hunt 和 Fill 提出了 Hunt-Fill 准则，即针对结构性能变化较为明显的过程，减小 $\Delta\lambda$，针对结构性能变化不明显或变化规律较为一致的过程，$\Delta\lambda$ 相应增大。吕大刚采用"折半取中"原则追寻倒塌极限状态点 C_{IM}。

Vamvatsikos 总结了三种确定极限状态点的准则：IM 准则、DM 准则、IM-DM 混合准则。IM 准则是以 IM 量值 C_{IM} 来确定结构极限状态点，当 IM>C_{IM} 时，结构超过该极限状态。DM 准则是用 DM 量值 C_{DM} 来确定结构极限状态点，即认为 DM>C_{DM} 时，结构超过该极限状态。IM-DM 混合准则是综合考虑 IM 和 DM 的两种测度，认为 IM>C_{IM} 或 DM>C_{DM} 时，结构超过该极限状态，并举出实例说明，基于 DM 准则，按照 FEMA（2000b）（Federal Emergency Management Agency）的规定，对钢框架结构来说，C_{DMmax}=2%为结构轻微破坏的极限状态。文献中对一钢框架分析时，规定 C_{DMmax}=8%。但对于 DM 准则同样有不足之处，对于一个 C_{DM} 会出现几个 IM 值。而基于 IM 准则，FEMA（2000a）规定 20%的切线斜率法，即倒塌极限状态点的切线斜率等于初始弹性段斜率的 20%时，该点称为结构的倒塌极限状态点。对于 IM 准则同样存在像 DM 准则的不足。

一种结构的破坏模式可能有多种，所以不能依靠单一的 IM 和 DM 准则来确定结构的极限状态，Vamvatsikos 指出采用综合判断准则来确定结构的整体倒塌，即"OR conjunction"。FEMA 规定框架结构的整体倒塌破坏准则"an OR conjunction of the 20% slope IM-based rule and a C_{DM} =10% DM-based rule"，即 IM 准则或 DM 准则只要有其中一个达到极限状态，结构就不能继续承载。

IDA 分析关键问题之三：地震波调幅算法以及极限状态点的确定（倒塌极限状态点）。

（4）参数分析。针对得到的一系列调幅后的地震动记录进行一系列时程分析，得到一系列（IM，DM）坐标点，绘制 IDA 曲线。根据 IDA 曲线，分析地震动强度逐渐增强的情况下，结构所体现出的性能变化特征。冯清海采用 IDA 分析方法，对 3 个不同墩高的混凝土桥墩进行分析，以桥墩的墩顶位移响应作为研究目标进行概率特征统计。

IDA 分析关键问题之四：数据处理及采用合适的插值方法画出完整的 IDA 曲线。

（5）多地震动记录 IDA 方法。单一的地震动记录对分析结构的动力响应有一定的局限性，其分析结果也会有一定的质疑。因此，应该选取多条地震动记录，对结构进行多地震动记录的 IDA 分析。为了解决多地震动记录的 IDA 曲线的离散性问题，Vamvatsikos 提出了基于分位值的结构抗震性能评估，即按 IM 概率统计或按 DM 概率统计。马千里分析了有限地震动样本输入下的平均 IDA 曲线。汪梦甫通过对一栋 25 层高层混合结构进行 IDA 分析，得到该结构概率分位值为 16%、50%和 84%的 IDA 曲线及其对应的极限状态值。

IDA 分析关键问题之五：多地震动记录的 IDA 曲线的离散性问题。多地震动记录 IDA 曲线的数据处理及统计。

3. 强震作用下空间结构倒塌概率评定

1）倒塌储备系数

近年来，美国应用技术委员会（Applied Technology Council，ATC）开展了一项名为"建筑结构抗震性能指标评估"的研究计划（ATC-63 计划），其核心是建议了一个相对标准化的结构抗倒塌易损性分析流程和评价准则，包括建议了相应的地震动数据库和各种不确定性（含结构模型的不确定性）的评价方法，结构可接受大震倒塌概率指标和计算方法等等。"抗倒塌储备系数（Collapse Margin Rario，CMR）"也是 ATC-63 计划的核心内容。所谓抗倒塌储备系数 CMR，就是利用结构倒塌易损性曲线，将对应 50%倒塌概率的地震动强度指标 $IM_{50\%倒塌}$ 作为结构抗地震倒塌能力指标，与结构设计大震的地震动强度指标 $IM_{设防大震}$ 之比作为结构的抗倒塌安全储备指标，即

$$CMR = \frac{IM_{50\%倒塌}}{IM_{设防大震}}$$ （2-25）

2）倒塌易损性曲线

结构抗地震倒塌易损性是指在未来可能遭遇的不同强度地震下发生倒塌的概率。近年来基于 IDA 方法的结构抗倒塌易损性分析成为目前基于性能抗震设计研究的一个热点方向。其主要步骤为：

① 建立能够模拟建筑结构地震响应特性的数值模型。

② 选择一组地震动纪录（记为 N_{total}），这些记录能够反映结构所在场地的地震动特性，且地震记录数量足够多以反映地震动随机性，并选择合适的地震动强度指标 IM（Intensity Measure）对该组地震记录进行归一化处理。

③ 在某一地震动强度下，对结构输入上述地震记录进行弹塑性动力时程分析，得到该地震动强度下结构发生倒塌的地震动数（记为 $N_{collapse}$），由此得到该地震动强度下结构的倒塌概率（$N_{collapse}/N_{total}$）。

④ 单调增加地震动强度 IM，重复上一步骤，得到结构在不同地震动强度输入下的倒塌概率。

⑤ 以地震动强度为随机变量，按照一定的概率模型（如对数正态分布模型等）进行参数估计，获得结构在地震动强度连续变化下的倒塌概率曲线，即结构易损性曲线（Fragility Curve）。

需说明的是，上述结构抗地震倒塌易损性分析，未包括结构自身的离散性。因为与地震的随机性相比，结构自身的离散性是非常小的，即结构地震倒塌易损性主要取决于地震动的随机性。如果引入结构自身的离散性，会使问题变得十分复杂。

2.2　连续倒塌分析

2.2.1　连续倒塌分析方法

1. 研究现状

英国是世界上最早在设计规范中提出抗连续倒塌设计的国家。在 1968 年伦敦发生的 Ronan Point 公寓连续倒塌事故后，英国便开始对结构连续倒塌设计的研

究，对五层和五层以上的建筑进行针对意外事件的考虑。为了防止结构发生连续倒塌，英国设计规范通过如下三个准则来把握。

（1）通过结构拉结系统增强结构的连接性、延性和冗余度来保证结构在经受偶然荷载后具有较好的结构整体性；

（2）变换荷载路径设计方法（Alternative Path，AP），该方法要求设计人员通过"拿掉"某根构件来模拟它的失效，并保证"拿掉"失效构件后，结构具有足够的跨越能力，保证结构不会发生过大范围的破坏。

（3）局部抵抗偶然荷载设计方法，针对某些构件失效后，其上部结构不能形成跨越能力的情况，这类构件则作为"关键构件"或者"重点保护构件"来设计。英国应用这套抗连续倒塌设计准则已经三十多年了，而在一系列建筑物遭受到的蓄意袭击中，建筑结构表现出来的抗连续倒塌性能均体现了该套设计准则的有效性。

欧洲的 Eurocode 针对连续倒塌规定结构必须具有足够的强度以抵御可预测或不可预测的意外荷载。规范中的抗连续倒塌设计分为两个方面，一方面基于具体的意外事件；另一方面则独立于意外事件，设计目的在于控制意外事件造成的局部破坏。而局部破坏一旦发生，结构需具备良好的整体性、延性和冗余度来控制破坏蔓延。欧洲规范与英国规范类似，也是采用了拉结强度法、变换荷载路径法和关键构件法三种方法。

美国在 GSA 设计准则、ASCE 7-02 设计准则（American Society of Civil Engineers 2002）以及 UFC 设计准则中均对连续倒塌问题进行了论述。为了防止新建和现有的联邦大楼与现代主要工程发生连续倒塌事故，由美国总务管理署（General Services Administration，GSA）起草的《新联邦大楼与现代主要工程抗连续倒塌分析与设计指南》（以下简称 GSA 准则）已经经历了 2000 年和 2003 年两个版本。2000 年 11 月发行的版本主要是针对钢筋混凝土结构，2003 年 6 月的版本的不同主要体现在增加了对钢结构抗连续倒塌设计的说明。

GSA 首先给出了一套排除不需要进行抗连续倒塌设计的建筑结构的分析流程。在抗连续倒塌设计总向导中，GSA 要求钢筋混凝土结构具有较好的多余约束性能、连接性能、延性和较强的抗反向荷载和抗剪切破坏能力；针对钢结构，则重点对构件节点的连接性能、变形能力、多余约束和扭转性能提出了要求，同时也要求结构整体具有较好的多余约束。GSA 对新建和现有的联邦大楼与现代主要工程，包括钢筋混凝土结构和钢结构的抗连续倒塌设计均要进行变换荷载路径设计，设计过程采用竖向荷载组合，即

$$静力分析\quad Load=2(D+0.25L) \tag{2-26}$$

$$动力分析\quad Load=D+0.25L \tag{2-27}$$

式中：D 为恒载；L 为 GSA 规定的活荷载。

基于设计效率和实用性，GSA 推荐设计过程中采用静力线弹性计算方法。在

静力分析中荷载组合式（2-26）中乘以 2，GSA 的解释是为了考虑结构连续倒塌过程的动力效应。

GSA 规定了以限定结构由于初始竖向构件的失效引起的结构破坏范围作为衡量结构抗连续倒塌的标准。在经过线弹性分析后，为了对结构的倒塌面积大小和分布有效地加以量化，GSA 提出了一个判别各构件破坏情况的性能指标 DCR（Demand-Capacity Ratios）。在 GSA 设计指南中，钢结构抗连续倒塌变换荷载路径设计方法与流程和钢筋混凝土结构的路径设计方法与流程基本相同。但在各类构件的 DCR 值规定的破坏临界值变化较大。

ASCE 7-02 中讨论了减少结构发生连续倒塌的问题。论述了两种设计方法以减少结构发生连续倒塌的可能性。直接设计法和间接设计方法。直接设计方法包括：①变换荷载路径法，它要求结构需具备跨越由于偶然荷载影响而失效的构件的能力；②局部抵抗偶然荷载设计方法要求建筑及局部具有足够的强度来抵抗既定的偶然事件造成的偶然荷载。间接设计方法通过提高结构本身的强度，连接性和延性来增强结构的抗连续倒塌性能。但是，在直接设计方法和间接设计方法中，ASCE 7-02 都没有给出可执行的或者可以量化的设计准则。

UFC（Unified Facilities Criteria 2005）的《建筑抗连续倒塌设计》由美国国防部（DOD）编著。UFC 设计准则已经取代了 2001 年也是由国防部出版的《国防部连续倒塌设计暂行指导方针》。UFC 设计准则要求通过两种设计方法来保证结构抗连续倒塌能力。第一种设计方法是通过结构本身各构件所能提供的"拉结力"组成的整体拉结系统来保证结构抗连续倒塌性能；第二种设计方法是变换荷载路径法，它视该种结构模型为一种"抗弯模型"，它要求"拿掉"一个竖向承受力构件后的结构模型具有足够的跨越能力保证不发生过大范围的倒塌。对于变换荷载路径法，UFC 提供了三种可选的计算方法：线性静力、非线性静力和非线性动力计算方法。在变换荷载路径法中，UFC 给出了结构抗连续倒塌设计标准的结构破坏控制范围。UFC 在总体论述结构抗连续倒塌设计方法后，还针对钢筋混凝土结构、钢结构、砖结构、木结构分别给出了抗连续倒塌设计采用的相应的量值与参数，以及增强结构延性的相应措施。

总结以上欧美各国现有连续倒塌相关规范设计方法，降低结构在偶然荷载作用下发生连续倒塌的的风险通过以下方法来实现。

（1）概念设计和采用拉结系统等来提高结构的整体性、坚固性、连续性及延性。

（2）局部抵抗偶然荷载设计方法，设计并提高关键构件的安全度，使其具有足够的强度能一定程度上抵御偶然荷载作用。

（3）变换荷载路径法，通过"拿掉"某根构件来模拟它的失效，并保证"拿掉"失效构件后，结构具有足够的跨越能力，保证结构不会发生过大范围的破坏。其中，变换荷载路径法是目前国外抗连续倒塌设计的主流方法。变换荷载路径法通过"拿掉"可能遭遇破坏的结构构件来模拟它的失效，再验算"剩余结构"是否具有抗连续倒塌能力，避开了局部构件失效过程，简单有效。但它们均未能分析局部构件失效的成因和机理，未能分析考虑动力弹塑性效应，未能考虑到初始平衡状态（初始内力、变形、刚度）对结构受到局部破坏后的巨大影响，未能考虑偶然荷载作用下对剩余结构其他构件造成的初始损伤。

我国《混凝土结构设计规范》提到重要结构的防连续倒塌设计可采用的方法有：

（1）拉结构件法。在结构局部竖向失效的条件下，按梁-拉结模型、悬索-拉结模型和悬臂-拉结模型进行极限承载力计算，维持结构的整体稳固性。

（2）局部加强法。对可能遭受偶然作用而发生局部破坏的竖向重要构件和关键传力部位，可提高结构的安全储备；也可直接考虑偶然作用进行结构设计。

（3）去除构件法（即变换荷载路径法）。按一定规则去除结构的主要受力构件，采用考虑相应的作用和材料抗力，验算剩余结构体系的极限承载力；也可以采用受力-倒塌全过程分析，进行防倒塌设计。

2. 连续倒塌分析方法

结构连续倒塌有三个重要特征：一是始于结构局部构件破坏；二是破坏向周围构件发展；三是最终倒塌与初始构件破坏不成比例。因此，抗连续倒塌的设计也就从这三个方面入手。1977 年，Leyendechker 和 Ellingwood 将结构抵抗连续倒塌的设计方法归为三类，即事件控制法、间接设计法和直接设计法。事件控制要求突发事件在发生前予以阻止，或通过设置防护栅栏将爆炸等危险源隔离在建筑之外，是结构设计以外的一类措施。间接设计是指不直接体现突发事件的具体影响，而采用拉结力法进行结构设计，以提高结构的最低强度、冗余特性和延性能力。直接设计又分为变换荷载路径法和关键构件法，前者通过假定主要承重构件的初始失效来研究或评价结构的冗余性能及抵抗连续性倒塌的能力，如果移除构件导致结构发生连续倒塌，则对该构件及相邻构件进行加强，否则不必进行加强；后者则是针对于某些类型的大跨建筑结构（如张弦梁结构、索承网壳结构等），关键构件的移除可能会直接导致整个结构的连续倒塌，故该方法通过对关键构件提高安全系数，使其具有足够的强度抵抗意外荷载的作用。设计中常将这种方法和AP 法结合起来，既能有效改善结构抵御连续倒塌的能力，同时也能减少建造费用，取得良好的经济效益。另外，为了全面考虑连续倒塌过程中的动力效应，近年来动力弹塑性时程分析法也开始被使用。

1）拉结力设计法

拉结力设计即要求构件和连接满足最低的抗拉强度要求，且各相连构件形成的传力路径必须是直线的和连续的。拉结力设计包括四个方面的要求：

（1）内部拉结力，主要由梁或楼板承担，可根据发挥梁悬链线效应或楼板薄膜效应的要求确定。

（2）周边拉结力，主要由周边大梁承担，可用以锚固内部拉结的大梁或楼板。

（3）对边柱或边墙的水平拉结力，除满足内部拉结力要求外，还应承受一定的悬挂拉力。

（4）竖向拉结力，由上下连续贯通的柱子承担，要求能够承受与其轴压力相等的拉力，如图 2-4 所示。

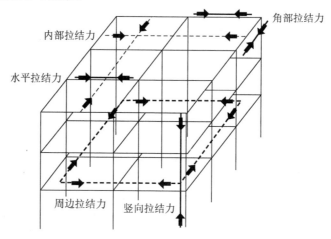

图 2-4　框架结构的拉结力设计示意

节点最小抗力、连续的传力路径和构件间的拉结能力是减少结构连续性倒塌最重要的能力特征，在采用传统方法完成设计并保证适当的整体性能后，才有必要采用 AP 等其他方法考察结构的冗余特性及其他情况。

2）变换荷载路径法

变换荷载路径法通过假定结构中某主要构件（高敏感性构件）失效，即在计算过程中将其从结构中"删除"，以此模拟结构发生局部破坏，分析剩余结构在原有荷载作用下发生内力重分布后能否形成"搭桥"能力，即是否能够形成新的荷载传递路径，从而判断结构是否会发生连续倒塌。该方法不考虑初始破坏的原因，适用于任何意外事件下的结构破坏分析。其中，构件单元的"删除"是指让相应的构件退出计算，但不影响相连构件之间的连接，如图 2-5 所示。

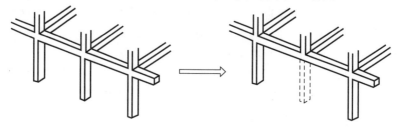

图 2-5　变换荷载路径法中柱子的删除

AP 法定义中，初始局部破坏引起的结构响应变化，即承载力对于杆件移除前后的灵敏程度被定义为敏感性指标，结构敏感性与结构冗余特性是成反比的，可表示为

$$SI = \frac{1}{R} \tag{2-28}$$

式中：SI 为敏感性指标；R 为冗余度。

冗余度可以被认为是结构抵抗连续倒塌的能力。如果结构发生局部破坏，即结构的某个构件由于意外荷载的作用而突然消失，理想的结构应该仍然能够继续承担荷载，而不至于连续倒塌，但结构在杆件去除后的极限承载力会有所降低，据此提出了结构构件冗余度的计算公式：

$$R = \frac{L_{\text{intact}}}{L_{\text{intact}} - L_{\text{damage}}} = \frac{\lambda}{\lambda - \lambda^*} \tag{2-29}$$

式中：L_{intact}、λ 分别为初始完整结构的极限荷载与极限荷载因子；L_{damage}、λ^* 分别为构件受损后剩余结构的极限荷载与极限荷载因子。

结合不同的分析手段，AP 法可较好地模拟结构连续倒塌的过程并评估结构的抗连续倒塌性能，是目前使用最为广泛的一种连续倒塌分析方法。具体分析时需考虑材料特性、荷载取值与组合、可能初始破坏的构件、构件的极限承载或变形能力、可接受的破坏程度等基本问题。美国 GSA 规范、DOD 规范和日本钢结构协会规范就其中的部分参数作了各自的规定。例如，材料强度当按设计规范取值时可考虑一个反映应变率影响的增大系数，钢材和钢筋一般为 1.05～1.10，钢筋混凝土为 1.25。构件和连接的承载力除按设计规范方法计算外，极限变形可较抗震规范的规定予以适当的提高。荷载组合时，美国 GSA 规范建议对静力分析采用 2（D+0.25L），对动力分析采用（D+0.25L），DOD 规范规定采用（0.9 或 1.2）D+（0.5L 或 0.2S）+0.2W，对静力分析时的倒塌部位采用 2[（0.9 或 1.2）D+（0.5L 或 0.2S）]+0.2W。其中，D、L、S、W 分别代表恒载、活载、雪载和风荷载，引入风荷载是为了考虑多高层建筑的二阶效应。

有时为更真实的反映结构连续倒塌过程，考虑结构初始平衡状态、构件失效时间对动力响应的影响以及考虑构件断裂、接触及碰撞等因素是必要的，但也由此产生了结构大变形、刚度矩阵奇异和计算模型节点数量变化等多种问题。有学者先后提出了离散单元法、非连续变形分析和修正有限元法等方法考虑这些因素。而按照是否考虑非线性和动力效应，连续倒塌分析分为以下四类：线弹性静力分析、非线性静力分析、线弹性动力分析和非线性动力分析。其中，非线性动力分析较为复杂，但考虑的问题较为全面和直接，分析结果较为可信，目前被广泛采用。但无论是线性或非线性的分析，结构分析最根本的是要为结构设计提供有用的信息，而不仅仅是简单地追求破坏现象上的仿真模拟。

3）动力弹塑性时程分析法

结构在偶然荷载作用下发生的连续倒塌是一个极其复杂的过程，当结构局部发生破坏、一些构件失效丧失承载力后，其几何构成和边界条件发生突变而振动，从而使剩余结构进行内力、变形和刚度重分布。本质上，结构连续倒塌是一个动力过程，同时结构的连续倒塌也必然伴随着非线性，因此合理地考虑动力效应和非线性是进行抗连续倒塌设计和评估的难点和关键所在。

目前通用的 AP 法不考虑引起结构连续倒塌的原因，首先移除一根或几根主要的竖向受力构件模拟结构的初始局部失效，然后对剩余结构进行力学分析。考虑动力效应和非线性可以进行 AP 法的动力非线性计算分析。但这种方法撇开了引起结构连续倒塌的原因，未考虑局部构件失效的成因和机理，未能考虑偶然荷载作用下对剩余结构其他构件造成的初始损伤，单纯只是移除构件来模拟失效与实际情况显然存在明显差异。而对抗连续倒塌动力弹塑性时程分析则能很好的解决这些问题。

动力弹塑性时程分析方法已在抗震分析中逐渐得到推广应用，在抗震分析动力弹塑性时程分析法将结构作为弹塑性振动体系加以分析，直接按照地震波数据输入地面运动，通过积分运算，求得在地面加速度随时间变化期间内，结构的内力和变形随时间变化的全过程，也称为弹塑性直接动力法。而应用于抗连续倒塌分析中时，输入的荷载时程可以是地震波、爆炸荷载时程或是火载时程等。

运用动力弹塑性时程法进行抗连续倒塌可以较好较真实地模拟地震、爆炸、撞击和火灾等偶然荷载作用，以荷载时程方式输入整个过程，可以真实反映各个时刻偶然荷载作用引起的结构响应，包括变形、应力、损伤形态（初始损伤，损伤的扩展，累积损伤）构件失效的机理等。目前，许多有限元程序是通过定义材料的本构关系来考虑结构的弹塑性性能，因此可以较准确模拟任何结构，计算模型简化较少。同时，该方法基于塑性区的概念，相对于塑性铰判别法，特别是对于带剪力墙的结构，结果更为准确可靠。但同时动力弹塑性时程法计算量大，运算时间长，由于可进行此类分析的大型通用有限元分析软件均不是面向设计的，因此软件的使用相对复杂，建模工作量大，数据前后处理繁琐，不如设计软件简单、直观，分析中还需要掌握和运用大量有限元、钢筋混凝土本构关系、损伤模型等相关理论知识。

抗连续倒塌动力弹塑性时程分析的基本步骤：

（1）建立结构的几何模型并进行网格划分。

（2）定义材料的本构关系，对各个构件指定相应的单元类型和材料类型确定结构的质量、刚度和阻尼矩阵。

（3）输入偶然荷载时程并定义模型的边界条件，开始计算。

（4）计算完成后，对结果（包括变形、应力、损伤形态等）数据进行处理，对结构抗连续倒塌性能进行分析和评估。

动力弹塑性时程分析法除了可以用应力、变形等指标外还可以用损伤等指标对结构的抗连续倒塌性能进行评估。可以研究构件在偶然荷载作用下的失效机理以及偶然荷载作用瞬间对剩余结构造成的初始损伤，同时也可以观察构件损伤和破坏的不断扩展及结构最后的损伤破坏情况。

2.2.2　构件失效模拟方法

由于结构连续倒塌是一个动力过程，构件的突然失效会对剩余结构产生动力效应，这种动力效应不是由结构承受动力荷载引起的，因此如何合适的模拟杆件失效所产生的动力效应是目前研究的难点。国内外提出了很多对构件失效所产生的动力效应的模拟方法。

1. 动力放大系数法

动力放大系数法属于静力模拟分析方法。构件失效后结构内力重分布的过程虽然是一个动力过程，但也可采用静力等效的分析方法。即将荷载动力放大系数乘以失效构件所属区域的静载，以静力模拟的方法间接考虑结构的动力响应，此方法的关键是荷载动力放大系数的取值大小和作用范围。

通过研究表明，荷载动力放大系数（DLF）为 2.0，但是对目前荷载动力放大系数的取值存在争议，一部分研究人员认为 DLF 取 2.0 是偏于保守的，还有一部分研究人员认为对于 DLF 的取值与荷载类别有关，如果在地震、爆炸撞击等瞬间作用下，DLF 取值偏大；在火灾、局部超载等长期作用下，DLF 取值应偏小。DLF 的取值仍有待进一步探究。对于荷载动力放大系数的施加范围，规范规定为移除构件的相邻跨度，而对于结构的其他部位不考虑荷载动力放大系数。

2. 瞬时刚度退化法

瞬时刚度退化法属于动力模拟分析方法，是通过改变失效构件前后的刚度来模拟构件的失效。其结构动力平衡方程为

$$mA + cV + k(t)X = W \tag{2-30}$$

式中：A、V 和 X 分别为加速度、速度和位移；m 为结构的质量；c 为结构的阻尼；$k(t)$ 为随时间变化的结构刚度；W 为结构所受的外荷载。

瞬时刚度退化法首先要确定随时间变化的结构刚度曲线，如图 2-6 所示，其次，将外荷载施加在整个结构上。最后，针对上述刚度曲线对结构进行时程分析。考虑杆件失效对整体结构的刚度影响，可以较好地模拟杆件失效对结构产生的动力效应。

3. 瞬时加载法

瞬时加载法属于动力模拟分析，是在构件失效后将结构所受的静荷载假设为

动荷载，研究随时间变化的荷载曲线。其结构动力平衡方程为

$$mA + cV + kX = P(t) \tag{2-31}$$

式中：k 为结构的刚度；$P(t)$ 为随时间变化的荷载。

瞬时加载法首先是通过对结构进行静力分析确定失效构件对结构的作用力。其次，失效构件移除后，对结构模型进行修改。最后，对剩余结构施加随时间变化的荷载，如图 2-7 所示，荷载大小与失效构件承受的荷载相同但方向相反。通过动态的荷载对杆件失效进行模拟，但荷载的作用点仍有待进一步研究。

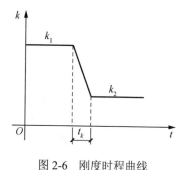

图 2-6 刚度时程曲线

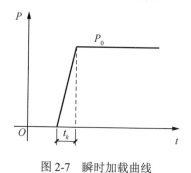

图 2-7 瞬时加载曲线

4. 初始条件法

初始条件法是对剩余结构施加给定的初始位移来分析结构的连续倒塌。其结构动力平衡方程为

$$Aa + 2\xi\omega V + \omega 2X = g \tag{2-32}$$

式中：Aa 为绝对加速度；ξ 为阻尼比；ω 为无阻尼自由振动频率；V、X 分别为相对速度和位移。

初始条件法首先是通过静力分析确定结构的初始变形，其次移除失效构件，最后，假定结构的初始变形为结构的初始条件，然后对结构进行动力分析。上述方法一开始就将失效杆件从整体结构中移除，没有考虑到结构的初始状态对剩余结构的影响。对于大跨建筑结构，初始状态对结构连续倒塌作用是不容忽视的。

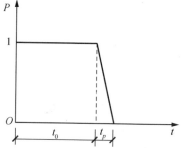

图 2-8 考虑初始状态的等效荷载时程曲线

2.2.3 敏感性分析和结构冗余系数

1. 冗余度参数及敏感性指标

对建筑结构进行防倒塌设计，即在建筑物遭受偶然荷载作用导致结构部分梁柱构件突然失效后，防止其在恒载、活载等竖向荷载作用下发生连续性倒塌的设

计，其必要性已在许多领域引起广泛的讨论。从保证结构在偶然荷载作用下仍具有足够安全性的角度出发，引入冗余度和关键构件等设计概念是非常有效的。

当前研究学者普遍认为，组成结构的构件对整个结构承载性能的影响程度与建筑物的冗余度密切相关。本书把结构构件对结构承载性能的影响程度定义为敏感性指标 S.I.，并对大跨建筑结构在构件失效前后的承载力比值进行评估。

大跨建筑结构中，某些构件失效后的承载能力 λ_{damage} 是与其初始状态下的承载能力 λ_0 相关的，前者与后者的比值被定义为敏感性指标，即

$$S.I. = \frac{\lambda_0 - \lambda_{damage}}{\lambda_0} \qquad (2\text{-}33)$$

一般地，结构的冗余度与其结构单元的敏感性成反比。冗余度可以表述为

$$结构总冗余度 \propto \frac{1}{反应敏感性} \qquad (2\text{-}34)$$

从式（2-34）可以看出，当一个结构受损伤时，其损伤程度可反映在结构单元的敏感性上。敏感性低的单元不会轻易受结构损伤的影响，因此具有一定的冗余度。当构件失效而整个结构的承载能力几乎没有变化时，该构件的敏感性指标极小（S.I.≈0）。也可以说，该构件对大跨建筑结构的承载力并无决定性的影响（即非敏感性构件）。另外，当敏感性指标很大（S.I.≈1）的构件失效时，大跨建筑结构的一部分会发生突然倒塌。由于敏感性指标与冗余度的相关性，结构冗余度的评估和确定是基于敏感性指标的。

2. Pandey 的敏感性分析方法

迄今为止，已经提出多种结构冗余度的评估准则。在这些准则中，由 Pandey 等提出的基于敏感性分析的评估方法被认为是最有效的方法，这主要因为它可以从理论上以数值方式量化地确定结构的冗余度。

对于弹性结构，考虑损伤变量的反应敏感性可以用有限元形式表达为

$$[K(\alpha_i)]\{U(\alpha_i)\} = \{F(\alpha_i)\} \qquad (2\text{-}35)$$

式中：$[K(\alpha_i)]$ 为刚度矩阵；$\{F(\alpha_i)\}$ 为节点位移矢量；$\{U(\alpha_i)\}$ 为节点力矢量；α_i 为表征结构损伤程度的变量。

式（2-35）两侧对 α_i 求导，得

$$[K]\left\{\frac{\partial U}{\partial \alpha_i}\right\} = \left\{\frac{\partial F}{\partial \alpha_i}\right\} - \frac{\partial [K]}{\partial \alpha_i}\{U\} \qquad (2\text{-}36)$$

式（2-36）可变形为

$$[K]\{U'\} = \{F'\} \qquad (2\text{-}37)$$

其中

$$\{U'\} = \left\{\frac{\partial U}{\partial \alpha_i}\right\}$$

$$\{F'\} = \sum_{e \in Q} \frac{\partial F^e}{\partial \alpha_i} - \left[\sum_{e \in Q} \frac{\partial [K^e]}{\partial \alpha_i} \{U\}\right]$$

式中：$\{U'\}$ 为位移敏感性；$\{F'\}$ 为力的敏感性。

由 $\{\varepsilon\}=[B]\{U^e\}$，可得到应变敏感性

$$\{\varepsilon^{e'}\} = \left\{\frac{\partial \varepsilon^e}{\partial \alpha_i}\right\} = [B]\left\{\frac{\partial U}{\partial \alpha_i}\right\} + \frac{\partial [B]}{\partial \alpha_i}\{U^e\} \tag{2-38}$$

进而可得到应力敏感性：

$$\left\{\frac{\partial \sigma}{\partial \alpha_i}\right\} = [D]\left\{\frac{\partial \varepsilon}{\partial \alpha_i}\right\} \tag{2-39}$$

$$\{\sigma^{e'}\} = [D][B]\left\{\frac{\partial U^e}{\partial \alpha_i}\right\} + [D]\frac{\partial [B]}{\partial \alpha_i}\{U^e\} \tag{2-40}$$

式中：$[B]$ 为应变位移矩阵；$[D]$ 为应力应变矩阵。

基于损伤变量的反应敏感性，由式（2-41）～式（2-43）可得广义冗余度和广义标准冗余度的定义为

$$单元的广义冗余度 = \frac{V_i}{S_{ij}} \tag{2-41}$$

$$GR_j = \frac{\sum_{i=1}^{n_e}\left[\dfrac{V_i}{S_{ij}}\right]}{V} \tag{2-42}$$

$$GNR_j = \frac{GR_j}{\max(GR_1, GR_2, \cdots, GR_{n_e})} \tag{2-43}$$

式中：GR_j 为对应于第 j 个损伤参数的结构总冗余度；GNR_j 为标准化的结构总冗余度；S_{ij} 为 i 单元对应于第 j 个损伤参数的敏感性指标；V_i 为单元 i 的体积；n_e 为非连续结构的单元数目；V 为结构的总体积，等于 $\sum_{i=1}^{n_e} V_i$。

对诸如网壳类的大跨建筑结构而言，有必要在反应敏感性的评估中考虑单一构件的屈曲。取损伤变量 α_i 为横截面面积 A，考虑了容许应力 σ_0 的敏感性指标修正公式如下：

$$S_{ij} = \frac{\partial \sigma}{\partial A} \tag{2-44}$$

对于受拉构件（$\sigma_0 = \sigma_t$）

$$S_{ij} = \frac{\partial \sigma}{\partial A}\left(\frac{\sigma}{\sigma_0}\right) = \frac{1}{\sigma_t}\frac{\partial \sigma}{\partial A} \tag{2-45}$$

对于受压构件（$\sigma_0 = \sigma_c$）

$$S_{ij} = \frac{\partial \sigma}{\partial A}\left(\frac{\sigma}{\sigma_0}\right) = \frac{1}{\sigma_c}\frac{\partial \sigma}{\partial A} - \frac{1}{\sigma_c^2}\frac{\partial \sigma_c(\lambda)}{\partial \lambda}\frac{\partial \lambda}{\partial A} \tag{2-46}$$

3. 基于构件和节点响应的敏感性分析方法

1）基于应变响应的敏感性指标

对于大跨建筑结构，目前没有如何在连续倒塌分析中选取敏感性杆件的相关规定。为了解决这一问题，蔡建国等提出了基于杆件应力响应的敏感性指标 S_{ij}。S_{ij} 是杆件 i 对于初始失效杆件 j 的敏感性指标，可表示为

$$S_{ij} = \frac{\sigma' - \sigma}{\sigma} \tag{2-47}$$

式中：σ 和 σ' 分别为杆件 i 在完整结构和损伤结构中的应力响应。

如 Zhao 等所述，大跨建筑结构的持荷冗余度对于抗连续倒塌至关重要。在空间结构的倒塌破坏过程中，实际的失效顺序很大程度上取决于杆件的应力比。在较小的荷载等级下，杆件的平均应力比相对较小。即使局部杆件失效可能导致相邻杆件应力突变，但在局部内力重分布后整体结构扔将保持平衡状态。为了准确评价不容荷载水平下杆件的敏感性指标，必须考虑杆件应力比的变化。优化后的敏感性指标可表示为

$$S_{ij} = \frac{\sigma' - \sigma}{\sigma_0 - \sigma} \tag{2-48}$$

σ_0 为杆件 i 的容许应力，可表示为

$$\begin{cases} \sigma_0 = \sigma_c, & \sigma' \geqslant 0 \\ \sigma_0 = \sigma_t, & \sigma' < 0 \end{cases} \tag{2-49}$$

式中：σ_t 和 σ_c 分别为杆件 i 的屈服应力和失稳应力。

当 $S_{ij} < 0$ 时，损伤结构中杆件 i 的应力小于完整结构；当 $0 \leqslant S_{ij} < 1$ 时，杆件 j 失效后，杆件 i 的应力将增大；当 S_{ij} 达到最大值 1 时，杆件 i 的应力将达到容许应力，结构将发生后续的杆件失效。这种情况下，将杆件 j 定义为结构的敏感杆件。基于上述敏感性指标，可定义结构的敏感杆件并应用于后续连续倒塌分析中，同时也可以考虑压杆失稳后的力学性能。

2）基于应变响应的重要性系数

对每根杆件进行敏感性分析后，可得到剩余结构的平均敏感性指标，将其定义为重要性系数 α_j，即

$$\alpha_j = \frac{\sum\limits_{i=1,\ i \neq j}^{n} \langle S_{ij} \rangle}{n-1} \tag{2-50}$$

式中：n 为结构总杆件数；$S_{ij} \geqslant 0$ 时，取 $\langle S_{ij} \rangle = S_{ij}$；$S_{ij} < 0$ 时，取 $\langle S_{ij} \rangle = 0$，重要

性系数可用作剩余结构的抗连续倒塌能力评价。

3）基于位移响应的敏感性指标

本书基于损伤结构的弹性临界位移建立结构的连续倒塌判别准则。

以单层球面网壳为例，将稳定容许承载力 q_{u2} 对应的弹性临界位移 u_{02} 定义为倒塌临界位移。首先进行弹塑性稳定分析以得到缺陷结构的弹性临界位移和稳定承载力。典型的单层网壳荷载-竖向位移曲线如图 2-9 所示，分析中采用一致缺陷模态法。通常缺陷网壳的极限承载力 q_{u2} 小于完整网壳极限承载力 q_{u1}，与稳定极限承载力 q_{u2} 相对应的竖向位移定义为 u_{u2}，与容许稳定承载力 q_{k2} 相对应的最大竖向位移定义为 u_{02}。根据《空间网格结构技术规程》（JGJ 7—2010），$q_{u2}=K \cdot q_{k2}$，K 为完全系数，对于弹塑性稳定分析，K 取值为 2。

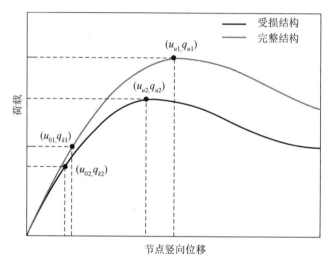

图 2-9　考虑初始状态的等效荷载时程曲线

因此，缺陷结构的抗连续倒塌能力可通过基于最大位移响应的敏感性指标 R_{ij} 表示

$$R_{ij} = \frac{u' - u}{u_{02} - u} \qquad (2\text{-}51)$$

式中：j 为失效杆件；i 为缺陷结构中竖向位移最大节点；u 和 u' 分别为缺陷结构和完整结构中节点的最大竖向位移；u_{02} 为根据节点 i 计算得到的弹性临界位移。

参 考 文 献

蔡建国, 王蜂岚, 冯健, 等, 2012. 大跨空间结构连续倒塌分析若干问题探讨[J]. 工程力学, (3):143-149.

冯清海, 袁万城, 2010. 基于 IDA-MC 的桥梁地震风险概率评估方法[J]. 长安大学学报自然科学版, (3):60-65.

傅学怡, 黄俊海, 2009. 结构抗连续倒塌设计分析方法探讨[J]. 建筑结构学报, 30(S1):195-199.

高峰, 杨大彬, 靳卫恒, 2009. K6 型单层网壳极限承载力对杆件失效的灵敏度分析[J]. 工程建设与设计, (8):16-19.

龚曙光, 谢桂兰, 黄云清, 2009. ANSYS 参数化编程与命令手册[M]. 北京: 机械工业出版社.

洪武, 徐迎, 贾金刚, 等, 2009. 动力备用荷载路径法的力学机理分析[J]. 工程抗震与加固改造, 31(3):56-60.

胡晓斌, 钱稼茹, 2008. 结构连续倒塌分析改变路径法研究[J]. 四川建筑科学研究, 34(4):8-13.

黄鑫, 陈俊岭, 马人乐, 2012. 水平加强层对钢框架结构抗连续倒塌性能的影响[J]. 解放军理工大学学报(自然科学版), 13(1):80-87.

金丰年, 贾金刚, 徐迎, 等, 2009. 基于 GSA 规范改进方法的框架结构连续性倒塌分析[J]. 解放军理工大学学报(自然科学版), 10(2):144-150.

刘成清, 赵世春, 2011. 基于 IDA 的网壳结构动力失稳分析[J]. 四川建筑科学研究, 37(3):65-67.

陆新征, 施炜, 张万开, 等, 2011. 三维地震动输入对 IDA 倒塌易损性分析的影响[J]. 工程抗震与加固改造, 33(6):1-7.

陆新征, 叶列平, 2010. 基于 IDA 分析的结构抗地震倒塌能力研究[J]. 工程抗震与加固改造, 32(1):13-18.

吕大刚, 于晓辉, 王光远, 2009. 基于单地震动记录IDA方法的结构倒塌分析[J]. 地震工程与工程振动, 29(6):33-39.

吕大刚, 于晓辉, 王光远, 2010. 单地震动记录随机增量动力分析[J]. 工程力学, (S1):53-58.

马千里, 叶列平, 陆新征, 等, 2008. 采用逐步增量弹塑性时程方法对 RC 框架结构推覆分析侧力模式的研究[J]. 建筑结构学报, 29(2):132-140.

日本钢结构协会, 2007. 高冗余度钢结构倒塌控制设计指南[M]. 陈以一, 赵宪忠, 译. 上海: 同济大学出版社.

施炜, 叶列平, 陆新征, 等, 2011. 不同抗震设防 RC 框架结构抗倒塌能力的研究[J]. 工程力学, 28(3):41-48.

宋拓, 吕令毅, 2011. 爆炸冲击对多层钢框架连续倒塌性能的影响[J]. 东南大学学报(自然科学版), 41(6):1247-1252.

汪梦甫, 曹秀娟, 孙文林. 增量动力分析方法的改进及其在高层混合结构地震危害性评估中的应用[J]. 工程抗震与加固改造, 32(1):104-109.

王景玄, 王文达, 石晓飞, 2015. 基于备用荷载路径法的钢管混凝土框架抗连续倒塌机制非线性动力分析[J]. 建筑结构学报, 36(S1):14-20.

徐艳, 2004. 钢管混凝土拱桥的动力稳定性能研究[D]. 上海: 同济大学.

徐艳, 胡世德, 2006. 钢管混凝土拱桥的动力稳定极限承载力研究[J]. 土木工程学报, 39(9):68-73.

徐颖, 韩庆华, 练继建, 2016. 单层球面网壳抗连续倒塌性能研究[J]. 工程力学, 33(11): 105-112.

杨成, 潘毅, 赵世春, 等, 2010. 烈度指标函数对 IDA 曲线离散性的影响[J]//工程力学, (A01): 68-72.

杨成, 徐腾飞, 李英民, 等, 2008. 应用弹塑性反应谱对 IDA 方法的改进研究[J]. 地震工程与工程振动, 28(4):64-69.

杨大彬, 张毅刚, 吴金志, 2010. 增量动力分析在单层网壳倒塌评估中的应用[J]. 空间结构, 16(3):91-96.

张毅刚, 杨大彬, 吴金志, 2010. 基于性能的空间结构抗震设计研究现状与关键问题[J]. 建筑结构学报, 31(6):145-152.

FRAGIADAKIS M, VAMVATSIKOS D, 2009. Fast performance uncertainty estimation via pushover and approximate IDA[J]. Earthquake Engineering & Structural Dynamics, 39(6):683-703.

FRANGOPOL D M, CURLEY J P, 1987. Effects of damage and redundancy on structural stability[J]. Journal of Structural Engineering, ASCE, 113(7) :1533-1549.

MANDER J B, DHAKAL R P, MASHIKO N, et al, 2007. Incremental dynamic analysis applied to seismic financial risk assessment of bridges[J]. Engineering Structures, 29(10):2662-2672.

PANDEY P C, BARAI S V, 1997. Structural sensitivity as a measure of redundancy[J]. Journal of Structural Engineering, ASCE, 123(3):360-364.

SU L, DONG S, KATO S, 2007. Seismic design for steel trussed arch to multi-support excitations[J]. Journal of Constructional Steel Research, 63(6): 725-734

U. S. General Services Administration, 2005. Progressive collapse analysis and design guidelines for new federal office buildings and major modernization projects[S]. Washington D C: Central Office of the GSA.

VAMVATSIKOS D, 2002. Seismic performance, capacity and reliability of structures as seen through incremental dynamic analysis[D]. Stanford: Stanford University.

VAMVATSIKOS D, CORNELL C A, 2004. Applied incremental dynamic analysis[J]. Earthquake Spectra, 20(2): 523-553.

VAMVATSIKOS D, CORNELL C A, 2005. Developing efficient scalar and vector intensity measures for IDA capacity estimation by incorporating elastic spectral shape information[J]. Earthquake Engineering & Structural Dynamics, 34(13):1573-1600.

VAMVATSIKOS D, CORNELL C A, 2006. Direct estimation of the seismic demand and capacity of oscillators with multi-linear static pushovers through IDA[J]. Earthquake Engineering & Structural Dynamics, 35(9):1097-1117.

VAMVATSIKOS D, FRAGIADAKIS M, 2010. Incremental dynamic analysis for estimating seismic performance sensitivity and uncertainty[J]. Earthquake Engineering & Structural Dynamics, 39(39):141-163.

YU Q, XIAO X, 1997. Redundancy measure and its application to the design and manufacture of marine structures[J]. China Ocean Engineering, 11(2):161-170.

ZHAO X, YAN S, CHEN Y, 2017. Comparison of progressive collapse resistance of single-layer latticed domes under different loadings[J]. Journal of Constructional Steel Research, 129:204-214.

第3章　网架结构倒塌破坏机理及性能分析

本章主要针对网架结构开展增量动力分析,揭示了网架结构的倒塌破坏模式,并进一步开展了网架结构倒塌概率评定。

3.1　网架结构增量动力分析

3.1.1　倒塌判别准则

本书采用增量动力分析方法,采用不同阶段增量步长逐渐增加峰值加速度,进行调幅,通过 ANSYS 有限元软件建模,输入调幅后的地面运动记录加速度数据,对结构进行非线性时程分析,提取不同峰值加速度幅值下的结构节点最大位移响应,当 ANSYS 非线性时程分析不收敛时,缩小加速度增量步长,从上一次分析收敛情况下的加速度幅值开始,按照缩小的增量步长逐渐增加峰值加速度,继续进行非线性时程分析,直至时程分析再次不收敛,即视为结构倒塌破坏,依据"加速度幅值微小增量将导致结构最大节点位移反应急剧增加",取结构上一次收敛时的加速度幅值作为结构倒塌峰值地面加速度。

3.1.2　分析模型

1. 材料本构关系

为研究网架结构从弹性阶段过渡到弹塑性阶段直至结构倒塌破坏的全过程,考虑材料非线性进行弹塑性时程分析,其塑性力学基本法则如下。

(1) 屈服准则:采用 Mises 屈服准则,即等效应力与屈服应力相等,适用于各向同性材料,可表示为

$$\sigma_e - \sigma_y = 0 \tag{3-1}$$

式中:σ_e 为等效应力;σ_y 为屈服应力。

σ_e 表达式如下:

$$\sigma_e = \sqrt{\frac{1}{2}\left[(\sigma_1 - \sigma_2)^2 + (\sigma_2 - \sigma_3)^2 + (\sigma_1 - \sigma_3)^2\right]} \tag{3-2}$$

或

$$\sigma_e = \sqrt{\frac{1}{2}\left[(\sigma_x - \sigma_y)^2 + (\sigma_y - \sigma_z)^2 + (\sigma_z - \sigma_x)^2 + 6(\tau_{xy}^2 + \tau_{yz}^2 + \tau_{xz}^2)\right]} \tag{3-3}$$

（2）流动法则：采用关联流动法则，即 Mises 流动法则或法向流动法则，规定其塑性流动方向与屈服面的外法线方向相同，适用于建筑钢材。

（3）强化准则：采用随动强化准则，规定材料进入塑性阶段后，后续屈服面在应力空间内做刚体运动，材料屈服后产生包辛格效应，即材料塑性行为为非各向同性，弹性范围等于 2 倍的初始屈服应力，由于拉伸屈服强度增加而导致压缩屈服强度相应减少。

根据上述塑性力学基本法则，本书考虑采用双线性随动强化（BKIN）材料模型，以一条倾斜直线段与一条水平直线段表示材料的应力-应变本构关系（图 3-1）。材料弹性模量为 $2.06 \times 10^5 \text{N/mm}^2$，屈服应力强度为 235N/mm^2，泊松比为 0.3。

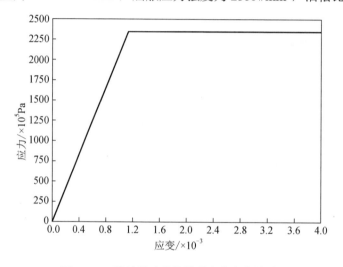

图 3-1 双线性随动强化模型应力应变关系

2. 荷载确定

在网架结构设计过程中，结构永久荷载（包含屋面或楼面荷载、吊顶材料自重及设备管道自重等）取 1.5kN/m^2，活荷载（为屋面或楼面活荷载与雪荷载最大值，同时考虑风荷载与积灰荷载）取 0.5kN/m^2。采用恒载控制和活载控制两种荷载组合工况。

取永久荷载和 0.5 倍的活荷载作为重力荷载代表值，以 MASS 21 质量单元的等效荷载形式施于网架结构节点，输入 15 条完整地震波加速度数据以考虑地震作用，进行非线性时程分析。

3. 基本假定

本书应用 ANSYS 有限元软件建立有限元模型。

模型基本假定如下：

（1）网架结构节点均为铰接节点，杆件为理想铰接单元，只承受轴向拉力或压力。在有限元模拟中，所有节点均采用 MASS 21 单元，杆件均采用 LINK 8 单元。

MASS 21 单元是一种点单元，每个单元节点具有 6 个自由度，UX、UY、UZ、ROTZ、ROTY、ROTZ，即 x 向、y 向及 z 向位移及绕 x 向、y 向及 z 向的转动，实常量为 MASSX、MASSY、MASSZ、IXX、IYY、IZZ，即 x 向、y 向及 z 向质量及惯性矩。

LINK 8 单元是一种只传递轴力的三维杆单元，定义杆单元为直杆，单元起始节点编号与终止节点编号为网架模型相对应的节点编号，每个单元节点具有 3 个自由度：UX、UY、UZ，即 x 向、y 向及 z 向位移，实常量为面积及初始应变，允许塑性、应力强化和大变形等。

综上所述，采用 MASS 21 单元模拟网架节点，输入实常量为三方向质量以施加节点荷载，采用 LINK 8 单元模拟网架杆件，输入实常量为杆件截面面积适合本书研究需求。

（2）采用周边支承，支座采用不动球铰支座的刚性支承形式，约束周边节点水平及竖向位移，以保证大跨度网架结构平面外整体稳定性，防止侧向失稳。

为全面研究网架结构倒塌破坏机理，为网架结构抗震设计提供依据，本书建立了 5 种平面尺寸的正放四角锥平板网架，其跨度为 30m、45m、60m、75m 和 90m，网格尺寸均为 3m×3m，模型几何尺寸见表 3-1。

表 3-1　网架结构模型几何尺寸

模型	模型 1	模型 2	模型 3	模型 4	模型 5
网架尺寸/（m×m）	30×30	45×45	60×60	75×75	90×90
网格尺寸/（m×m）	3×3	3×3	3×3	3×3	3×3
网架高度/m	1.8	2.5	3.5	4.5	5

以模型 1 为例，其几何尺寸如图 3-2 所示。图 3-2 中 L 为网架平面几何尺寸，均为 30m，H 为网架高度，为 1.8m。

5 种模型材料均采用 Q235 钢，杆件截面为圆钢管。杆件截面尺寸及宽厚比等均符合《空间网格结构技术规程》（JGJ 7—2010）及《钢网架结构设计》（07SG531）相关规定。

在 TWCAD 软件对 5 种正放四角锥网架进行初步设计的基础之上，为在地震荷载作用下对网架结构进行非线性时程分析。根据 TWCAD 网架设计所得的杆件截面类型，根据跨度在 ANSYS 有限元建模时对网架结构的杆件截面类型给予优化，以模型 1 为例，所建立的有限元模型如图 3-3 所示。

综合 TWCAD 设计结果及 ANSYS 的建模结果，表 3-2 列出了 5 种模型的几何尺寸，截面尺寸与有限元模型等相关参数。模型 2~5 有限元模型如图 3-4 所示。

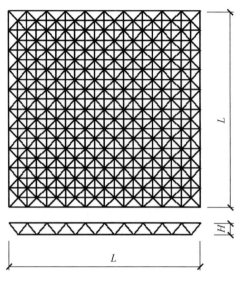

图 3-2 模型 1 几何尺寸

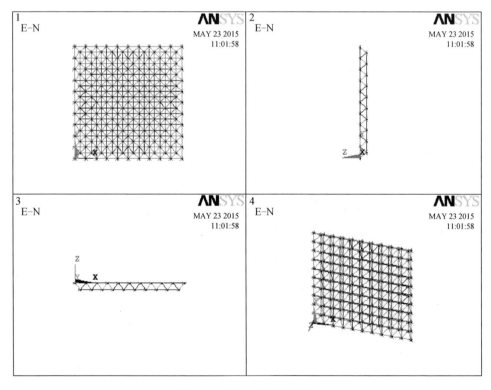

图 3-3 模型 1 有限元模型

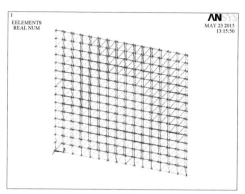

（a）模型2

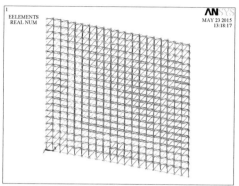

（b）模型3

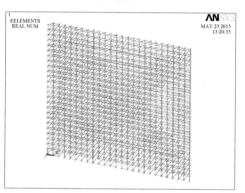

（c）模型4

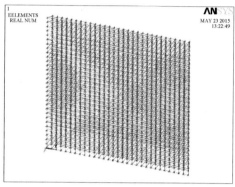

（d）模型5

图 3-4　网架分析有限元模型

表 3-2　ANSYS 有限元建模结果

模型	模型 1	模型 2	模型 3	模型 4	模型 5
网架尺寸/（m×m）	30×30	45×45	60×60	75×75	90×90
网格尺寸/（m×m）	3×3	3×3	3×3	3×3	3×3
网架高度/m	1.8	2.5	3.5	4.5	5
杆件规格数量/个	3	4	5	6	7
截面类型 /（mm×mm）	$\phi 60\times3.5$ $\phi 88.5\times3.75$ $\phi 159\times6$	$\phi 60\times3.5$ $\phi 88.5\times3.75$ $\phi 133\times5$ $\phi 180\times8$	$\phi 60\times3.5$ $\phi 88.5\times3.75$ $\phi 133\times5$ $\phi 180\times8$ $\phi 219\times12$	$\phi 60\times3.5$ $\phi 75.5\times3.75$ $\phi 88.5\times3.75$ $\phi 114\times5$ $\phi 159\times6$ $\phi 219\times12$	$\phi 60\times3.5$ $\phi 88.5\times3.75$ $\phi 114\times5$ $\phi 133\times5$ $\phi 159\times6$ $\phi 180\times10$ $\phi 245\times16$

续表

模型	模型 1	模型 2	模型 3	模型 4	模型 5
LINK 8 实常数/m²	0.000 621 0.000 998 0.002 884	0.000 621 0.000 998 0.002 011 0.004 323	0.000 621 0.000 998 0.002 011 0.004 323 0.007 804	0.000 621 0.000 845 0.000 998 0.001 712 0.002 884 0.007 804	0.000 621 0.000 998 0.001 712 0.002 011 0.002 884 0.005 341 0.011 511
MASS 21 实常数/kg	712.67	736.75	749.11	756.63	761.69

4. 地震波的选取

为了对网架结构进行增量动力时程分析，需要对网架结构输入一系列的地震波。由于地震时地面运动为不规则随机运动，需要选用足够数量的地震波数据，进行大量数据统计分析以保证网架动力时程分析的准确性。

本书采用 Vamvatsikos 和 Cornell 经过大量实践验证的对中等高度建筑物抗震时程分析具有足够精确度的 15 条地面运动记录，这 15 条地面运动记录其地震里氏震级范围在 6.5～6.9，属于强震（震级≥6），震中距范围在 16～32m，为坚实土层中的记录，见表 3-3。这 15 条地面运动加速度在初始峰值加速度（2m/s²）的加速度时程曲线如图 3-5 所示。

表 3-3　15 条地面运动记录

序号	地震动名称	发生地点	场地土类别	震级	震中距/m	PGA/g
1	Imperial Valley,1979	Plaster City	C,D	6.5	31.7	0.025
2	Imperial Valley, 1979	Plaster City	C,D	6.5	31.7	0.057
3	Loma Prieta, 1989	Hollister Diff. Array	—,D	6.9	25.8	0.279
4	Loma Prieta,1989	Coyote Lake Dam Downstream	B,D	6.9	22.3	0.179
5	Loma Prieta,1989	Sunnyvale Colton Ave	C,D	6.9	28.8	0.207
6	Imperial Valley,1979	El Centro Array#13	C,D	6.5	21.9	0.117
7	Imperial Valley,1979	Westmoreland Fire Station	C,D	6.5	15.1	0.074
8	Loma Prieta,1989	Sunnyvale Colton Ave	C,D	6.9	28.8	0.209
9	Loma Prieta,1989	WAHO	—,D	6.9	16.9	0.271
10	Imperial Valley,1979	El Centro Array#13	C,D	6.5	21.9	0.139
11	Imperial Valley,1979	Westmoreland Fire Station	C,D	6.5	15.1	0.11
12	Loma Prieta,1989	WAHO	—,D	6.9	16.9	0.37
13	Imperial Valley,1979	Plaster City	C,D	6.5	31.7	0.042
14	Loma Prieta,1989	Hollister Diff. Array	—,D	6.9	25.8	0.269
15	Loma Prieta,1989	WAHO	—,D	6.9	16.9	0.638

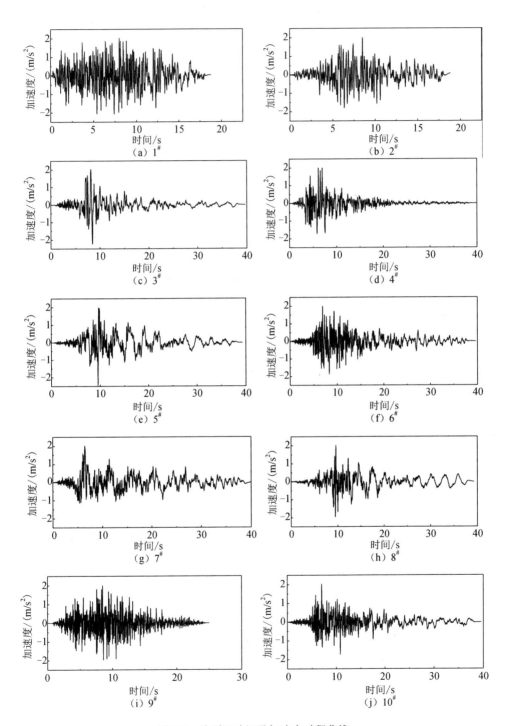

图 3-5　地面运动记录加速度时程曲线

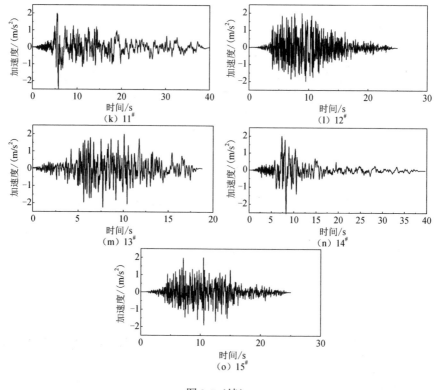

图 3-5（续）

3.1.3 结果及分析

1. 网架结构自振特性分析

在对网架结构进行非线性时程分析之前，需要对网架结构的自振特性进行分析，本书采用模态分析以确定网架结构的自振特性，即固有频率与振型，为非线性弹塑性时程分析提供重要参数。模型 1 模态分析结果见表 3-4。

表 3-4 模型 1 模态分析结果

模态阶数	频率/Hz	模态阶数	频率/Hz	模态阶数	频率/Hz
1	3.2862	11	14.565	21	19.925
2	6.5005	12	14.900	22	21.059
3	6.5005	13	14.987	23	21.562
4	8.0011	14	17.417	24	21.608
5	11.386	15	17.417	25	21.608
6	11.786	16	17.536	26	21.754
7	11.991	17	17.536	27	21.856
8	11.991	18	17.545	28	23.391
9	13.650	19	17.573	29	23.471
10	13.650	20	19.925	30	23.518

模型 1 的固有频率变化趋势如图 3-6 所示。从图 3-6 中可知，随着模态扩展数目的提高，网架结构的固有频率逐渐增大，成阶梯式上升，存在近似平台段，且变化趋势逐渐变缓。

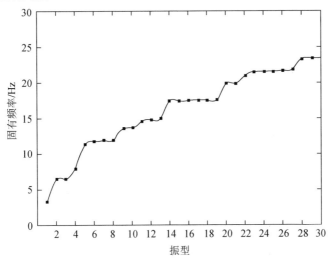

图 3-6　模型 1 固有频率

对模型 2～5 采用相同方法进行模态分析，为计算结构阻尼进行非线性时程分析。综合模型 1～5 模态分析结果，取前两阶振型的固有频率与周期进行分析，如表 3-5 及图 3-7 所示。从图 3-7 中可知，随着网架结构跨度的逐渐增大，网架结构的自振固有频率逐渐降低，且变化趋势逐渐变缓；不同振型的固有频率变化趋势大致相同，变化幅度随着振型数目的增加而逐渐变缓。

表 3-5　模型前两阶频率

模型	模型 1	模型 2	模型 3	模型 4	模型 5
第 1 阶频率	3.2862	2.2987	1.9818	1.7603	1.4880
第 2 阶频率	6.5005	3.6260	2.8575	2.3815	1.9699

结构的阻尼与结构自身与外界条件等众多因素有关，本书进行非线性分析时采用应用最为广泛的瑞利（Rayleigh）阻尼，其表达式为

$$[C] = \alpha[M] + \beta[K] \tag{3-4}$$

式中：α 为 α 阻尼，即质量阻尼系数；β 为 β 阻尼，即刚度阻尼系数。

质量阻尼系数 α 与刚度阻尼系数 β 可通过振型阻尼比计算得到，即

$$\alpha = \frac{2\omega_i\omega_j(\xi_i\omega_j - \xi_j\omega_i)}{\omega_j^2 - \omega_i^2} \tag{3-5}$$

$$\beta = \frac{2(\xi_j\omega_j - \xi_i\omega_i)}{\omega_j^2 - \omega_i^2} \tag{3-6}$$

式中：ω_i 为结构的第 i 阶振型固有频率；ω_j 为结构的第 j 阶振型固有频率；ξ_i 为相应与第 i 阶振型的阻尼比；ξ_j 为相应与第 j 阶振型的阻尼比。

阻尼比可由试验确定，本书取前两阶振型，即 $i=1$，$j=2$，阻尼比取 2%，即 $\xi_i = \xi_j = 0.02$。模型 1～5 质量阻尼系数与刚度阻尼系数见表 3-6。

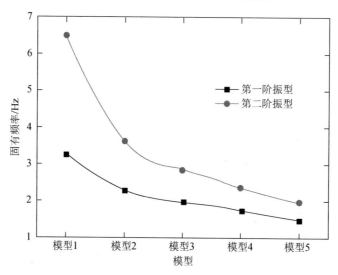

图 3-7　模型前两阶频率变化趋势图

表 3-6　模型质量阻尼系数及刚度阻尼系数

模型	模型 1	模型 2	模型 3	模型 4	模型 5
质量阻尼系数	0.548 586	0.353 577	0.294 106	0.254 383	0.213 047
刚度阻尼系数	0.000 65	0.001 075	0.001 316	0.001 537	0.001 841

模型的质量阻尼系数与刚度阻尼系数变化趋势如图 3-8 所示。从图 3-8 中可知，随着网架结构跨度的逐渐增大，网架结构的质量阻尼系数逐渐减小，刚度阻尼系数逐渐增大。

2. 增量动力分析

在对网架结构进行增量动力分析之前，需要确定合适的强度参数及工程需求参数，其选取应秉承一定的原则，并且与所研究的建筑结构形式、研究内容等有重要关系。合适的强度参数与工程需求参数能高效且精确地反应结构的动力性能，更具科学性而具有说服力。根据现有研究成果，对于以第 1 阶振型为主要控制振型的混凝土结构，其在阻尼比为 5% 时的第 1 阶振型的加速度反应谱 $S_a(T_1, 5\%)$ 为合适的强度参数，而最大层间侧移角 $\theta_{\max}$ 为合适的工程需求参数。但是对于本书所研究的空间网架结构，受其前几阶振型耦合的影响，峰值地面加速度（PGA）将比加速度反应谱 $S_a(T_1, 5\%)$ 更适用于作强度参数，此外，采用结构最大节点位移作为工程需求参数。

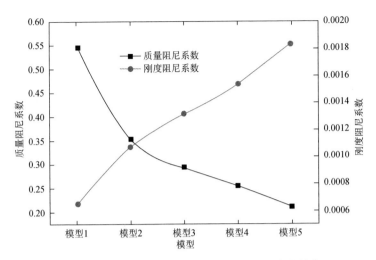

图 3-8　模型质量阻尼系数与刚度阻尼系数变化趋势

　　本书采用逐步积分算法以获取网架结构的增量动力分析曲线，逐步积分算法流程如图 3-9 所示，采用 ANSYS 参数设计语言进行逐步积分，进行大量分析，以确定增量动力时程分析结果的精确性。

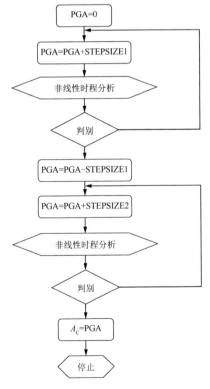

图 3-9　逐步积分算法流程图

其中，STEPSIZE1 与 STEPSIZE2 为两阶段加速度增加步长。

以 30m 跨度的网架模型 1 在输入地面运动记录 1 后，进行增量动力时程分析，其逐步积分 ANSYS 软件程序运行结果见表 3-7。本书逐步积分第一阶段步长为 2m/s²，第二阶段步长为 0.2m/s²，因此网架极限倒塌荷载误差为 0.2m/s² 以内，精确度可以得到保证。对于模型 1 在输入地面运动 1 后，按照第一、第二阶段步长，需运行 12 次，直至结构倒塌，对于其他 14 条地面运动记录，结构的极限倒塌荷载会出现上下波动，ANSYS 逐步积分次数也相应进行波动。

表 3-7　模型 1 逐步积分程序运行结果

阶段	序号	PGA/（m/s²）	D_{max}/mm
1（步长=2m/s²）	1	2	24
	2	4	47
	3	6	71
	4	8	94
	5	10	123
	6	12	145
	7	14	166
	8	16	173
	9	18	180
	10	20	187
	11	22	+
2（步长=0.2m/s²）	12	20.2	+

采用相同方法对模型 1~5 分别输入 15 条地震波进行增量动力时程分析，针对于每一个模型将在最大位移反应-峰值地面加速度平面得到 15 条地面运动记录的离散点，将离散点用平滑曲线连接，则得到模型 1~5 的增量动力分析曲线，如图 3-10 所示。

图 3-10 中曲线上的点为动力失效点，其决定了相应地面运动记录下网架模型可以承受的最大峰值地面加速度（即倒塌峰值加速度 A_C）及相应的位移极限，由图 3-10 可知，IDA 曲线中存在最大位移反应突然急剧增大以及突然减小的现象，即发生了强化及软化现象。图 3-11 则绘出了模型 1 在地面运动记录 1 作用下的单条增量动力分析曲线。最初在峰值地面加速度低于 8m/s² 的弹性范围内为直线上升阶段。接着，在峰值地面加速度达到 8m/s² 之后，曲线开始变缓，表现为斜率变小，但当峰值地面加速度变得更大时，与框架结构类似出现曲线变陡的现象，即进入强化阶段。在峰值地面加速度略高于 20m/s² 时曲线出现平台段，此时网架结构达到整体动力失效，20m/s² 可以近似定义为模型 1 网架结构在地面运动记录 1 作用下的倒塌峰值加速度 A_C。

表 3-8 列出了模型 1~5 对应于 15 条地面运动记录的倒塌峰值加速度 A_C。为

便于观察，将模型 1～5 相应于 15 条地面运动记录的倒塌峰值加速度 A_C 绘于图 3-12 中。由图 3-12 可分析得到如下结论：

（1）通过对地面运动记录倒塌加速度变化趋势比较可以得出，对于同一模型在 15 条地面运动记录作用下，倒塌峰值加速度 A_C 波动情况较大，这在一定程度上取决于地震地面运动的随机性；此外，对于同一条地面运动记录，除个别数据点因存在误差而不符合之外，不同模型整体波动趋势大致相同。

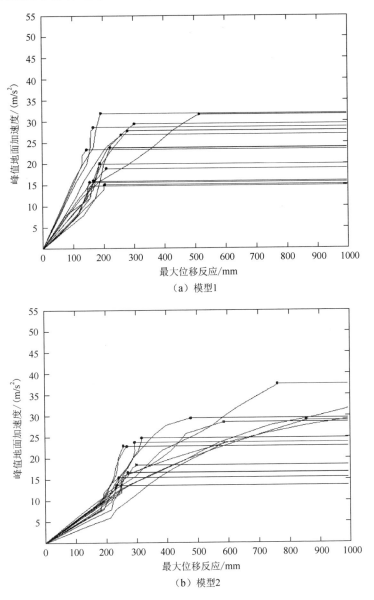

（a）模型1

（b）模型2

图 3-10　模型 1～5 增量动力分析曲线

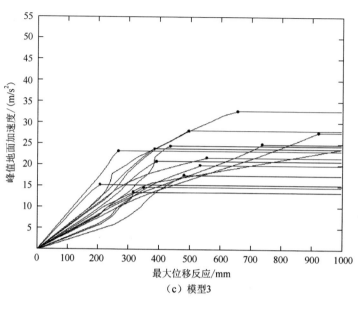

（c）模型3

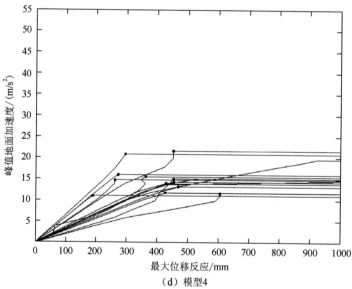

（d）模型4

图 3-10（续）

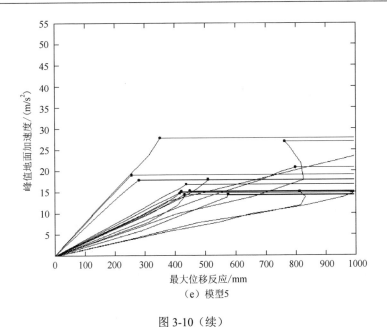

（e）模型5

图 3-10（续）

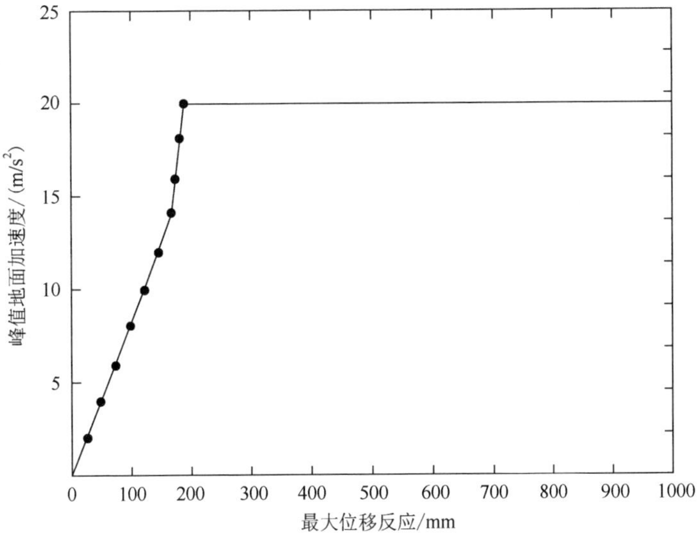

图 3-11　模型 1 第 1 条地面运动增量动力分析曲线

表 3-8　倒塌峰值加速度汇总表

序号	模型 1		模型 2		模型 3		模型 4		模型 5	
	A_C	D_{max}	A_C	D_{max}	A_C	D_{max}	A_C	D_{max}	A_C	D_{max}
1	20	187	15.6	246	13.6	316	15	266	17	440
2	15	158	16.8	276	21	393	11.2	192	15	420
3	15.8	155	28.8	594	17.6	482	11.8	607	15.4	809

续表

序号	模型 1		模型 2		模型 3		模型 4		模型 5	
	A_C	D_{max}	A_C	D_{max}	A_C	D_{max}	A_C	D_{max}	A_C	D_{max}
4	27	262	24	597	24	374	14.4	460	15.4	453
5	29.6	304	29.8	486	14.8	350	14.8	419	21	805
6	16	166	18.6	305	24.6	437	15.2	454	18	512
7	31.8	518	29.2	860	27.8	920	13.4	474	24	1016
8	15.2	203	35.4	1461	20	536	15.2	537	15.2	426
9	32	191	25	321	24	385	21.8	452	28	353
10	24	223	23	261	33	660	16.2	275	18	281
11	28.8	167	37.8	765	25	734	19.8	925	27.2	763
12	28	281	13.8	238	15.4	210	15.6	362	14.4	574
13	19	211	24	296	28.2	494	14	429	14.6	433
14	15.8	159	40.6	1815	21.8	558	11.8	426	19.8	991
15	23.6	145	23	270	23.4	269	21	297	19.2	257

注：倒塌加速度 A_C 单位为 m/s^2，最大位移反应 D_{max} 单位为 mm。

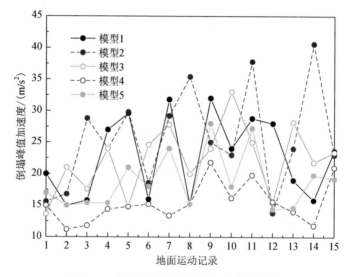

图 3-12 网架结构倒塌峰值加速度趋势图

（2）从网架模型跨度对倒塌峰值加速度影响分析得出：对于相同的地面运动记录，随着网架模型跨度的增大、高度的增加，结构的倒塌峰值加速度降低。但对于跨度过小（$L=30m$）或过大（$L=90m$）的网架，则会出现反常现象，其原因为当网架跨度较小时，网架刚度较大，相同地面运动下，网架结构所受地震作用力大，杆件易受力大于屈服强度为发生强度破坏而失效，当杆件失效达到一定比例时，导致结构发生过大位移而倒塌破坏，当跨度过大时，在网架设计过程中，将考虑网架结构跨度过大对结构整体强度及稳定性的削弱，增大构件截面面积以保证构件强度及结构整体受力性能。同时，依靠有效的水平支承以保证平面外稳定性, 防止平面外失稳。

将模型 1~5 相应于 15 条地面运动记录的最大位移反应 D_{max} 绘于图 3-13 中。由图 3-13 可分析得到如下结论:

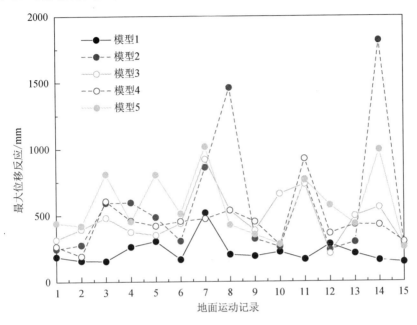

图 3-13　最大位移反应趋势图

（1）通过对结构最大节点位移反应变化趋势比较可以得出, 对于同一模型在 15 条地面运动记录作用下, 最大位移反应 D_{max} 的波动情况也较大, 并且与倒塌峰值加速度 A_C 波动情况趋势大致相同; 此外, 对于同一条地面运动记录, 除个别数据点因存在误差而不符合之外, 不同模型整体波动趋势大致相同。

（2）从网架模型跨度对最大位移反应影响研究分析得出: 对于相同的地面运动记录, 随着网架模型跨度的增大、高度的增加, 结构的最大位移反应增大。与网架模型跨度对倒塌加速度 A_C 的影响不同, 对于跨度过小（L=30m）或过大（L=90m）的网架, 并未出现反常现象, 个别数据点除外。

3.2　网架结构倒塌概率评定

1. 研究方法

本书假定倒塌加速度呈对数正态分布, 并且可以运用表中的数据进行可尔莫诺夫-斯米尔诺夫检验（K-S）。倒塌加速度的累积分布函数, F_C 可以表示为

$$F_C = \frac{1}{2} + \frac{1}{2}\text{erf}\left[\frac{\ln x - \mu}{\sigma\sqrt{2}}\right] \qquad (3-7)$$

式中：μ 为均值；σ 为方差，可由数据按对数正态分布拟合得到。

2. 倒塌概率曲线

将模型 1～5 相应于 15 条地面运动记录的倒塌加速度 A_C，应用 MATLAB 软件按照上述累积分布函数进行对数正态分布拟合。模型 1-5 倒塌概率分布曲线见图 3-14。将模型 1～5 倒塌加速度 A_C 正态分布均值及方差汇总于表 3-9 中。

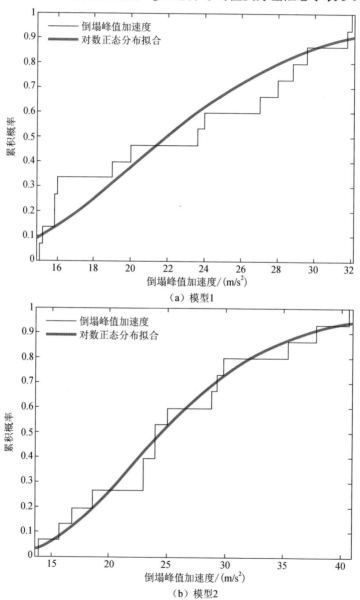

（a）模型1

（b）模型2

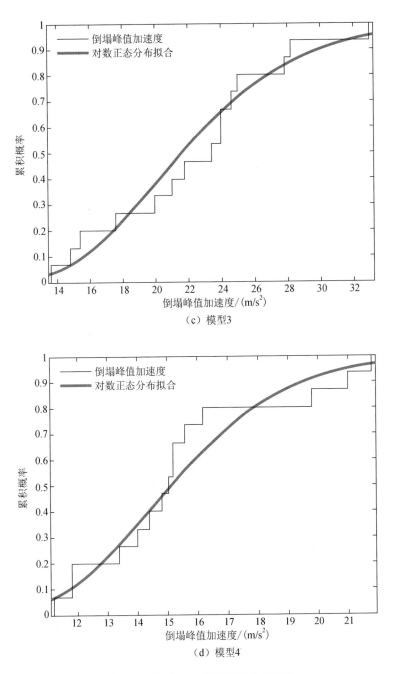

（c）模型3

（d）模型4

图 3-14　模型 1～5 倒塌概率分布曲线

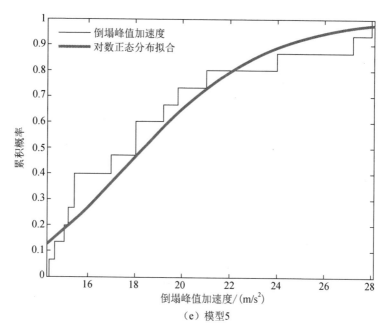

（e）模型5

图 3-14　（续）

表 3-9　正态分布均值及方差

类　　型	跨度/m	厚度/m	μ	σ
模型 1	30	1.8	7.692 02	0.290 764
模型 2	45	2.5	7.804 79	0.320 116
模型 3	60	3.5	7.679 87	0.253 74
模型 4	75	4.5	7.321 39	0.199 41
模型 5	90	5.5	7.515 76	0.221 47

　　模型 1～5 倒塌峰值加速度 A_C 正态分布均值 μ 变化趋势如图 3-15 所示。由图 3-15 分析可得到如下结论：网架结构倒塌加速度对数正态分布均值 μ 在 7～8 之间波动，随着网架跨度的增大，均值 μ 呈下降趋势，当网架跨度过小或过大的时候出现反常现象，原因为对数正态分布均值受网架结构倒塌加速度的影响，在网架跨度过小或过大时，跨度对于网架结构倒塌峰值加速度的影响的分析已在前文有阐述。

　　模型 1～5 倒塌加速度 A_C 正态分布方差 σ 变化趋势见图 3-16。由图 3-16 分析可得到如下结论：网架结构倒塌峰值加速度对数正态分布方差 σ 在 0.18～0.32 之间波动，随着网架跨度的增大，方差 σ 呈下降趋势，与均值的变化趋势相似，当网架跨度过小或过大的时候出现反常现象，原因为对数正态分布方差受网架结构倒塌峰值加速度的影响，在网架跨度过小或过大时，跨度对于网架结构倒塌峰值加速度的影响的已在分析前文阐述。

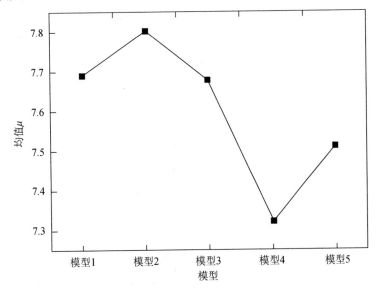

图 3-15 对数正态分布均值变化趋势图

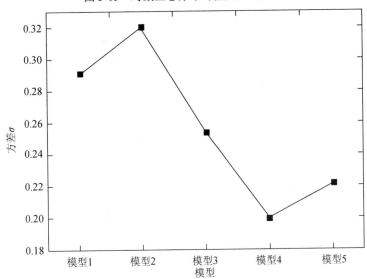

图 3-16 对数正态分布方差变化趋势图

综上所述，由表中均值及方差即可得到模型 1～5 网架倒塌加速度的概率分布函数 F_C 的表达式，并由此公式可以计算模型 1～5 网架的倒塌概率。对于中等跨度（45～75m）的网架，其均值及方差可由表中数据线性内插以初步估计不同跨度网架的倒塌概率；对于跨度过小或过大的网架由于其结构本身导致的反常现象，若采取线性内插则误差将较大，建议根据具体情况进行分析，偏于安全考虑，采取相应抗震防倒塌措施，提升结构抗震性能，防止结构倒塌。

3. 网架平均年度倒塌概率

在推算出网架倒塌峰值加速度分布函数均值及方差、可计算结构倒塌概率之后，为了计算网架结构平均年度倒塌概率，首先需要定义地震动参数（在本书中地震动参数为峰值地面加速度 PGA）与年度概率之间的关系，也即所知的地震动危险性曲线。在本书中采用的危险性曲线，即

$$f_a(\text{IM}) = k_0(\text{IM})^{-k} \tag{3-8}$$

式中：k_0、k 为经验常数。

地震动危险性曲线可以从 USGS（美国地质勘探局）的网站上得到，并且 k_0 和 k 可以通过对曲线进行简单拟合而得到。

这里以纬度 32.6435°和经度 115.309°的地点为例，1979 年帝王谷地震发生地，此地的 k_0 和 k 分别为 6.154×10^{12} 和 5.127，则网架结构年度平均倒塌概率可以通过计算得

$$\text{MAF}_c = \int_0^\infty F_C \mathrm{d}f_a = f_a(\text{IM}_{50\%}) \exp\left[\frac{1}{2}(kS\ln\text{IM})^2\right] \tag{3-9}$$

式中：$\text{IM}_{50\%}$ 为 A_C 的中位数；$S\ln\text{IM}$ 为峰值地面运动加速度-结构最大节点位移自然对数的标准差，可根据式（3-7）计算。将式（3-8）代入式（3-9），可以得到之前提到地点的年度平均倒塌概率为 0.000 096。

由于地震灾害导致的建筑倒塌破坏造成极大的人员伤亡及财产损失，结构抗震性能的研究与评估在工程领域逐渐引起广泛关注。本章以网架结构作为研究对象，对强震作用下网架结构进行弹塑性时程分析，得到增量动力分析曲线（IDA）、结构倒塌概率曲线，并由地震动危险性曲线最终得到网架结构年度平均倒塌概率（MAF）。研究表明：随着网架模型跨度的增大、高度的增加，结构的倒塌加速度降低、最大位移反应 $D_{\max}$ 增加，但对于跨度过小（L=30m）或过大（L=90m）的网架，结构倒塌峰值加速度则会出现反常现象。网架结构倒塌峰值加速度对数正态分布均值 μ 在 7~8 之间波动，方差 σ 在 0.18~0.32 之间波动，随着网架跨度的增大，均呈类似下降趋势，但当网架跨度过小或过大的时候则出现反常现象。

参 考 文 献

陈志华, 刘红波, 周婷, 等. 空间钢结构 APDL 参数化计算与分析[M]. 北京: 中国水利水电出版社.

葛金刚, 2012. 强震作用下单层网壳结构倒塌机理及抗倒塌措施[D]. 天津: 天津大学.

李靖, 2007. 空间网架自振特性和地震响应分析[D]. 长沙: 湖南大学.

芦燕, 2009. 强震作用下大跨度拱形立体桁架结构动力强度破坏研究[D]. 天津: 天津大学.

吕大刚, 于晓辉, 王光远, 2009. 基于单地震动记录 IDA 方法的结构倒塌分析[J]. 地震工程与工程振动, 29(6):33-39.

王俊, 赵基达, 钱基宏, 1994. 深圳国展中心网架倒塌事故分析[A]//第七届空间结构学术会议论文集[C].

王磊, 罗永峰, 2011. 空间网格结构抗震分析方法研究现状[J]. 结构工程师, 27(3):119-126.

王新敏, 2007. ANSYS 工程结构数值分析[M]. 北京: 人民交通出版社.

杨大彬, 张毅刚, 吴金志, 2010. 增量动力分析在单层网壳倒塌评估中的应用[J]. 空间结构, 16(3):91-96.

中国建筑标准设计研究院, 2008. 钢网架结构设计[M]. 北京: 中国计划出版社.

中华人民共和国住房和城乡建设部, 2010. 空间网格结构技术规程: JGJ 7—2010[S]. 北京: 中国建筑工业出版社.

CORNELL C A, JALAYER F, HAMBURGER R O, et al, 2002. Probabilistic Basis for 2000 SAC Federal Emergency Management Agency Steel Moment Frame Guidelines[J]. Journal of Structural Engineering, 128(4): 526-533.

DEIERLEIN G G, 2004. Over view of a comprehensive framework for earthquake performance assessment[C]. Proceedings of the International Workshop on Performance-Based Seismic Design-Concepts and Implementation. Bled, Slovenia.

DEVORE J L, 2004. Probability and Statistics for Engineering and the Sciences[M]. 6th ed. Thomson Brooks.

VAMVATSIKOS D, CORNELL C A, 2004. Applied incremental dynamic analysis[J]. Earthquake Spectra, 20(2): 523-553.

VAMVATSIKOS D, JALAYER F, CORNELL C A, 2003. Application of incremental dynamic analysis to an RC-structure[C]. Proceedings of the FIB Symposium Concrete Structures in Seismic Regions.

第 4 章　网壳结构倒塌破坏机理及性能分析

本章主要针对球面网壳结构开展推倒分析,分别采用能力谱法、MPA 方法和弹塑性时程分析法得到球面网壳结构在罕遇地震下的最大位移和塑性铰分布。此外,通过选取峰值地面加速度作为强度参数以及最大位移反应作为工程需求参数,结合增量动力分析与状态危险性曲线对网壳倒塌的年度平均概率进行分析。

4.1　球面网壳结构推倒分析

4.1.1　分析模型

1. 工程背景

本章选取北京 2008 年奥运会老山自行车馆双层网壳为分析模型。老山自行车馆位于北京市石景山区老山街,总建筑面积 32 500m²,赛道周长 250m,观众座位 6000 个。屋盖采用了双层球面网壳结构,覆盖直径为 149.536m,矢高 14.69m,矢跨比约为 1/10,表面积约为 18 240m²。网壳支承于高度为 10.35m 的倾斜人字形钢柱及柱顶环形桁架之上,柱顶支承跨度为 133.06m,柱脚周边直径为 126.40m,环形桁架由四根环梁通过腹杆连接而成。钢结构总高度为 28.36m,柱脚标高为 7.15m。网壳厚度 2.8m,为跨度的 1/47.5。屋盖中部为采光玻璃,周边为金属屋面板。

该自行车馆屋盖双层球面网壳结构如图 4-1 所示,以四角锥网格为主,径向网格 32 个,最外圈环向网格 96 个,向内经多次收格使网格大小均匀,网壳杆件采用圆钢管截面,钢管直径为 114~203mm,节点为焊接空心球节点,直径为 300~600mm。球面网壳周边通过环形桁架支承于人字形钢柱柱顶,环形桁架由四根环梁通过腹杆连接而成,全部采用圆钢管截面,其中网壳上、下弦周边的三根环梁截面为 ϕ500mm×16mm,人字形钢柱柱顶环梁直径为 ϕ1200mm×20mm,环梁与腹杆及与人字形钢柱均采用钢管相贯节点相连。人字形钢柱沿环向倾斜设置,共 24 对,截面为 ϕ1200mm×18mm 的圆钢管,柱脚采用铸钢球铰支座节点。除柱脚铸钢节点钢材为 GS-20Mn5N 外,全部钢结构采用 Q345 钢材制作。

2. 分析模型建立

双层钢网壳有限元模型如图 4-2 所示,假定网壳所有节点为铰接节点,采用空间杆单元。截面尺寸与设计规格相同，杆件数为 8364，节点数为 2083，在屋面节点上按节点控制面积施加荷载等效质量单元，屋面恒荷载、雪荷载的一半以及吊挂荷载以附加等效质量单元的方式加在相应的结点上。人字柱底部约束为铰接。采用瑞利阻尼，结构阻尼比取为 0.02。采用 Q345 钢，屈服强度 f_y=345MPa，材料本构关系采用理想弹塑性模型。

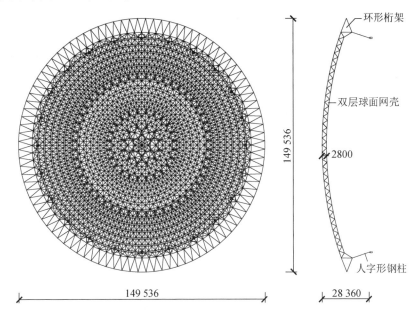

图 4-1 北京 2008 奥运会老山自行车馆屋盖结构示意图（单位：mm）

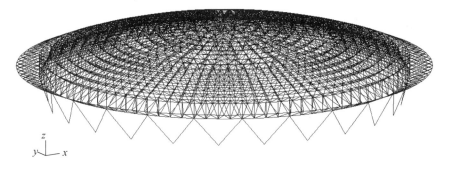

图 4-2 北京 2008 年奥运会老山自行车馆屋盖结构有限元模型

3. 自振特性分析

对双层网壳结构进行自振特性分析，图 4-3 列出了结构的前 4 阶模态，相应的自振频率、振型参与系数和有效质量如表 4-1 所示。第 3 阶模态的振型有效质量占总质量的 67.14%，可见第 3 阶模态可作为推倒分析中的控制模态。

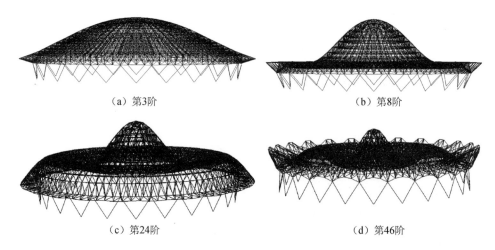

（a）第3阶　　　　　　　　　　　　　（b）第8阶

（c）第24阶　　　　　　　　　　　　　（d）第46阶

图 4-3　结构前 4 阶竖向模态振型图

表 4-1　结构前 4 阶竖向模态的频率、振型参与系数和有效质量

模态阶数	频率/Hz	振型参与系数（竖向）	竖向有效质量/kg	有效质量百分率
3	1.1222	1.70	$3.037\ 81 \times 10^6$	67.14
8	1.8440	1.0739	$7.546\ 35 \times 10^5$	16.7
24	3.4358	0.660 83	$1.457\ 67 \times 10^5$	3.22
46	5.0415	0.428 57	$2.404\ 66 \times 10^5$	5.31

4.1.2　传统推倒分析（能力谱法）

1. 推倒曲线

推倒分析采用基于竖向第一振型（第 3 模态）的加载模式。推倒分析得到的推倒曲线（支座竖向反力和顶点竖向位移关系曲线）如图 4-4 所示，重力荷载在推倒分析之前已作用于结构。这条曲线将用于能力谱法的求解。

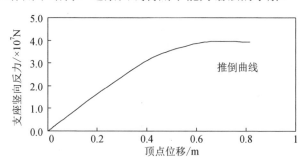

图 4-4　基于竖向第 1 振型的推倒曲线

2. 滞回分析

结构在循环荷载（竖向荷载）作用下的滞回性能如图 4-5 所示，求解滞回曲线的目的是为了观察结构强度和刚度的退化情况。从图 4-5 中可以看出，该结构具有稳定而饱满的滞回环，其滞回曲线属于 A 类。

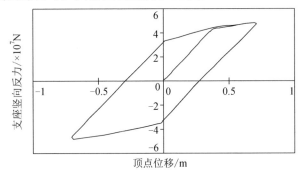

图 4-5　结构滞回性能

3. 反应谱曲线的生成

能力谱法求解目标位移首先要确定能力谱曲线与需求谱曲线。根据《建筑抗震设计规范》规定，将几个不同地震波，根据不同的地震烈度调整到相应时程曲线峰值，通过自编写程序，将相应的时程曲线转化为反应谱曲线，再将反应谱曲线转化为谱加速度和谱位移关系所表示的需求谱曲线。

加速度谱的计算公式为

$$S_{at} = \frac{V/G}{\alpha_1} \tag{4-1}$$

位移谱的计算公式为

$$S_{dt} = \frac{S_{at}}{\omega^2} = \frac{T^2}{4\pi^2} S_{at} \tag{4-2}$$

式中：V 为总荷载；G 为总的等效荷载代表值；α_1 为第 1 阶振型的地震影响系数。

选取三条有代表性的天然地震波 El Centro 波、Taft 波、天津波进行研究，如表 4-2 所示。按照我国《建筑抗震设计规范》（GB 50011—2001）的要求，将时程曲线的加速度峰值调为与 8 度罕遇地震对应的 4m/s^2，所选取的 3 条地震波的加速度时程曲线如图 4-6 所示。El Centro 波（8 度）、Taft 波（9 度）、天津波（加速度峰值 6.2 m/s^2）的加速度反应谱如图 4-7 所示。

表 4-2　地震波选取

地震波	时间间隔/s	时间范围/s	备注
El Centro 波	0.02	0～20	1940 年美国加州地震
Taft 波	0.02	0～20	1952 年 Kern County 地震
天津波	0.01	0～19.12	1976 年唐山余震

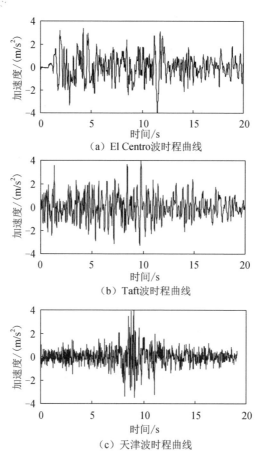

图 4-6　加速度时程曲线

4. 求解目标位移

1）El Centro 波（9 度）

E_s 为最大应变能，等于图 4-8（a）中 ΔOD_iH 的面积。求解 E_d，即图 4-8（b）中平行四边形的面积：对能力谱曲线进行双线性化，即四边形 OAD_iH 的面积等于能力谱曲线由原点至 D_i 段向 S_d 轴积分的所得值，由此可求得图 4-8（a）中的 A 点坐标；进而可求得平行四边形的面积，即 E_d。

能力谱方法目标位移的求解是一个反复迭代的过程，本章介绍迭代完成时各项数据的计算。利用面积相等的方法对 S_d-S_a 曲线进行双线形化，最后一次迭代结果当 $S_d = 0.147\text{m}$ 时，由图 4-9 求得结构的黏滞阻尼比 $\beta_0 = \dfrac{E_d}{4\pi E_s} = \dfrac{0.0062}{4\pi \times 0.046\,78} = 0.01$。由于结构具有稳定和饱满的滞回曲线（图 4-5），其滞回特性属于 A 型且 $\beta_0 \leqslant 16.25\%$，所以 $\kappa = 1.0$，其中 κ 为阻尼修正系数，于是等效阻尼比 $\beta_{\text{eff}} = \beta_e + \kappa\beta_0 = 0.02 + 1.0 \times$

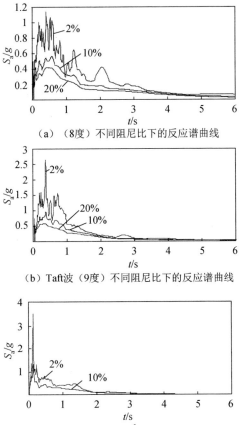

（a）（8度）不同阻尼比下的反应谱曲线

（b）Taft波（9度）不同阻尼比下的反应谱曲线

（c）天津波（加速度峰值6.2 m/s²）不同阻尼比下的反应谱曲线

图 4-7 加速度反应谱

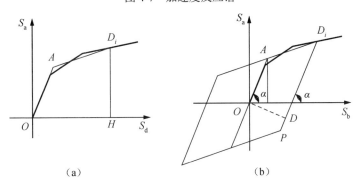

（a）

（b）

图 4-8 求解等效阻尼比示意图

$0.01 = 0.03$。能力谱曲线与阻尼比为 3% 的需求谱曲线交点为 0.148m（图 4-10），由于 $\dfrac{|0.147 - 0.148|}{0.147 \times 100\%} = 0.68\% < 5\%$，认为迭代收敛，所以最后确定 $S_d = 0.147$ 为所

求。根据推倒曲线和能力谱曲线之间的转化公式可以求得能力谱方法的目标位移为 0.25m。需要说明的是，能力谱法是在扣除了自重作用位移的情况下的求解，最后应将得到的目标位移值与自重作用下位移叠加得到最终的实际目标位移。

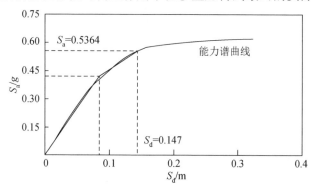

图 4-9　求解等效黏滞阻尼比 El Centro 波（9 度）

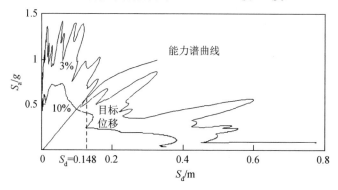

图 4-10　能力谱法确定目标位移 El Centro 波（9 度）

2）El Centro 波（8 度）

与 El Centro 波（9 度）的求解过程相同：当 $S_d = 0.101$m 时，由图 4-11 求得结构的黏滞阻尼比 $\beta_0 = \dfrac{E_d}{4\pi E_s} = \dfrac{0.000\ 416}{4\pi \times 0.0309} = 0.001$。由于结构具有稳定和饱满的滞回曲线，其滞回特性属于 A 型且 $\beta_0 \leqslant 16.25\%$，所以 $\kappa = 1.0$，于是等效阻尼比 $\beta_{\mathrm{eff}} = \beta_e + \kappa\beta_0 = 0.02 + 1.0 \times 0.001 = 0.021$。能力谱曲线与阻尼比 2.1% 的需求谱曲线交点为 0.095m（图 4-12），所以确定 0.095m 为所求。根据推倒曲线和能力谱曲线之间的转化公式可得目标位移为 0.162m。

3）Taft 波（9 度）

和 El Centro 波的求解过程相同：当 $S_d = 0.101$m 时，由图 4-13 求得结构的黏滞阻尼比 $\beta_0 = \dfrac{E_d}{4\pi E_s} = \dfrac{0.000\ 416}{4\pi \times 0.0309} = 0.001$。由于结构具有稳定和饱满的滞回曲线

（图 4-5），其滞回特性属于 A 型且 $\beta_0 \leqslant 16.25\%$，所以 $\kappa = 1.0$，于是等效阻尼比 $\beta_{\text{eff}} = \beta_e + \kappa\beta_0 = 0.02 + 1.0 \times 0.001 = 0.021$。能力谱曲线与阻尼比为 2.1%的需求谱曲线交点为 0.095m（图 4-14），所以最后确定 0.095m 为所求。根据推倒曲线和能力谱曲线之间的转化公式可得目标位移为 0.162m。

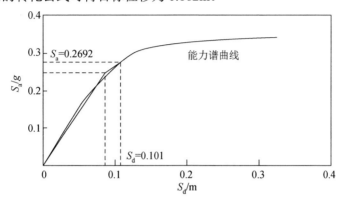

图 4-11　求解等效黏滞阻尼比 El Centro 波（8 度）

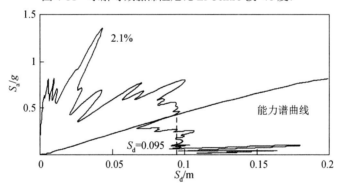

图 4-12　能力谱法确定目标位移 El Centro 波（8 度）

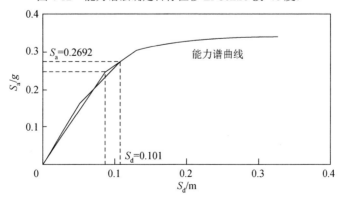

图 4-13　求解等效黏滞阻尼比：Taft 波（9 度）

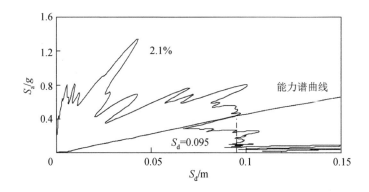

图 4-14　能力谱法确定目标位移：Taft 波（9 度）

4）天津波（加速度峰值 6.2 m/s²）

由于天津波（9 度）竖向地震作用下结构响应较小，结构未进入塑性阶段，为考察能力谱法的适用性，将地震加速度峰值调大到 6.2m/s²。同样的方法可以求得结构的黏滞阻尼比 $\beta_0 = \dfrac{E_d}{4\pi E_s} = \dfrac{0.000\ 416}{4\pi \times 0.0309} = 0.001$。由于结构具有稳定和饱满的滞回曲线，其滞回特性属于 A 型且 $\beta_0 \leqslant 16.25\%$，所以 $\kappa = 1.0$，于是等效阻尼比 $\beta_{\text{eff}} = \beta_e + \kappa \beta_0 = 0.02 + 1.0 \times 0.001 = 0.021$。最后确定 0.125m 为所求，如图 4-15 所示。根据推倒曲线和能力谱曲线之间的转化公式可得目标位移为 0.21m。

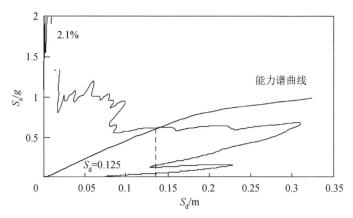

图 4-15　能力谱法确定目标位移：天津波

4.1.3　多模态推倒分析方法（MPA 方法）

1. MPA 方法的实现

分别以 El Centro 波、Taft 波及天津波为地震输入，采用 MPA 方法确定竖向罕遇地震下该双层网壳结构的顶点最大位移和塑性铰分布。

1）El Centro 波（8 度）

（1）取结构第 3 阶模态进行 MPA 分析，确定结构目标位移 u_{r3}。

对第 3 阶模态，以 $S_n^* = m\phi_n$ 作为分布力模式得到推倒曲线，即支座竖向反力和顶点位移的关系曲线 $F_{bn} - u_{rm}$，如图 4-16 所示。重力荷载在推倒分析之前已作用于结构。

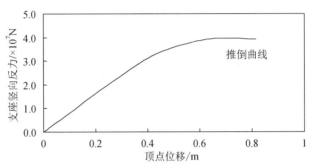

图 4-16　第 3 阶模态的推倒曲线

将推倒曲线转化为理想的双线性。由于第 3~6 步是一个反复迭代的过程，这里仅给出迭代完成后的情况，如图 4-17 所示。双线性化的原则是推倒曲线与坐标轴所围面积和双线与坐标轴所围面积相等，经过反复迭代结果如下：

推倒曲线及理想双线与 u_r 轴所围面积分别为 $S_p = 1154\text{kN} \cdot \text{m}$ 及 $S_t = 1104\text{kN} \cdot \text{m}$，

$\left| \dfrac{S_p - S_t}{S_p} \right| = 4.33\% > 0.5\%$，可认为面积不相等。

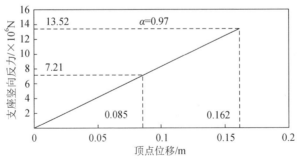

图 4-17　第 3 阶推倒曲线双线性化

确定第 3 阶模态对应的弹塑性 SDOF（单自由度）体系的 $F_{sn} / L_n \text{-} D_n$ 关系曲线如图 4-18 所示。

由 $F_{s3} / L_3 \text{-} D_n$ 关系曲线确定第 3 阶模态对应的弹塑性 SDOF 体系分析模型如图 4-19 所示。杆件长度为 1m，杆件截面面积为 0.01m^2，质点质量为模态的有效质量。杆件材料本构（$\sigma\text{-}\varepsilon$）关系可由 $F_{sn} / L_n \text{-} D_n$ 关系曲线转化，如图 4-20 所示，过程如下。

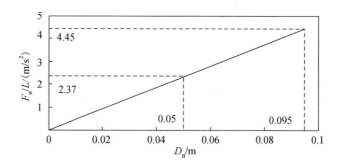

图 4-18　第 3 阶模态对应的弹塑性 SDOF 体系的 F_{s3}/L_3-D_n 关系曲线

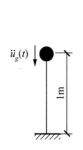

图 4-19　第 3 阶模态对应的
弹塑性 SDOF 体系

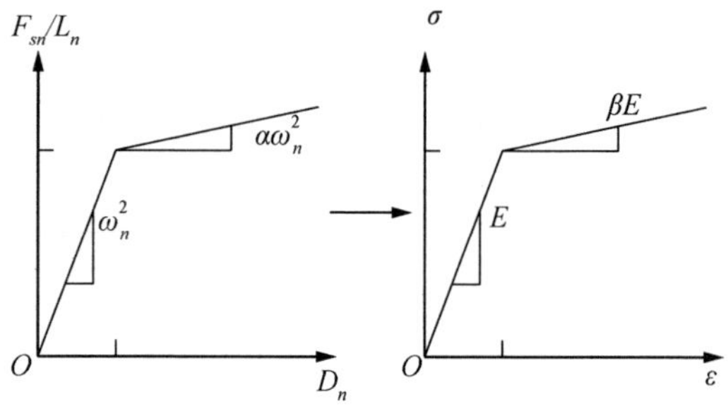

图 4-20　F_{sn}/L_n-D_n 关系曲线转化为 σ-ε
关系曲线

令 $a_n = F_{sn}/L_n$，则 $a_n = V_{bny}/M_n^*$，因为 $\sigma = V_{bn}/A$，所以

$$\sigma = a_n \frac{M_n^*}{A} = 100 \times \left(\frac{F_{sn}}{L_n} \right) M_n^* \tag{4-3}$$

式中：F_{sn} 表示第 n 层上的水平力 F_s 与水平位移 u 之间的关系，L_n 为第 n 阶自振模态与模态惯性力之和的乘积。

令 $D_n = \varepsilon \times l = \varepsilon \times 1$（杆件长度取 1m），屈服前：$a_n = \omega_n^2 D_n$，$\sigma = E\varepsilon$，则

$$E = \frac{\sigma}{\varepsilon} = \frac{100 a_n M_n^*}{D_n} = 100 \omega_n^2 M_n^* \tag{4-4}$$

式中：D_n 由第 n 阶模态线性 SDOF 体系的运动方程得到；M_n^* 为模态的有效参与质量。

由于 F_{sn}/L_n-D_n 关系曲线向 σ-ε 关系曲线的转化为线性关系，所以

$$\alpha = \beta \tag{4-5}$$

根据式（4-3）～式（4-5），第 3 阶模态对应的 SDOF 体系 σ-ε 关系曲线参数为

$$E = \frac{\sigma}{\varepsilon} = 100 \omega_n^2 M_n^* = 100 \times 7.05^2 \times 3.038 \times 10^6 = 1.51 \times 10^{10} (\text{N/m}^2)$$

$$\sigma = 100 \times \left(\frac{F_{sn}}{L_n}\right) M_n^* = 100 \times 2.37 \times 3.038 \times 10^6 = 7.2 \times 10^8 (\text{N/m}^2)$$

$$\alpha = 0.97$$

采用 El Centro 波（8 度）为地震输入，对第 3 阶模态对应的 SDOF 体系进行弹塑性时程分析，阻尼比 $\xi = 0.002$，顶点位移 D_n 时程曲线如图 4-21 所示，D_n 的最大值为 $D_3 = 0.0903\text{m}$。顶点位移 D_n 与支座竖向反力关系如图 4-22 所示，可以清楚看出位移反力关系有明显的塑性平台段。

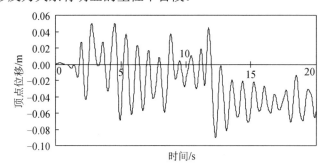

图 4-21　第 3 阶模态对应的 SDOF 体系的 D_n 时程曲线

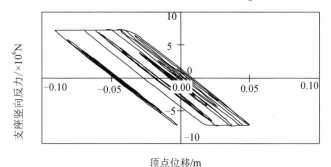

图 4-22　第 3 阶模态对应的 SDOF 体系 D_n 和支座竖向反力的关系

第 3 阶模态 MPA 分析的目标位移 $u_{r3} = \Gamma_3 \varphi_{r3} D_3 = 1.7 \times 1.0 \times 0.0903 = 0.154(\text{m})$，检查收敛性 $\left|\dfrac{0.154 - 0.162}{0.162}\right| = 4.9\% < 5\%$，满足迭代要求，迭代完成。

（2）取结构第 8 阶模态进行 MPA 分析，确定结构目标位移 u_{r8}。

对第 8 阶模态，以 $s_n^* = m\phi_n$ 作为分布力模式得到推倒曲线，如图 4-23 所示。重力荷载在推倒分析之前已作用于结构。将推倒曲线双线性化，如图 4-24 所示。由于最后迭代得到第 8 阶模态的目标位移仍在弹性范围内，故第 8 模态推倒曲线只转化为单斜线。由推倒曲线转换为 F_{sn}/L_n-D_n 关系曲线，计算得到第 8 阶模态对应的 SDOF 体系的 σ-ε 关系弹性模量 $E = \dfrac{\sigma}{\varepsilon} = 100\omega_n^2 M_n^* = 1.013 \times 10^{10}\ \text{N/m}^2$，通过弹塑性时程分析求解该 SDOF 体系的顶点位移 D_n 时程如图 4-25 及图 4-26 所示，可以看出体系仍在弹性范围内，D_n 的最大值为 $D_8 = 0.069\text{m}$。

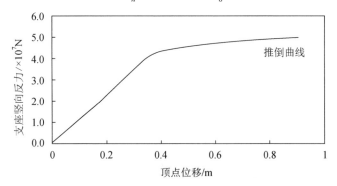

图 4-23　第 8 阶模态的推倒曲线

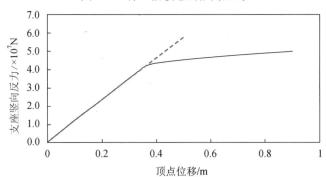

图 4-24　第 8 阶推倒曲线双线性化

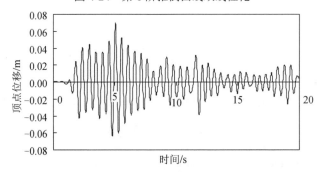

图 4-25　第 8 阶模态对应的 SDOF 体系的 D_n 时程曲线

第 8 阶模态 MPA 分析的目标位移 $u_{r8} = \Gamma_8 \varphi_{r8} D_8 = 1.07 \times 1.0 \times 0.069 = 0.074\text{m}$，顶点相关位移 u_{r8} 仍在线弹性范围内，满足迭代要求。

（3）取结构第 24 阶模态进行 MPA 分析，确定结构目标位移 u_{r24}。

对第 24 阶模态，推倒分析处于弹性阶段，计算方法与第 8 阶模态完全相同，这里仅列出 SDOF 体系杆件材料弹性模量和最终计算结果

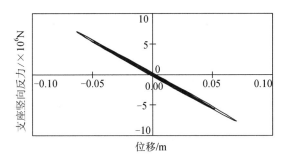

图 4-26　第 8 阶模态对应的 SDOF 体系 D_n 和支座竖向反力的关系

$$E = \frac{\sigma}{\varepsilon} = 100\omega_n^2 M_n^* = 100 \times 21.587^2 \times 1.457\ 67 \times 10^5 = 6.79 \times 10^9 (\mathrm{N/m^2})$$

$$D_{24} = 0.0143\mathrm{m}$$

$$u_{r24} = \varGamma_{24}\varphi_{r24}D_{24} = 0.660\ 83 \times 1.0 \times 0.0143 = 0.01(\mathrm{m})$$

（4）取结构第 46 阶模态进行 MPA 分析，确定结构目标位移 u_{r46}。

对第 46 阶模态，推倒分析也处于弹性阶段，计算方法与第 8 阶模态完全相同，也仅列出 SDOF 体系杆件材料弹性模量和最终计算结果，即

$$E = \frac{\sigma}{\varepsilon} = 100\omega_n^2 M_n^* = 100 \times 31.677^2 \times 2.4 \times 10^5 = 2.41 \times 10^{10}(\mathrm{N/m^2})$$

$$D_{46} = 0.008\mathrm{m}$$

$$u_{r46} = \varGamma_{46}\varphi_{r46}D_{46} = 0.428\ 57 \times 1.0 \times 0.008 = 0.003(\mathrm{m})$$

（5）计算 MPA 分析总目标位移 u_r。

$$u_r \approx \max\left\{ u_{rg} + \left(\sum_n (u_n^2)^{0.5} \right) \right\}$$

$$= 0.267 + \sqrt{0.154^2 + 0.074^2 + 0.01^2 + 0.003^2}$$

$$= 0.438(\mathrm{m})$$

2）El Centro 波（9 度）

分析表明采用 El Centro 波（8 度）作为地震输入，结构塑性发展不显著，为充分验证 MPA 方法对大跨度结构罕遇地震响应分析的适用性，补充计算 El Centro 波（9 度）的 MPA 分析。

对第 3 阶模态推倒曲线如图 4-16 所示，将推倒曲线转化为理想的双线性如图 4-27 所示。计算 SDOF 体系杆件材料本构关系的参数如下：

$$E = \frac{\sigma}{\varepsilon} = 100\omega_n^2 M_n^* = 100 \times 7.05^2 \times 3.038 \times 10^6 = 1.51 \times 10^{10}(\mathrm{N/m^2})$$

$$\sigma = 100 \times \left(\frac{F_{sn}}{L_n} \right) M_n^* = 100 \times 3.94 \times 3.038 \times 10^6 = 1.20 \times 10^9(\mathrm{N/m^2})$$

$$\alpha = 0.83$$

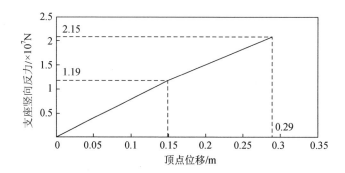

图 4-27   第 3 阶模态的推倒曲线双线性化

采用 El Centro 波（9 度）为地震输入，对第 3 阶模态对应的 SDOF 体系进行弹塑性时程分析，顶点位移 D_n 时程曲线如图 4-28 所示，D_n 的最大值为 $D_3 = 0.163\text{m}$。顶点位移 D_n 与支座竖向反力关系如图 4-29 所示，可以清楚看出位移反力关系有明显的塑性平台段。第 3 阶模态 MPA 分析的目标位移为

$$u_{r3} = \Gamma_2\varphi_{r3}D_3 = 1.70 \times 1.0 \times 0.163 = 0.2771(\text{m})，\left|\frac{0.29 - 0.2771}{0.29}\right| = 4.4\% < 5\%，满足迭$$

代要求，迭代完成。

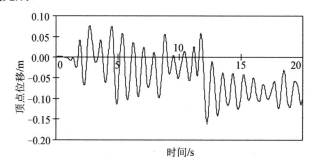

图 4-28   第 3 阶模态对应的 SDOF 体系的 D_n 时程曲线

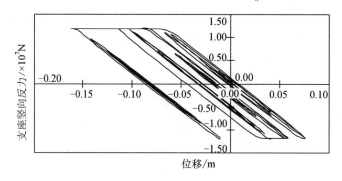

图 4-29   第 8 阶模态对应的 SDOF 体系 D_n 和支座竖向反力的关系

类似地，取第 8 阶模态对结构进行 MPA 分析，目标位移 $u_{r8} = 0.11$m，考虑到第 24 及 46 阶模态贡献较小，可以忽略，结构总目标位移为

$$u_r \approx \max\left\{ u_{rg} + \left(\sum_n (u_n^2)^{0.5} \right) \right\} = 0.267 + \sqrt{0.277^2 + 0.11^2} = 0.565\text{(m)}$$

3）Taft 波（9 度）

以 Taft（9 度）为地震输入，对结构进行 MPA 分析，方法同上。分析表明除仅第 3 阶模态推倒分析结构进入塑性，最后结果如下：

$$u_{r3} = \Gamma_2 \varphi_{r3} D_3 = 1.70 \times 1.0 \times 0.1003 = 0.171\text{(m)}$$
$$u_{r8} = \Gamma_8 \varphi_{r8} D_8 = 1.07 \times 1.0 \times 0.049 = 0.052\text{(m)}$$
$$u_{r24} = \Gamma_{24} \varphi_{r24} D_{24} = 0.660\,83 \times 1.0 \times 0.015 = 0.01\text{(m)}$$
$$u_r \approx \max\left\{ u_{rg} + \left(\sum_n (u_n^2)^{0.5} \right) \right\} = 0.267 + \sqrt{0.171^2 + 0.053^2 + 0.01^2} = 0.446\text{(m)}$$

4）天津波（峰值 6.2 m/s²）

由于天津波（9 度）竖向地震作用下结构响应较小，未进入塑性阶段，为考察 MPA 方法的适用性，将地震波加速度峰值调到 6.2m/s²，MPA 分析过程同上，最后结果如下：

$$u_{r3} = \Gamma_3 \varphi_{r3} D_3 = 1.70 \times 1.0 \times 0.102 = 0.173\text{(m)}$$
$$u_{r8} = \Gamma_8 \varphi_{r8} D_8 = 1.07 \times 1.0 \times 0.068 = 0.073\text{(m)}$$
$$u_{r24} = \Gamma_{24} \varphi_{r24} D_{24} = 0.660\,83 \times 1.0 \times 0.0029 = 0.002\text{(m)}$$
$$u_r \approx \max\left\{ u_{rg} + \left(\sum_n (u_n^2)^{0.5} \right) \right\} = 0.267 + \sqrt{0.174^2 + 0.073^2 + 0.002^2} = 0.456\text{(m)}$$

2. MPA 方法高阶振型的影响

为考察 MPA 分析中高阶振型对目标位移的贡献，将采用 El Centro 波（8 度）MPA 分析得到的各阶振型对目标位移的贡献比较如表 4-3 所示，可以看出，各阶振型对 MPA 分析目标位移的贡献大小是按照模态的顺序，而并非按有效质量百分率的大小顺序，这是因为在对等效 SDOF 的弹塑性时程分析中，高阶模态频率 ω_n 影响较大，导致其目标位移较小，说明对高阶振型而言，振型有效质量对目标位移的影响远小于振型频率的影响。

表 4-3　各阶模态参数

模态阶数	有效质量百分率	振型参与系数	频率/Hz	目标位移/mm
3	67.14	1.70	1.1222	154
8	16.7	1.0739	1.8440	74
24	3.22	0.660 83	3.4358	10
46	5.31	0.428 57	5.0415	3

4.1.4 分析结果及对比

1. 弹塑性时程分析

为了验证推倒分析方法的正确性,采用三条地震波 El Centro 波、Taft 波及天津波对北京 2008 年奥运会老山自行车馆屋盖网壳结构进行弹塑性时程分析,弹塑性时程分析结果如表 4-4 所示。

表 4-4 弹塑性时程分析结果　　　　　（单位：mm）

地震波	El Centro 波（8 度）	El Centro 波（9 度）	Taft 波	天津波
顶点位移	446	623	464	478

2. 顶点总位移比较

采用三条地震波 El Centro 波、Taft 波及天津波为地震输入,时程分析法、MPA 方法、能力谱法分析得到的结构顶点竖向总位移比较如表 4-5 所示,可以看出:推倒分析方法对该双层网壳结构在罕遇地震作用下的竖向最大位移预测较为准确,推倒分析的结果比弹塑性时程分析略小,MPA 方法及能力谱法的最大误差分别为-9.4%及-17.0%的误差,可以满足工程设计要求;和能力谱法相比,MPA 方法由于考虑了高阶振型的影响,对罕遇地震作用下结构竖向最大位移的预测一般更为精确,但由于第一阶模态对结构目标位移起控制作用,使得 MPA 方法可以考虑高阶振型贡献的优势没有充分体现。

表 4-5 结构顶点竖向总位移比较

地震波	时程分析	MPA 方法		能力谱法	
	顶点最大位移/mm	目标位移/mm	误差/%	目标位移/mm	误差/%
El Centro 波（8 度）	446	438	-2	429	-4
El Centro 波（9 度）	623	565	-9.4	517	-17.0
Taft 波	464	446	-3.8	429	-7.5
天津波	478	455	-3.6	476	-0.5

注：误差=（目标位移值-顶点最大位移）/顶点最大位移

3. 顶点动位移比较

考虑顶点竖向总位移中结构重力荷载作用产生的静位移所占比重较大,为充分反映推倒分析方法对结构罕遇地震响应评估的精度,将弹塑性时程分析、MPA 方法、能力谱法分析得到的结构顶点竖向动位移比较如表 4-6 所示。可以看出,推倒分析方法对结构顶点竖向动位移预测的精度有所降低,MPA 方法及能力谱法的最大误差分别为 16.3%及 30.0%,仍可以满足工程设计要求;和能力谱法相比,MPA 方法对罕遇地震作用下结构最大动位移的预测更为精确。

表 4-6　结构顶点竖向动位移比较

地震波	时程分析	MPA 方法		能力谱法	
	顶点最大位移/mm	目标位移/mm	误差/%	目标位移/mm	误差/%
El Centro 波（8 度）	179	171	−5	162	−10
El Centro 波（9 度）	356	298	−16.3	250	−30.0
Taft 波	197	179	−9	162	−17.7
天津波	211	188	−11	209	−1

注：误差=（目标位移值-顶点最大位移）/顶点最大位移

4. 节点位移比较

为了进一步评估推倒分析方法对网壳结构节点位移预测的准确性，沿网壳直径方向取 17 个上弦节点进行比较，节点位置及编号如图 4-30 所示。在 El Centro 波（9 度）罕遇地震作用下，能力谱法、MPA 方法和弹塑性时程分析得到的各点位移比较如图 4-31 及表 4-7 所示。可以得出与前两节相同的结论，即推倒分析方

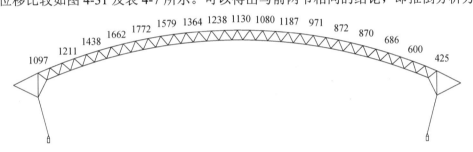

图 4-30　节点编号示意图

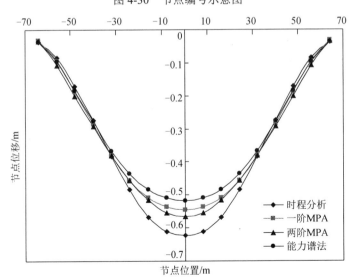

图 4-31　网壳沿直径各点竖向位移比较

注：一阶 MPA 指第 3 模态 MPA 方法各点目标位移，两阶 MPA 指第 3 和第 8 模态目标位移按照
平方和开方方法组合结果

表 4-7　各点目标位移值　　　　　　　　（单位：m）

点号	1097	1211	1438	1662	1772	1579	1364	1238	1130
时程分析	−0.036	−0.085	−0.172	−0.273	−0.384	−0.484	−0.567	−0.611	−0.623
第3阶模态	−0.033	−0.0946	−0.187	−0.284	−0.38	−0.455	−0.508	−0.536	−0.544
误差	−8.33	11.26	8.72	4.03	−1.04	−5.99	−10.41	−12.27	−12.68
第8阶模态	−0.019	−0.039	−0.0805	−0.132	−0.199	−0.265	−0.323	−0.363	−0.377
前两阶MPA	−0.0352	−0.106	−0.2	−0.292	−0.381	−0.456	−0.516	−0.553	−0.565
误差	2.09	25.20	16.60	7.02	−0.78	−5.78	−8.98	−9.46	−9.32
能力谱法	−0.037	−0.095	−0.185	−0.277	−0.368	−0.436	−0.483	−0.509	−0.517
误差	2.78	11.76	7.56	1.47	−4.17	−9.92	−14.81	−16.69	−17.01

法对该双层网壳结构在罕遇地震作用下的节点位移预测较为准确，可以满足工程设计要求。

5. 塑性铰分布比较

塑性铰的分布反映了结构在地震作用下的薄弱部位，比较不同方法对于地震作用下塑性铰分布的预测，可以反映各方法对地震反应预测的准确性。由于在地震中结构受到的是往复振动作用，相关文献指出，推倒分析的单向加载方式对非对称结构而言，不能完全反映构件和结构的真实受力状态，应从正反两个方向加载进行推倒分析，然后取并集得到的塑性铰分布作为最后结果。本书所分析的算例由于重力作用使得向上的推倒分析中没有塑性铰产生，因此只需进行向下的推倒分析确定结构塑性铰分布。

以不同地震波为地震输入、采用不同方法得到的结构的塑性铰分布如图 4-32～图 4-43 所示。可以得出，推倒分析预测的结构塑性铰分布与弹塑性时程分析基本一致，塑性铰全部出现在网壳跨中网格变化的上弦杆处，说明此处是结构在竖向地震作用下的薄弱部位；虽然推倒分析方法能很好地预测到结构的薄弱部位，但能力谱法和 MPA 分析得到的塑性铰数量均少于弹塑性时程分析，精度有待提高。

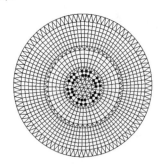
图 4-32　塑性铰分布 MPA 方法
（El Centro 波 9 度）

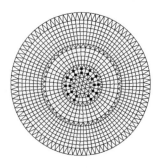
图 4-33　塑性铰分布能力谱法
（El Centro 波 9 度）

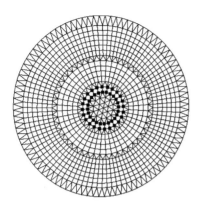

图 4-34 塑性铰分布时程分析方法
（El Centro 波 9 度）

图 4-35 塑性铰分布 MPA 方法
（El Centro 波 8 度）

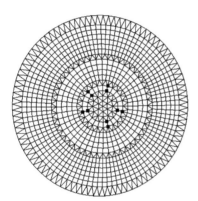

图 4-36 塑性铰分布能力谱法
（El Centro 波 8 度）

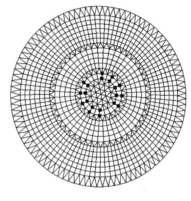

图 4-37 塑性铰分布时程分析方法
（El Centro 波 8 度）

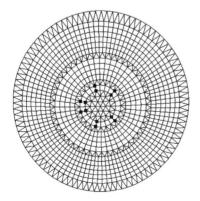

图 4-38 塑性铰分布 MPA 方法
（Taft 波 9 度）

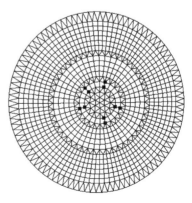

图 4-39 塑性铰分布能力谱法
（Taft 波 9 度）

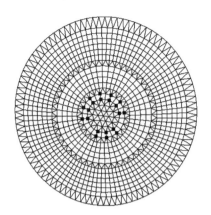

图 4-40　塑性铰分布时程分析方法
（Taft 波 9 度）

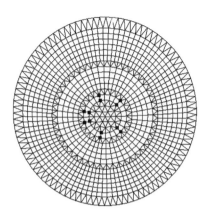

图 4-41　塑性铰分布 MPA 方法
（天津波）

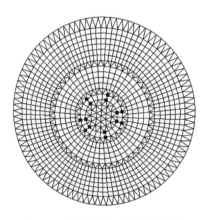

图 4-42　塑性铰分布能力谱方法
（天津波）

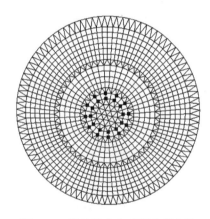

图 4-43　塑性铰分布时程分析方法
（天津波）

本节以北京 2008 奥运会老山自行车馆屋盖双层网壳结构为例，选取 El Centro 波、Taft 波和天津波为地震输入，采用传统推倒分析方法（能力谱法）和多模态推倒分析方法（MPA 方法）对结构在竖向罕遇地震作用下的抗震性能进行了研究。在结构顶点最大位移和塑性铰分布两个方面与弹塑性时程分析进行了比较，验证了推倒分析方法的适用性，并得出了 MPA 方法比能力谱法更精确的结论。

4.2　球面网壳增量动力分析及倒塌概率评定

在本节中，通过 ANSYS 有限元分析软件创建了一个 K6 型的典型单层网壳模型。为了最大限度准确得出网壳的实际反应，考虑了材料非线性影响和几何非线性的影响。通过选取峰值地面加速度作为强度参数以及最大位移反应作为工程需求参数，对于任意以峰值地面加速度的形式给定的强度参数网壳的倒塌概率可以准确得出，并且通过结合增量动力分析与状态危险性曲线计算网壳倒塌的年度平均概率。

4.2.1　分析模型及地震记录选取

网壳的几何特征如图 4-44 所示。网壳跨度为 40m、矢高为 8m，划分数量为 6，是典型的凯威特型网壳结构。径向和环向杆件的截面为 ϕ121mm×3.5mm，斜杆截面为 ϕ114mm×3mm。采用屈服应力为 235MPa、弹性模量为 $2.06×10^5$MPa 的理想弹塑性材料。假定通过两主导振型模态的固有周期计算得到瑞利阻尼，并假定阻尼比为 0.02。通过 ANSYS 有限元程序计算得出非线性时程反应分析。选择 PIPE20 单元来模拟网壳杆件，并且每个杆件采用 PIPE20 单元，划分网格为 3 个。网壳的所有支座为三向不动铰支座。网架屋面自重假定为 120kg/m² （考虑附加恒荷载及活荷载）。

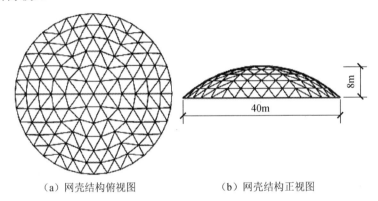

(a) 网壳结构俯视图　　　　(b) 网壳结构正视图

图 4-44　网壳结构布置图

为了运用增量动力分析，需要一系列地面运动记录。在早期研究中，Vamvatsikos 和 Cornell 运用 20 条地面运动记录来分析中等高度建筑物以提供足够精确的地震需求（表 4-8）。本节采用 Vamvatsikos 和 Cornell 运用的相同的地面运动记录。这些地震里氏震级范围为 6.5～6.9 且适度震中距为 16～32m；所有这些地面运动均为坚实土层中的记录。

表 4-8　20 条地面运动记录

序号	地震动名称	发生地点	场地土类别	震级	震中距/m	PGA/g
1	Loma Prieta,1989	Agnews State Hospital	C,D	6.9	28.2	0.159
2	Imperial Valley,1979	Plaster City	C,D	6.5	31.7	0.057
3	Loma Prieta,1989	Hollister Diff. Array	—,D	6.9	25.8	0.279
4	Loma Prieta,1989	Anderson Dam Downstream	B,D	6.9	21.4	0.244

序号	地震动名称	发生地点	场地土类别	震级	震中距/m	PGA/g
5	Loma Prieta,1989	Coyote Lake Dam Downstream	B,D	6.9	22.3	0.179
6	Imperial Valley,1979	Cucapah	C,D	6.5	23.6	0.309
7	Loma Prieta,1989	Sunnyvale Colton Ave	C,D	6.9	28.8	0.207
8	Imperial Valley,1979	El Centro Array#13	C,D	6.5	21.9	0.117
9	Imperial Valley,1979	Westmoreland Fire Station	C,D	6.5	15.1	0.074
10	Loma Prieta,1989	Hollister South & Pine	—,D	6.9	28.8	0.371
11	Loma Prieta,1989	Sunnyvale Colton Ave	C,D	6.9	28.8	0.209
12	Superstition Hills, 1987	Wildlife Liquefaction Array	C,D	6.7	24.4	0.180
13	Imperial Valley, 1979	Chihuahua	C,D	6.5	28.7	0.254
14	Imperial Valley,1979	El Centro Array#13	C,D	6.5	21.9	0.139
15	Imperial Valley,1979	Westmoreland Fire Station	C,D	6.5	15.1	0.110
16	Loma Prieta,1989	WAHO	—,D	6.9	16.9	0.370
17	Superstition Hills, 1987	Wildlife Liquefaction Array	C,D	6.7	24.4	0.200
18	Imperial Valley,1979	Plaster City	C,D	6.5	31.7	0.042
19	Loma Prieta,1989	Hollister Diff. Array	—,D	6.9	25.8	0.269
20	Loma Prieta,1989	WAHO	—,D	6.9	16.9	0.638

4.2.2 增量动力分析及倒塌概率评定

1. 进行增量动力分析

在进行增量动力分析之前，需要选取合适的强度参数以及工程需求参数。通常情况下，强度参数和工程需求参数的选取原则是高效和足量。对于第一振型模态控制的混凝土结构（如典型的混凝土框架结构），以及证明阻尼 5%的第一振型加速度反应谱 S_a（T_1，5%）是合适的强度参数并且最大层间侧移角 θ_{max} 在大多数情况下是合适的工程需求参数。但是对于前几阶振型耦合较严重的空间结构，峰值地面加速度将比加速度反应谱 S_a（T_1，5%）更适用于作强度参数，并且在书中选取最大位移反应作为工程需求参数，接下来的研究将建立在此条件之上深化。

采用逐步积分算法获得网壳的增量动力分析曲线，本书第 3 章图 3-10 中解释了详细的积分算法。在 FORTRAN 和 APDL（ANSYS 参数化设计语言）中执行积分后，保证增量动力分析几乎准确无误，并且这一过程不需要进行监控。

举例说明，表 4-9 为追踪记录 2 时逐步积分的序列运行结果。第一阶段和第二阶段的步长分别为 $1m/s^2$ 和 $0.2m/s^2$，因此将倒塌荷载误差定义在 $0.2m/s^2$ 以内。因为记录 2 倒塌荷载相对较低，所以仅需运行 12 次，但对于其他记录，随着倒塌荷载的增大，需要的运行次数将增多。

表 4-9　记录逐步积分序列运行结果

阶段	1（步长=1m/s²）						2（步长=0.2 m/s²）					
序号	1	2	3	4	5	6	7	8	9	10	11	12
PGA/（m/s²）	1	2	3	4	5	6	7	8	7.2	7.4	7.6	7.8
D_{max}/mm	12	24	32	41	50	95	110	+	119	121	166	201

2．数据后处理

1）通过插值生成增量动力分析曲线

在对所有的记录完成增量动力分析之后，将得到在 IM-EDP 平面上针对于每条记录的离散的点。运用三次插值函数，可以得到在图 4-45 中绘出的所有的增量动力分析曲线。曲线上的点表示动力失效点，其决定了每条记录中网壳可以承受的最大峰值地面加速度（即倒塌峰值加速度）及相应的位移极限。

为了更加明晰，在图 4-46 中绘出了记录 2 的单条增量动力分析曲线，非常简单明了。最初在峰值地面加速度低于 5m/s² 的弹性范围内为直线。接着，在峰值地面加速度达到 5m/s² 之后，开始变缓，表示为斜率变小，但当峰值地面加速度变得更大时，也会如同框架结构一样出现曲线变陡的现象。在峰值地面加速度略高于 7.8m/s² 时曲线出现平台段，在分析过程中结构表现为有限的位移反应以及大量的不收敛性，即是建筑物达到整体动力失效的时刻，并且 7.8m/s² 可以近似定义为倒塌峰值加速度。

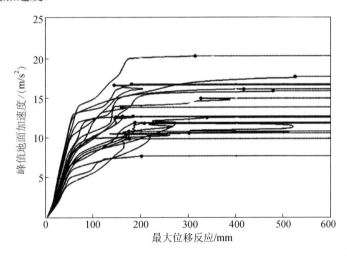

图 4-45　单层网壳增量动力分析曲线

2）倒塌概率评定

在增量动力分析的一般应用中，需要首先定义增量动力分析曲线的极限状态。针对于本项研究，仅选择增量动力分析曲线中平台段表示的整体动力失效作为极限状态，原因之一是整体动力失效是工程的焦点。另一个原因是应用于其他结构中的极限状态（如立即使用状态），预防倒塌状态不能仅通过最大位移 D_{max} 定义。

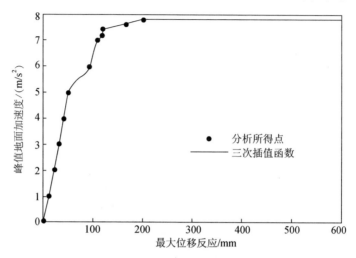

图 4-46　记录 2 单条增量动力分析曲线

20 条记录的所有倒塌加速度如表 4-10 所示。有理由假定倒塌加速度呈对数正态分布，并且可以运用表 4-10 中的数据进行柯尔莫可诺夫-斯米尔诺夫检验(K-S)。倒塌加速度的累积分布函数 F_C 可以表示为

$$F_C = \frac{1}{2} + \frac{1}{2}\mathrm{erf}\left(\frac{\ln x - \mu}{\sigma\sqrt{2}}\right) \tag{4-6}$$

其中，μ =7.1814，σ =0.225，是表 4-9 中数据统计所得。应用式（4-6）可以计算得到任意给定峰值地面加速度下网壳的倒塌概率。表 4-10 中的单独点与 F_C 共同绘于图 4-47 中。

表 4-10　所有记录的倒塌概率

序号	1	2	3	4	5	6	7	8	9	10
A_C/（m/s²）	11.85	7.80	12.70	9.95	16.15	12.80	15.90	10.90	17.70	16.65
序号	11	12	13	14	15	16	17	18	19	20
A_C/（m/s²）	10.65	12.80	15.00	11.90	20.30	12.60	11.85	12.00	16.80	13.90

为了计算平均年度倒塌概率，定义地震动参数（在本书中地震动参数为峰值地面加速度）与年度概率之间的关系十分必要，也即所知的地震动危险性曲线。本书采用的危险性曲线公式为

$$f(\mathrm{IM}) = k_0(\mathrm{IM})^{-k} \tag{4-7}$$

式中：k_0 和 k 是经验常数。对于美国的任何地方，其危险性曲线可以从 USGS（美国地质勘探局）的网站上得到，并且 k_0 和 k 可以从曲线中简单地拟合得到。

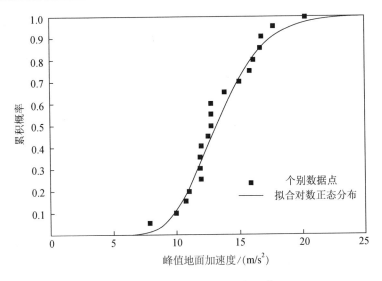

图 4-47　倒塌能力累积分布函数

这里以纬度 32.6435 和经度 115.309 的地点为例，1979 年帝王谷地震发生地，此地的 k_0 和 k 分别为 $6.154×10^{12}$ 和 5.127。年度平均倒塌概率可以通过计算得

$$\text{MAF}_c = \int_0^\infty F_C \mathrm{d}f_a = f_a(\text{IM}_{50\%})\exp\left[\frac{1}{2}(kS\ln\text{IM})^2\right] \tag{4-8}$$

式中：$\text{IM}_{50\%}$ 是 A_C 的中位数；$S\ln\text{IM}$ 是地震动参数-能力自然对数的标准差，可根据式（4-6）计算。将式（4-7）代入式（4-8），可以得到之前提到地点的年度平均倒塌概率为 0.000 773。

本节应用增量动力分析方法可以进行单层网壳的地震倒塌性能评估，对于任意以峰值地面加速度形式给定地震动参数的网壳，其倒塌概率可求，并且通过结合增量动力分析与状态危险性曲线可计算年度平均倒塌概率。结果表明单层网壳具有较高的以峰值地面加速度为形式的抗地震倒塌性能。

参 考 文 献

黄飞, 2005. 交错桁架结构体系应用及抗震性能研究[D]. 天津: 天津大学.

聂桂波, 2012. 网壳结构基于损伤累积本构强震失效机理及抗震性能评估[D]. 哈尔滨: 哈尔滨工业大学.

王蕊, 2007. 大跨度空间结构弹塑性时程分析[D]. 天津: 天津大学.

杨大彬, 张毅刚, 吴金志, 2010. 增量动力分析在单层网壳倒塌评估中的应用[J]. 空间结构, 16(3):91-96.

叶献国, 种迅, 李康宁, 等, 2001. Pushover 方法与循环往复加载分析的研究[J]. 合肥工业大学学报(自然科学版), 24(6):1019-1024.

尹越, 韩庆华, 刘锡良, 等. 2006. 北京 2008 奥运会老山自行车馆球面网壳结构设计[C]. 全国现代结构工程学术研讨会.

昝子卉, 2007. 大跨度空间结构的竖向推倒分析方法研究[D]. 天津: 天津大学.

ASGARIAN B, AGHAKOUCHAK A A, ALANJARI P, et al, 2008. Incremental dynamic analysis of jacket type offshore platforms considering soil-pile interaction[C]. Proceedings of the 14th World Conference on Earth.

CHINTANAPAKDEE C, CHOPRA A K, 2004. Seismic response of vertically irregular frames: response history and modal pushover analyses[J]. Journal of Structural Engineering, 130(8):1177-1185.

COMERIO M C, STALLMEYER J C, SMITH R, et al, 2005. PEER testbed study on a laboratory building: exercising seismic performance assessment[R]. PEER Report.

CORNELL C A, JALAYER F, HAMBURGER R O, et al, 2002. Probabilistic basis for 2000 SAC federal emergency management agency steel moment frame guidelines[J]. Journal of Structural Engineering, 128(4):526-533.

DEIERLEIN G G, 2004. Over view of a comprehensive framework for earthquake performance assessment[C]. Proceedings of the International Workshop on Performance-Based Seismic Design-Concepts and Implementation. Bled, Slovenia.

DEVORE J L, 2004. Probability and statistics for engineering and the sciences、6th ed. [M]. Canada: Thomson Brooks.

GOEL R K, 2004. Evaluation of modal and FEMA pushover analysis procedures using recorded motions of two steel buildings[C]. Structures Congress.

GOEL R K, CHOPRA A K, 2004. Evaluation of modal and FEMA pushover analyses: SAC building[J]. Earthquake Spectra, 20(1):225-254.

KRAMER S L, 2008. Performance-based earthquake engineering: opportunities and implications for geotechnical engineering practice[C]. Geotechnical Earthquake Engineering and Soil Dynamics Congress IV:1-32.

KRAWINKLER H, 2005. Van Nuys hotel building testbed report: exercising seismic performance assessment[R]. PEER Report.

MANDER J B, DHAKAL R P, MASHIKO N, et al, 2007. Incremental dynamic analysis applied to seismic financial risk assessment of bridges[J]. Engineering Structures, 29(10): 2662-2672.

VAMVATSIKOS D, CORNELL C A, 2002. Incremental dynamic analysis[J]. Earthquake Engineering & Structural Dynamics, 31(3): 491-514.

VAMVATSIKOS D, CORNELL C A, 2004. Applied incremental dynamic analysis[J]. Earthquake Spectra, 20(2): 523-553.

VAMVATSIKOS D, JALAYER F, CORNELL C A, 2003. Application of incremental dynamic analysis to an RC-structure[C]. Proceedings of the FIB Symposium Concrete Structures in Seismic Regions.

第 5 章 拱形立体桁架结构倒塌破坏机理及性能分析

本章主要针对立体桁架结构开展推倒分析,分别采用能力谱法、MPA 方法和弹塑性时程分析法得到拱形立体桁架结构的最大位移及塑性铰分布。此外,将 IDA 法引入到拱形立体桁架结构的倒塌破坏数值分析中,揭示了单榀拱形立体桁架结构在强震作用下的破坏模式和失效机理,确定了其倒塌极限位移。揭示了加密刚性系杆和十字交叉圆钢这两种支撑方式对拱形立体桁架结构的抗倒塌性能的影响,并通过振动台试验进行验证。

5.1 拱形立体桁架结构推倒分析

5.1.1 竖向推倒分析

1. 分析模型及自振特性分析

1)分析模型

以北戴河火车站站台雨棚拱形立体桁架结构为分析模型,其由若干榀钢管桁架组成,跨度 74.6m,全长约 270m,各榀钢管桁架间距 22m,桁架间设置纵向桁架 3 道,如图 5-1 所示。

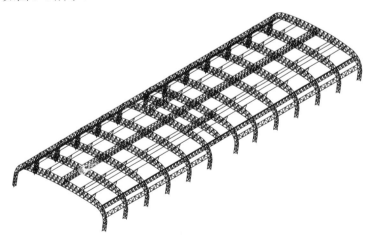

图 5-1 北戴河火车站站台雨棚结构整体布置图

每榀钢管桁架结构均采用截面为正放三角形的大跨度三肢拱形立体桁架，如图 5-2 所示，其中包括桁架梁和桁架柱，除桁架柱的弦杆采用圆钢管混凝土截面，其余杆件为圆钢管截面。桁架梁上弦杆 ϕ550mm×14mm，下弦杆为 ϕ426mm×14mm，腹杆为 ϕ114mm×6mm、ϕ168mm×8mm 及 ϕ273mm×8mm，桁架柱上弦杆 ϕ550mm×18mm，下弦杆为 ϕ426mm×18mm，腹杆为 ϕ146mm×6mm、ϕ180mm×10mm 及 ϕ273mm×8mm，梁柱相接的转角处下弦杆为 ϕ426mm×16mm。节点为钢管直接相贯节点，所有钢材为 Q235B 钢材。

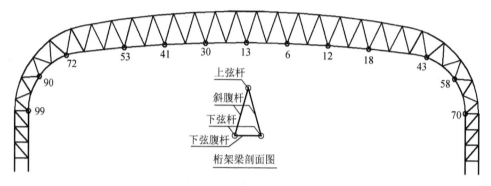

图 5-2　拱形立体桁架示意图

2）基本假设

为了便于考察结构在地震下的弹塑性响应，基于以下假设建立结构有限元分析模型：

（1）材料为理想弹塑性材料，屈服强度为 235MPa。

（2）当进行控制模态的单自由度体系时程分析时，阻尼比取 0.05；非控制模态的单自由度体系时程分析时，阻尼比取 0.02；整体模型弹塑性时程分析取阻尼比 0.05。

（3）所有节点为铰接节点，杆件为理想杆单元，结构重力荷载代表值以质量单元的形式施加在相应节点上。

（4）采用瑞利阻尼。基于以上假设，建立单榀大跨度拱形立体桁架分析模型如图 5-3 所示，所有杆件均采用二节点空间杆单元，柱脚均为铰接，纵向桁架位置设置纵向支撑点。杆件截面尺寸与设计规格相同，杆件数为 302，节点数为 112。结构自重、永久荷载和 0.5 倍的活荷载折算成质量单元，施加于相应的节点上。其中，永久荷载及活荷载分别按 150kg/m^2 及 50kg/m^2 计算。

3）自振特性分析

采用 Lanczos 迭代法对结构进行自振特性分析，得到结构前 8 阶自振频率和前 4 阶振型分别如表 5-1 及图 5-4 所示。

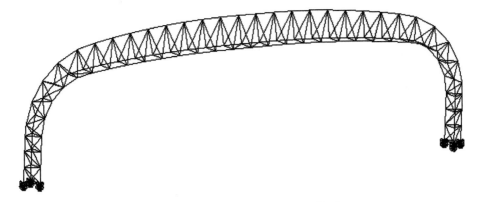

图 5-3　单榀拱形立体桁架有限元模型

表 5-1　前 8 阶振型的频率及振型参与参数（总质量 377 895.4kg）

阶数	频率	横向振型参与系数	横向振型参与质量/%	竖向振型参与系数	竖向振型参与质量/%
1	1.496	0.9837	85.78	-0.0340	0.10
2	1.502	0.0637	0.14	1.3093	60.48
3	3.290	-0.4671	9.65	-0.0008	0.00
4	5.092	0.0002	0.00	-0.5313	8.77
5	7.183	0.1928	1.30	0.0012	0.00
6	7.33	-0.0044	0.00	-0.0004	0.00
8	8.718	0.0004	0.00	0.3133	4.27

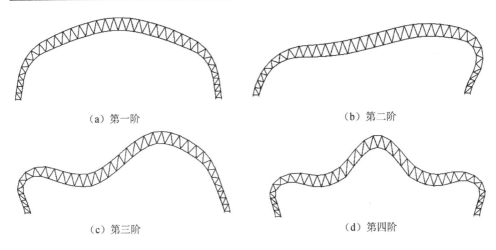

（a）第一阶　　　　　　　　　　　　　（b）第二阶

（c）第三阶　　　　　　　　　　　　　（d）第四阶

图 5-4　结构前四阶振型

　　可以看出，第 1、3 阶振型为横向振型，第 2、4 阶为竖向振型；同时，前四阶振型的振型参与质量较大，为结构的主要振型。

4）滞回分析

结构在竖向和横向往复荷载作用下的滞回曲线如图 5-5 所示，求解滞回环的目的是为了观察结构强度和刚度的退化情况。从图 5-5 中可以看出，该结构具有稳定而饱满的滞回环，其滞回曲线属于 A 类。

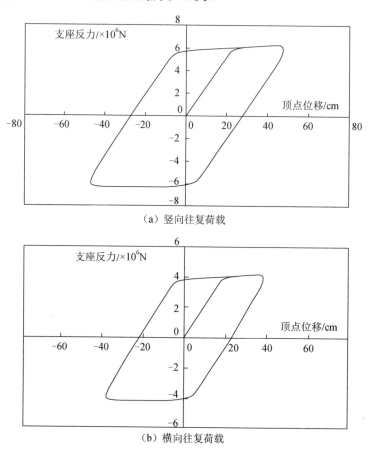

（a）竖向往复荷载

（b）横向往复荷载

图 5-5　结构滞回曲线

2. 能量谱法

1）El Centro 波

选取竖向 El Centro 波为地震输入，加速度峰值按抗震设防烈度为 8 度 0.30g 取值，即 5.1×0.65=3.315（m/s²）。调幅后的 El Centro 波时程曲线如图 5-6 所示。

能力谱法具体计算步骤如下：

（1）以 $S_n^* = m\phi_n$ 作为力的分布模式得到推倒曲线，即支座反力和顶点位移的关系曲线（已减去重力作用下的支座反力和位移），如图 5-7 所示；并由地震波得到不同阻尼比的弹性反应谱曲线，如图 5-8 所示。

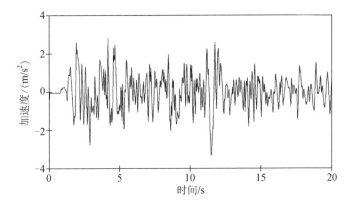

图 5-6　调幅后的 El Centro 波时程曲线（加速度峰值 3.315m/s²）

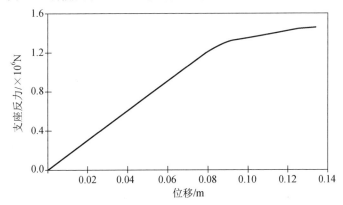

图 5-7　第 2 阶模态的推倒曲线

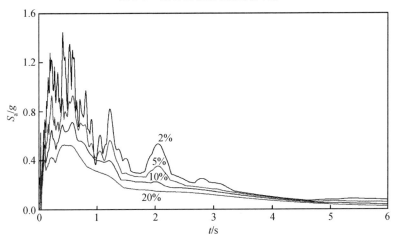

图 5-8　竖向 El Centro 波（8 度 0.30g）不同阻尼比下的反应谱曲线

（2）通过自编程序将两条曲线转化为加速度-位移形式，得到能力谱和不同阻尼比的弹性需求谱。

（3）选择一个初始的峰值位移（D_i）作为迭代的起点，此处给出迭代的最后结果，$D_i = 0.077\ 19\text{m}$。

（4）计算 $\beta_{\text{eff}} = \beta_{\text{e}} + \kappa\beta_0$，式中 $\beta_0 = E_{\text{d}}/4\pi E_{\text{s}}$，只需解出 E_{d} 和 E_{s} 即可。E_{s} 为最大应变能，等于图 5-9（a）中 ΔOD_iH 的面积。求解 E_{d}，即图 5-9（b）中平行四边形的面积：对能力谱曲线进行双线性化，即四边形 OAD_iH 的面积等于能力谱曲线由原点至 D_i 段向 S_{d} 轴积分的所得值，由此可求得图 5-9（a）中的 A 点坐标；进而可求得平行四边形的面积，即 E_{d}。由于立体桁架具有稳定而饱满的滞回曲线，如图 5-5 所示，其滞回性能属于 A 型，且 $\beta_0 \leqslant 16.25\%$，所以 $\kappa = 1$。最后求得 $\beta_{\text{eff}} = \beta_{\text{e}} + \kappa\beta_0 = 8.35\%$。

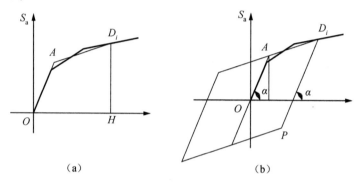

图 5-9　求解等效阻尼比示意图

（5）画出等效阻尼比下的需求谱曲线，与能力谱交点处的位移值为 $D_j = 0.076\text{m}$。

（6）收敛性检查，$\left|D_j - D_i\right|\big/D_i = 1.4\% < 5\%$，则 $D = D_j = 0.076\text{m}$ 为所求性能点；否则取 $D_i = D_j$，重复第（4）～（6）步。由能力谱法确定的目标位移如图 5-10 所示。

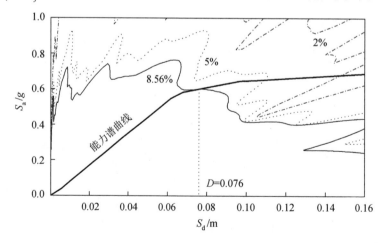

图 5-10　能力谱法确定目标位移：竖向 El Centro 波（8 度 0.30g）

（7）根据推倒曲线和能力谱曲线之间的转化公式可以求得结构的目标位移为0.0995m。再加上重力作用下的位移，最后的目标位移为 0.0995+0.1401=0.2396（m）。

2）天津波

取竖向天津波为地震输入，加速度峰值按抗震设防烈度为 9 度取值，即 $6.2×0.65=4.03$（m/s²），但结构的响应仍然处于弹性范围；为考察结构在不同地震波下的弹塑性地震响应，将竖向天津波加速度峰值调幅至 7.5m/s²，如图 5-11 所示，其对应的反应谱曲线如图 5-12 所示。与 El Centro 波的求解过程相同，当 $D_i = 0.074\,65\,\text{m}$ 时，可求得结构等效黏滞阻尼比

$$\beta_0 = E_d / 4\pi E_s = 0.015\,87 / (4\pi \times 0.022\,31) = 5.66\%$$

同样 $\kappa = 1$，故可求得 $\beta_{\text{eff}} = \beta_e + \kappa\beta_0 = 7.66\%$。

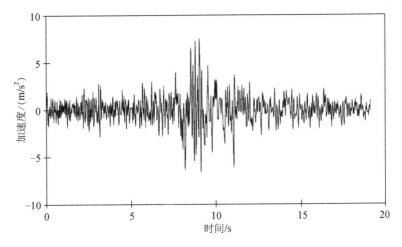

图 5-11 　调幅后的天津波时程曲线（加速度峰值 7.5m/s²）

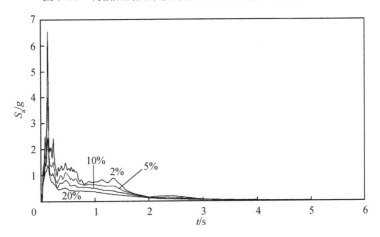

图 5-12 　竖向天津波（加速度峰值 7.5m/s²）不同阻尼比下的反应谱曲线

能力谱曲线与阻尼比为 7.66%的需求谱交点为 0.077m，且由于|0.077-0.074 65|/0.07465=3.1%<5%，最后确定 0.077 即为所求，如图 5-13 所示。根据推倒曲线和能力谱曲线之间的转化公式可以求得结构的目标位移为 0.1008m。再加上重力作用下的位移，最后的目标位移值为 0.1008+0.140 08=0.2409（m）。

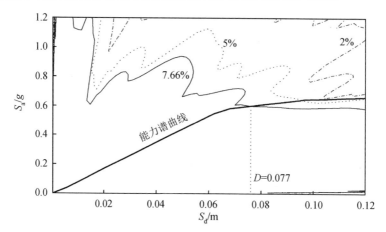

图 5-13　能力谱法确定目标位移：竖向天津波（加速度峰值 7.5m/s²）

3. MPA 方法

1）El Centro 波

选取与能力谱法相同的竖向 El Centro 波（8 度 0.30g）进行计算，具体步骤如下：

（1）通过模态分析得到所对应竖向振型（即第 2、4 阶）的自振周期 ω_n，模态 ϕ_n，振型参与系数 Γ_n 及振型参与质量 M_n^*。

（2）对于第 2、4 阶模态，以 $S_n^* = m\phi_n$ 作为力的分布模式得到推倒曲线，即支座反力和顶点位移的关系曲线，如图 5-14 所示。

（3）将推倒曲线转化为理想的双线性。由于第 3 步至第 5 步是一个反复迭代的过程，这里仅给出迭代完成后的情况，如图 5-14 所示。由于最后得到的第 4 阶模态的推倒分析的顶点最大位移仍在弹性范围内，故第四阶模态只转化为单斜线。具体步骤如下：

① 取曲线上一点 B（0.093 315, 1.3221×10⁶），并将曲线 OB 段对 X 轴进行积分，积分值即为曲线 OB 段与|OC|及 X 轴所围成的面积 S。

② 设 A 点坐标值为(X_A, Y_A)，取推倒曲线弹性段上任一点，可得曲线弹性段的斜率 E，直线 OA 的斜率等于 E；四边形 $OABC$ 的面积等于 S；利用这两个条件建立二元一次方程组，可求出 A 点坐标为（0.081 14, 1.2244×10⁶）。

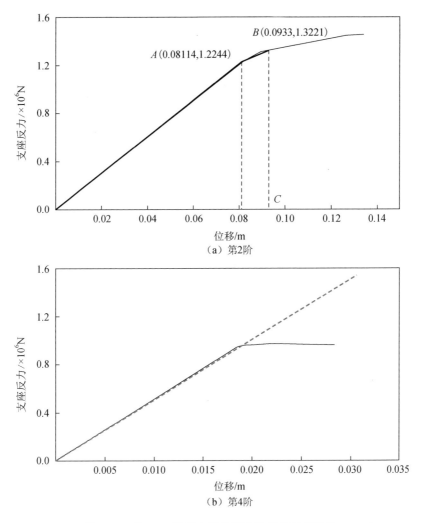

（a）第2阶

（b）第4阶

图 5-14　第 2、4 阶模态的推倒曲线及其双线性化

（4）利用第 3 步求出双线性化后的推倒曲线，可将其转化为所对应模态的弹塑性单自由度（SDOF）体系的力-位移（[$F_{sn} / (L_n \text{-} D_n)$]）关系，利用这个力-位移关系求得弹塑性 SDOF 体系的本构关系，进而利用非线性时程分析计算对应模态的 SDOF 体系顶点位移值。计算过程为：

① 建立模型如图 5-15 所示。该模型为一个单自由度体系，由质量点及杆件两部分组成。杆件长度固定为 $l = 1\text{m}$，杆件截面面积取为 $A = 0.01\text{m}^2$，杆件没有质量。质量点的质量取所计算模态的振型参与质量。

② 将 A、B 的坐标值转化为杆件本构模型中的应力-应变关系。推导如下：

图 5-15　计算 D_n 的模型

由于 $\sigma = V_{bn}/A$ ，$A = 0.01$ ，故由 A 点坐标值可求出第一屈服点为

$$\sigma_1 = 122.44\,\mathrm{MPa}$$

$$K = \frac{EA}{l} \tag{5-1}$$

$$\omega = \sqrt{\frac{K}{M}} = \sqrt{\frac{EA}{lM}} \tag{5-2}$$

故 $E = \dfrac{\omega_n^{\,2} l M_n^*}{A} = 100\omega_n^2 M_n^* = 2.0363 \times 10^9$ ，即单自由度体系的弹性模量。

由于 V_{by}-u_{ry} 向 F_{sn}/L_n-D_n 进而向 σ-ε 关系的转化均为线性，故可根据 B 点坐标值求出 SDOF 体系塑性段的本构关系。

由式（5-1）与式（5-2）可得第 2 阶模态对应的单自由度体系的自振频率 $\omega_1 = 9.4388$ ，$\omega_2 = 0$ ，故

质量阻尼　　$\alpha = \dfrac{\xi \omega_1 \omega_2}{\omega_1 + \omega_2} = 0$

刚度阻尼　　$\beta = \dfrac{\xi}{\omega_1 + \omega_2} = \dfrac{0.05}{9.4388} = 0.0106$

同理，可算得第 4 阶模态对应的单自由度体系的材料属性。

③ 对 SDOF 体系进行非线性时程分析。

计算得到的第 2、4 阶模态的 D_n 时程曲线如图 5-16 所示，D_n 的最大值分别为 $D_2 = 0.070\,28\,\mathrm{m}$ ，$D_4 = 0.009\,01\,\mathrm{m}$ 。在计算第 4 阶模态的 D_n 时，追踪杆件的塑性变形，其值一直为零。由此可知，杆件一直处于弹性状态，因此第（3）步中将第 4 阶模态的推倒曲线只转化为单斜线是正确的。

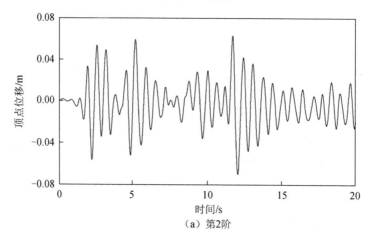

（a）第2阶

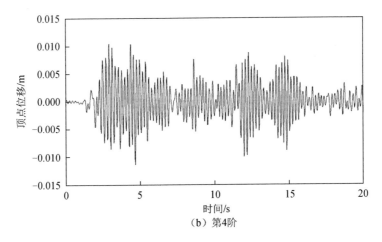

（b）第4阶

图 5-16　第 2、4 阶模态的 D_n 时程曲线

（5）用式 $u_{rn} = \Gamma_n \phi_n D_n$ 计算与第 2、4 阶模态的弹塑性 SDOF 体系相关的顶点位移 u_{rn}，即

$$u_{r2} = \Gamma_2 \phi_2 D_2 = 1.3093 \times 1.0 \times 0.070\ 28 = 0.092\ 02 \text{(m)}$$

迭代误差小于 5%，满足要求。

$$u_{r4} = \Gamma_4 \phi_4 D_4 = 0.5313 \times 1.0 \times 0.0090 = 0.0048 \text{(m)}$$

仍在弹性段，满足要求。

（6）计算 u_r。

因为 $u_{rg} = 0.140\ 08 \text{m}$

$$u \approx \max \left[u_{rg} \pm \left(\sum_n u_n^2 \right)^{0.5} \right] = 0.14008 + 0.092\ 14 \text{m} = 0.2322 \text{(m)}$$

2）天津波

以天津波（加速度峰值 7.5m/s²）作为地震输入的计算方法与 El Centro 波相同，此处仅给出计算的最后结果为

$$u_{r2} = 0.1105 \text{m}, \quad u_{r4} = 0.008\ 775 \text{m}$$

$$u \approx \max \left[u_{rg} \pm \left(\sum_n u_n^2 \right)^{0.5} \right] = 0.140\ 08 \text{m} + 0.110\ 85 \text{m} = 0.250\ 93 \text{m}$$

4. 竖向地震分析结果对比

1）目标位移的比较

对结构进行竖向的弹塑性时程分析，采用与推倒分析方法相同的地震输入，竖向 El Centro 波（8 度 0.30g）和竖向天津波（加速度峰值 7.5m/s²）作用下结构顶点位移时程曲线分别如图 5-17 和图 5-19 所示。为了评估推倒分析方法对沿跨度方向各节点位移需求预测的准确性，我们将结构跨中节点达到目标位移时推倒分析方法得到的下弦节点（节点编号见图 5-2）位移和弹塑性时程分析结果比较，

如图 5-18 和图 5-20 及表 5-2 和表 5-3 所示。一阶 MPA 方法只考虑第 2 阶模态的贡献，2 阶 MPA 方法的节点位移是按照公式 $u \approx \max\left[u_{rg} \pm \left(\sum_n u_n^2\right)^{0.5}\right]$ 求得的，考虑了第 2、4 阶模态的贡献。

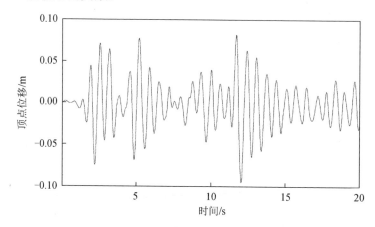

图 5-17　竖向 El Centro 波（8 度 0.30g）作用下的顶点位移时程曲线

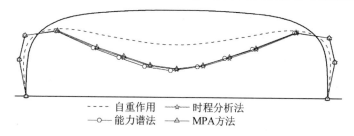

图 5-18　结构下弦节点位移比较（El Centro 波，8 度 0.30g）

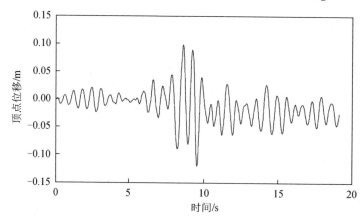

图 5-19　竖向天津波（加速度峰值 7.5m/s²）作用下的顶点位移时程曲线

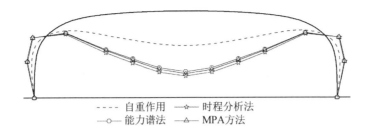

- - - - 自重作用　——☆—— 时程分析法
—○— 能力谱法　——△—— MPA 方法

图 5-20　结构下弦节点位移比较（竖向天津波，加速度峰值 7.5m/s^2）

表 5-2　（除重力）结构下弦节点竖向位移比较（竖向 El Centro 波，8 度 0.30g）

节点	时程分析	能力谱法		1 阶 MPA		2 阶 MPA	
	位移/m	位移/m	误差/%	位移/m	误差/%	位移/m	误差/%
99	−0.0004	−0.0004	0.00	−0.0004	0.00	−0.0004	0.00
90	−0.0015	−0.0014	6.67	−0.0013	13.33	−0.0013	13.33
72	−0.0223	−0.0213	4.48	−0.0201	9.87	−0.0202	9.42
53	−0.0558	−0.0547	1.97	−0.0516	7.53	−0.0517	7.35
41	−0.0736	−0.0737	−0.14	−0.0691	6.11	−0.0691	6.11
30	−0.0891	−0.0912	−2.36	−0.0852	4.38	−0.0853	4.26
13	−0.0949	−0.0995	−4.85	−0.092	3.06	−0.0921	2.95
6	−0.089	−0.0914	−2.70	−0.0853	4.16	−0.0854	4.04
12	−0.0735	−0.0741	−0.82	−0.0696	5.31	−0.0696	5.31
18	−0.0557	−0.0552	0.90	−0.0521	6.46	−0.0521	6.46
43	−0.0221	−0.0215	2.71	−0.0203	8.14	−0.0204	7.69
58	−0.0015	−0.0014	6.67	−0.0014	6.67	−0.0014	6.67
70	−0.0004	−0.0004	0.00	−0.0004	0.00	−0.0004	0.00

注：误差=|（MPA 方法或能力谱法−时程分析方法）/时程分析方法|×100%

表 5-3　（除重力）所有跨度上的点的位移（竖向天津波，加速度峰值 7.5m/s^2）

节点	时程分析	能力谱法		1 阶 MPA		2 阶 MPA	
	位移/m	位移/m	误差/%	位移/m	误差/%	位移/m	误差/%
99	−0.0003	−0.0004	34.48	−0.0004	34.48	−0.0004	34.48
90	−0.0016	−0.0014	12.42	−0.0015	6.21	−0.0016	0.00
72	−0.0262	−0.0216	17.58	−0.0230	12.23	−0.0232	11.47
53	−0.0682	−0.0557	18.34	−0.0593	13.06	−0.0594	12.91
41	−0.0915	−0.0749	18.14	−0.0803	12.24	−0.0803	12.24
30	−0.1114	−0.0930	16.52	−0.1001	10.14	−0.1003	9.96
13	−0.1197	−0.1016	15.12	−0.1105	7.68	−0.1108	7.43
6	−0.1113	−0.0931	16.35	−0.1003	9.88	−0.1004	9.79
12	−0.0914	−0.0754	17.52	−0.0808	11.60	−0.0808	11.60
18	−0.0681	−0.0561	17.63	−0.0598	12.20	−0.0599	12.05
43	−0.0261	−0.0218	16.47	−0.0232	11.11	−0.0234	10.34
58	−0.0016	−0.0015	6.12	−0.0016	0.00	−0.0016	0.00
70	−0.0004	−0.0004	0.00	−0.0004	0.00	−0.0004	0.00

注：误差=|（MPA 方法或能力谱法−时程分析方法）/时程分析方法|×100%

可以看出，能力谱法与 MPA 方法得到的结构在罕遇地震下的目标位移与弹塑性时程分析结果基本吻合，推倒分析结果略小于弹塑性时程分析，最大误差分别仅为 12%和 7.7%，能够满足结构抗震设计的要求；与能力谱方法相比，MPA 方法更为精确地评估了罕遇地震下的结构目标位移，考虑高阶振型影响的 MPA 方法精度略好于仅考虑一阶振型的 MPA 方法，但对本章算例结构，由于第 1 阶模态起绝对控制作用，因此高阶振型的贡献并不显著。

2）塑性铰分布的比较

塑性铰的分布反映了结构在地震作用下的薄弱部位，比较不同方法对于地震作用下塑性铰位置的预测，可以说明各方法对地震反应预测的准确性。由于在地震中结构受到的是往复作用，如果推倒分析采用单向加载方式，不能完全反映非对称结构的真实受力状态。本书分别从正反两个方向加载进行能力谱法和 MPA 方法的分析，但由于竖直向上加载与结构自重相抵，故推至目标位移的情况下，结构仍没有塑性铰出现，故对于竖向推倒分析，可以仅进行单向推倒分析（加载方向与重力方向相同）确定结构塑性铰分布。

弹塑性时程分析、能力谱法及 MPA 方法得到的结构塑性铰分布如图 5-21~图 5-26 所示。

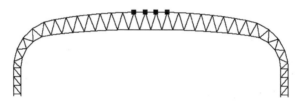

图 5-21　时程分析法塑性铰分布（El Centro 波竖向）

图 5-22　时程分析法塑性铰分布（天津波竖向）

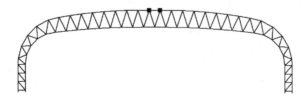

图 5-23　能力谱法塑性铰分布（El Centro 波竖向）

图 5-24　能力谱法塑性铰分布（天津波竖向）

图 5-25　MPA 方法塑性铰分布（El Centro 波竖向）

图 5-26　MPA 方法塑性铰分布（天津波竖向）

在 El Centro 波（8 度 0.30g）作用下，三种方法所得的塑性铰均集中在结构跨中的上弦杆，弹塑性时程分析得到的塑性铰比推倒分析更多，这与目标位移的对比结果一致；在竖向天津波（加速度峰值 7.5m/s²）的作用下，弹塑性时程分析显示除结构跨中上弦杆，桁架柱根部斜腹杆也出现了塑性铰，但推倒分析方法所得到的塑性铰仍然仅位于结构跨中上弦杆处。

5.1.2　横向推倒分析

1. 能力谱法

1）El Centro 波

选取横向 El Centro 波作为地震输入，加速度峰值按抗震设防烈度为 8 度取值，即 4.0m/s²。调幅后的 El Centro 波时程曲线如图 5-27 所示，由地震波得到不同阻尼比下的弹性反应谱曲线如图 5-28 所示。

与竖向能力谱法的求解过程相同，横向目标位移同样是反复迭代的过程，此处仅给出迭代的最后结果：当 $D_i = 0.073\,84$m 时，可求得结构等效黏滞阻尼比 $\beta_0 = E_d/4\pi E_s = 0.033\,68/(4\pi \times 0.019\,22) = 13.94\%$，由于结构具有稳定而饱满的滞回曲线，故 $\kappa = 1$，故可求得 $\beta_{eff} = \beta_e + \kappa\beta_0 = 15.94\%$。能力谱曲线与阻尼比为 15.94% 的需求谱交点为 0.0748m，且由于 $|0.0748 - 0.073\,84| / 0.0748 \times 100\% = 1.28\% < 5\%$，最后确定 $D_1 = 0.0748$ 即为所求。根据推倒曲线和能力谱曲线之间的转化公式可以求得能力谱方法得到的横向目标位移为 0.072\,53m（图 5-29）。

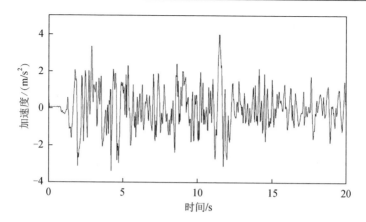

图 5-27　调幅后的横向 El Centro 波（8 度）时程曲线

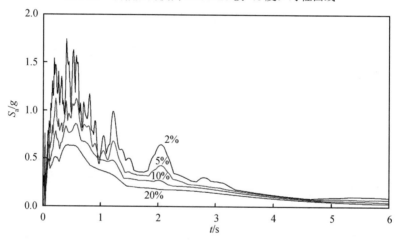

图 5-28　横向 El Centro 波（8 度）不同阻尼比下的反应谱曲线

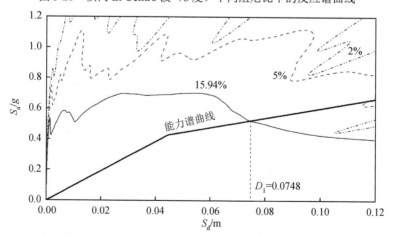

图 5-29　能力谱法确定目标位移：横向 El Centro 波（8 度）

2）天津波

选取南北向天津波为地震输入，加速度峰值按抗震设防烈度为 8 度取值，即 4.0m/s²，调幅后时程曲线如图 5-30 所示，由地震波得到不同阻尼比下的弹性反应谱曲线如图 5-31 所示。

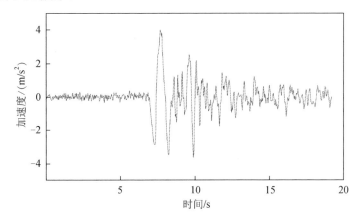

图 5-30　调幅后的南北向天津波（8 度）时程曲线

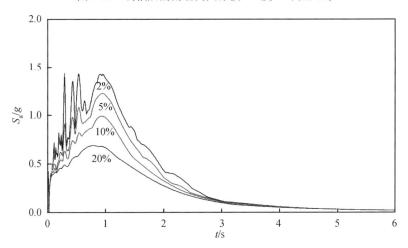

图 5-31　南北向天津波（8 度）不同阻尼比下的反应谱曲线

具体求解方法如前所述，此处仅给出最后一次迭代的过程：取 $D_i = 0.1302\,\mathrm{m}$，结构等效黏滞阻尼比 $\beta_0 = \dfrac{E_d}{4\pi E_s} = \dfrac{0.098\,74}{4\pi \times 0.045\,32} \times 100\% = 17.34\%$，由于结构具有稳定而饱满的滞回曲线（图 5-5），但 $\beta_0 = 17.35\% > 16.25\%$，插值求得 $\kappa = 0.9913$，故可求得 $\beta_{\mathrm{eff}} = \beta_e + \kappa\beta_0 = 19.19\%$。能力谱曲线与对应阻尼比为 19.19% 的需求谱曲线的交点为 0.1300m，如图 5-32 所示，并且由于 |0.1300−0.1302|/0.1302×100% =0.15%<5%，

最后确定 $D=D_i=0.1300\text{m}$ 即为所求。根据推倒曲线和能力谱曲线之间的转化公式可以求得能力谱方法得到的横向目标位移为 0.1261m。

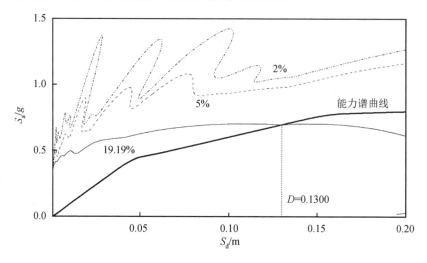

图 5-32　能力谱法确定目标位移：南北向天津波（8 度）

2. MPA 方法

1）El Centro 波（横向）

同样选取横向 El Centro 波（8 度）、加速度峰值 4.0m/s² 进行计算，具体步骤如下：

（1）通过模态分析得到所对应横向振型（即第 1、3 阶）的自振周期 ω_n，模态 ϕ_n，振型参与系数 Γ_n 及振型参与质量 M_n^*。

（2）对于第 1、3 阶模态，以 $S_n^* = m\phi_n$ 作为力的分布模式得到推倒曲线，即支座反力和顶点位移的关系曲线。

（3）将推倒曲线转化为理想的双线性。求解 u_{rn} 是一个反复迭代的过程，这里仅给出迭代完成后的情况，如图 5-33 所示。由于最后得到的第 3 阶模态的推倒分析的顶点最大位移仍在弹性范围内，故第 3 阶模态的推倒曲线只转化为单斜线。取第 1 阶模态推倒曲线弹性段处一点 $(0.030\,29, 9.724\,33\times10^5)$ 为斜率点，并取 $B(0.073\,54, 1.7079\times10^6)$，经过双线性后得 $A(0.043\,31, 1.3906\times10^6)$，通过 A、B 两点坐标可得 SDOF 体系杆件的材料属性，$\sigma = 139.06\text{MPa}$，$E = 2.8651\times10^9$，$\beta = 0.010\,64$ 及塑性段的 $\sigma_p = 420.14\text{MPa}$，对应的塑性应变为 $\varepsilon_p = 0.3$。利用这些材料属性对 SDOF 体系进行非线性时程分析，得到 D_n 的最大值分别为 $D_1 = 0.075\,627\text{m}$，$D_3 = 0.029\,14\text{m}$。在计算第 3 阶模态的 D_n 时，杆件一直处于弹性状态，因此第 3 步中将第 3 阶模态的推倒曲线只转化为单斜线是正确的。

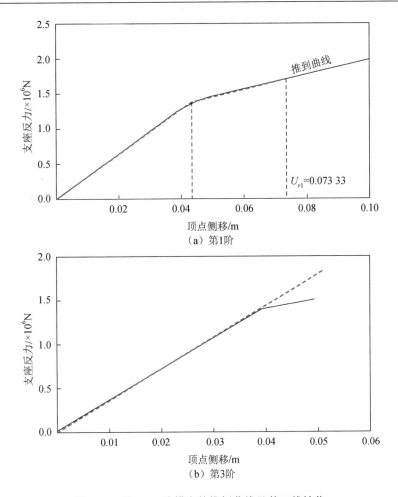

图 5-33　第 1、3 阶模态的推倒曲线及其双线性化

（4）用式 $u_{rn} = \Gamma_n \phi_n D_n$ 计算与第 1、3 阶模态的弹塑性 SDOF 体系相关的顶点位移 u_{rn}。

$$u_{r1} = \Gamma_1 \phi_1 D_1 = 0.9837 \times 0.9857 \times 0.075\ 627 = 0.073\ 33 \text{(m)}$$

$$\frac{|0.073\ 33 - 0.073\ 54|}{0.073\ 33} = 0.29\% < 5\%$$

满足要求。

$$u_{r3} = \Gamma_3 \phi_3 D_3 = 0.4671 \times 0.1048 \times 0.029\ 14 = 0.001\ 43 \text{(m)}$$

仍在弹性段，满足要求。

（5）计算 u_r。

因为 $u_{rg} = 0.000\ 22\text{m}$

$$u \approx \max\left[u_{rg} \pm \left(\sum_n u_n^2 \right)^{0.5} \right] = 0.000\ 22\text{m} + 0.073\ 34\text{m} = 0.073\ 56\text{m}$$

2）以天津波作为地震输入（横向）

计算过程与 El Centro 波相同，不再累述，此处仅给出最后的计算结果。

$$u_{r1} = 0.1374\text{m} , \quad u_{r3} = 0.001\,673\text{m}$$

$$u \approx \max\left[u_{rg} \pm \left(\sum_n u_n^2\right)^{0.5}\right] = 0.000\,22\text{m} + 0.1374\text{m} = 0.1376\text{m}$$

3. 横向地震分析结果对比

1）目标位移的比较

对结构进行横向的弹塑性时程分析，采用与推倒分析方法相同的地震输入，横向 El Centro 波（8 度）和横向天津波（8 度）作用下结构顶点位移时程曲线分别如图 5-34 和图 5-36 所示。与竖向推倒分析方法的评估方法相同，将结构跨中节点达到目标位移时横向推倒分析方法得到的下弦节点（节点编号见图 5-2）位移与弹塑性时程分析结果比较，如图 5-35 和图 5-37 及表 5-4 和表 5-5 所示。同样，1 阶 MPA 方法只考虑第 1 阶模态的贡献，2 阶 MPA 方法的节点位移是按照公式 $u \approx \max\left[u_{rg} \pm \left(\sum_n u_n^2\right)^{0.5}\right]$ 求得的，考虑了第 1、3 阶模态的贡献。

可以看出，对于横向地震来说，推倒分析方法可以有效地评估结构在罕遇地震下的目标位移，精度比竖向地震推倒分析略差，采用 El Centro 波及天津波时，误差分别为 7.7% 及 22%，但精度能够满足结构抗震设计的要求；在横向地震作用下，能力谱法和 MPA 方法所得出的顶点目标位移，一般小于弹塑性时程分析所得到的最大位移，但对个别特殊地震输入如南北向天津波情况可能相反；对于 El Centro 波，MPA 方法所得的目标位移精度比能力谱法略好，但对天津波来说能力谱法精度更好。一般情况下，考虑高阶振型影响的 MPA 方法比仅考虑 1 阶振型的 MPA 方法更为精确，但对个别特殊地震输入如南北向天津波情况可能相反。

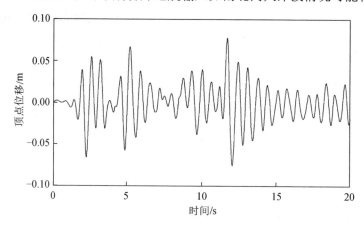

图 5-34　横向 El Centro 波（8 度）作用下的顶点位移时程曲线

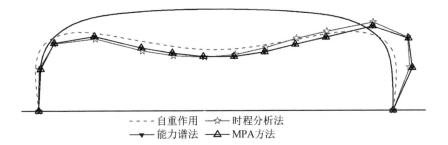

- - - 自重作用 —☆— 时程分析法
—▼— 能力谱法 —△— MPA 方法

图 5-35 结构下弦节点位移比较（El Centro 波，8 度）

表 5-4 （除重力）结构下弦节点水平位移比较（横向 El Centro 波，8 度）

节点	时程分析	能力谱法		1 阶 MPA		2 阶 MPA	
	横向位移/m	横向位移/m	误差/%	横向位移/m	误差/%	横向位移/m	误差/%
99	0.0018	0.0284	1478	0.0287	1494	0.0078	333
90	0.0299	0.0543	81.61	0.0548	83.28	0.0305	2.01
72	0.0597	0.0674	12.90	0.0682	14.24	0.0564	5.53
53	0.0687	0.0702	2.18	0.0710	3.35	0.0644	6.26
41	0.0728	0.0713	2.06	0.0721	0.96	0.0682	6.32
30	0.0757	0.0720	4.89	0.0728	3.83	0.0711	6.08
13	0.0781	0.0725	7.17	0.0733	6.15	0.0736	5.76
6	0.0801	0.0728	9.11	0.0736	8.11	0.0757	5.49
12	0.0822	0.0730	11.19	0.0738	10.22	0.0781	4.99
18	0.0843	0.0730	13.40	0.0739	12.34	0.0808	4.15
43	0.0873	0.0725	16.95	0.0734	15.92	0.0854	2.18
58	0.0896	0.0682	23.88	0.0692	22.77	0.0935	4.35
70	0.0667	0.0555	16.79	0.0565	15.29	0.0775	16.19

注：误差=|（MPA 方法或能力谱法−时程分析方法）/时程分析方法|×100%

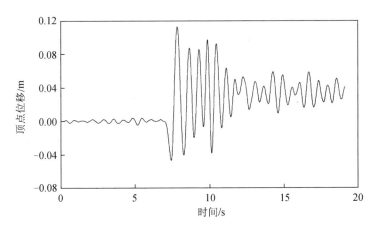

图 5-36 南北向天津波（8 度）作用下的顶点位移时程曲线

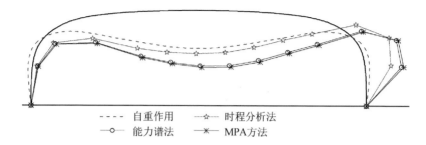

图 5-37 沿跨度方向各点位移对比（天津波，8 度）

表 5-5 （除重力）所有跨度上的点的位移表（南北向天津波，8 度）

节点	时程分析	能力谱法		1 阶 MPA		2 阶 MPA	
	横向位移/m	横向位移/m	误差/%	横向位移/m	误差/%	横向位移/m	误差/%
99	0.0250	0.0278	11.20	0.0304	21.60	0.0304	21.60
90	0.0626	0.0701	11.98	0.0753	20.29	0.0753	20.29
72	0.0944	0.1074	13.77	0.1141	20.87	0.1141	20.87
53	0.1033	0.1181	14.33	0.1250	21.01	0.1251	21.10
41	0.1072	0.1231	14.83	0.1302	21.46	0.1303	21.55
30	0.1101	0.1270	15.35	0.1341	21.80	0.1343	21.98
13	0.1125	0.1302	15.73	0.1374	22.13	0.1376	22.31
6	0.1145	0.1330	16.16	0.1403	22.53	0.1405	22.71
12	0.1168	0.1362	16.61	0.1435	22.86	0.1437	23.03
18	0.1191	0.1396	17.21	0.1472	23.59	0.1473	23.68
43	0.1229	0.1457	18.55	0.1536	24.98	0.1536	24.98
58	0.1275	0.1591	24.78	0.1676	31.45	0.1676	31.45
70	0.1050	0.1489	41.81	0.1583	50.76	0.1583	50.76

注：误差=|（MPA 方法或能力谱法−时程分析方法）/时程分析方法|×100%

2）塑性铰分布的比较

对于结构的横向地震响应分析，本节分别从正反两个方向加载进行能力谱法和 MPA 方法的分析，然后两种情况下得到的塑性铰取并集作为最后结果。各种情况下的塑性铰分布如图 5-38～图 5-43 所示。

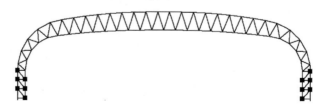

图 5-38 时程分析法塑性铰分布（横向 El Centro 波）

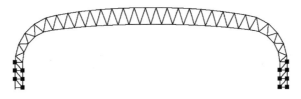

图 5-39　时程分析法塑性铰分布（横向天津波）

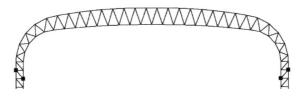

图 5-40　能力谱法塑性铰分布（横向 El Centro 波）

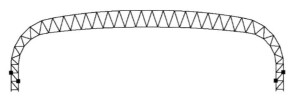

图 5-41　能力谱法塑性铰分布（横向天津波）

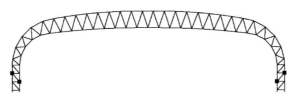

图 5-42　MPA 方法塑性铰分布（横向 El Centro 波）

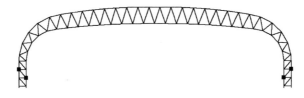

图 5-43　MPA 方法塑性铰分布（横向天津波）

本节根据静力推倒分析，对于拱形立体桁架结构的竖向、横向地震响应分析，可总结出以下结论：

（1）能力谱法与 MPA 方法可以有效地评估结构在罕遇地震下的目标位移，且精度较好，能够满足结构抗震设计的要求；推倒分析所得到的结构目标位移略小于弹塑性时程分析的结果。

（2）与能力谱方法相比，MPA 方法更为精确地评估了罕遇地震下的结构目标位移，考虑高阶振型影响的 MPA 方法精度略好于仅考虑一阶振型的 MPA 方法，但对本章算例结构，由于第一阶模态起绝对控制作用，因此高阶振型的贡献并不显著，MPA 方法目标位移的组合方式还有待改进。

（3）对竖向地震来说，结构的薄弱部位位于结构跨中上弦杆；推倒分析方法能够准确预测该薄弱部位（出现塑性铰），但塑性铰数量少于弹塑性时程分析。对横向地震来说，结构的薄弱部位位于桁架柱根部斜腹杆处，推倒分析方法能够准确预测该薄弱部位（出现塑性铰），但塑性铰数量少于弹塑性时程分析，精度还有待加强。

5.2　拱形立体桁架结构增量动力分析

5.2.1　基于能量原理的 IDA 方法研究

对于一阶振型主导的结构，结构一阶周期处的谱加速度 $S_a(T_1)$ 在估计结构反应方面比其他参数更加有效且充分。但对于非一阶振型主导，且频谱分布密集、各振型耦合作用明显的空间结构来说，$S_a(T_1)$ 可能不如其他地震动参数（如 PGA）有效、充分。到目前为止，对于空间结构的地震反应分析，PGA 是应用最为广泛的地震动参数，但是否存在更加有效、充分的地震动参数，值得进一步研究。通过 IDA 方法与能量原理相结合的方法确定结构的倒塌破坏极限状态点。随着地震动记录递增式地调整其强度幅值，结构的地震输入能逐渐增大，同时地震作用结束时结构的滞回耗能。在这个过程中，地震作用结束时结构的滞回耗能也越接近结构的极限滞回耗能，即 E_H 逐渐趋于 E_H^u。当地震作用结束时结构的滞回耗能等于结构的极限滞回耗能，该状态即为结构的倒塌破坏极限状态。由于结构的极限滞回耗能很难得出，所以无法通过 $E_H = E_H^u$ 来确定结构倒塌破坏极限状态。但是当结构趋于倒塌破坏，地震动记录强度幅值再加大，结构的滞回耗能将超过结构的地震输入能。具体实施步骤如下：

（1）先以单地震动为例，确定地震动强度参数（Intensity Measure，IM），IM 为结构的地震输入能量 E_I。

（2）选取刻画结构响应的参数 DM（Damage Measure）。DM 为地震作用结束时结构的滞回耗能 E_H。

（3）结构倒塌极限状态点的确定。结构在经受强烈地震时，总输入能量由结构本身的耗能来平衡。因此，无论是动力强度破坏还是力失稳破坏，当结构的地震输入能量超过其本身的耗能供给能力时即发生动力失效。当结构趋于倒塌破坏，地震动记录强度幅值再加大，结构的滞回耗能将超过结构的地震输入能。因此，通过调幅系数来不断调整地震动强度，得到一系列不同强度的地震动记录：$a_i(t) = \lambda_i a(t)$。式中 $a(t)$ 为原始地震动记录；$a_i(t)$ 为调幅后的地震动记录。$\lambda_i(i = 1, 2, 3, \cdots)$ 为调幅系数。当 $i = k$ 时，结构的地震输入能 E_I^k，地震作用结束时

结构的滞回耗能 E_D^k。当 $i = k + 1$ 时，结构的地震输入能 E_I^{k+1}，地震作用结束时结构的滞回耗能 E_H^{k+1}。

$$E_\mathrm{I}^k > E_\mathrm{H}^k \tag{5-3}$$

$$E_\mathrm{I}^{k+1} < E_\mathrm{H}^{k+1} \tag{5-4}$$

则规定 E_H^k 为结构的极限滞回耗能 E_H^u，对应的结构位移即为结构倒塌极限状态点的极限位移。

5.2.2　立体桁架结构倒塌性能分析

仍以本章单榀立体桁架分析模型为研究对象，如图 5-1 所示。

1. 地震波的选取

在增量动力分析中，地震动的随机性是影响其计算结果合理性的主要因素之一。因此，必须谨慎地选择足够数量和频谱丰富的一组地震动来进行增量动力分析。考虑到地震动的震级、震中距和场地土的影响，选取 15 条地震动，地震动参数详见表 5-6。选取表 5-6 中的 15 条地震记录作为输入样本，地震动持时为 20s。根据结构的动力响应对每条地震动进行 8～10 次的调幅，每次调幅步长为 0.1g～0.3g。

表 5-6　分析采用的地震加速度参数

序号	地震动名称	震级	数据来源测站	震中距	场地类型
1	Cape Mendocino 1992/04/25	7.1	89324 Rio Dell Overpass -FF（CDMG）	18.5	II
2	Cape Mendocino 1992/04/25	7.1	89486 Fortuna - Fortuna Blvd（CDMG）	23.6	II
3	Duzce, 1999/11/12	7.1	1058 Lamont 1058（LAMONT）	0.9	II
4	Duzce, 1999/11/12	7.1	362 Lamont 362（LAMONT）	27.4	II
5	Duzce, 1999/11/12	7.1	531 Lamont 531（LAMONT）	11.4	I
6	Duzce, 1999/11/12	7.1	1060 Lamont 1060（LAMONT）	30.2	I
7	Tabas, 1978/09/16	7.4	70 Boshrooyeh	26.1	II
8	Landers 1992/06/28	7.3	12149 Desert Hot Springs（CDMG）	23.2	II
9	Loma Prieta 1989/10/18	6.9	57217 Coyote Lake Dam（CDMG）	21.8	I
10	Northridge 1994/01/17	6.7	127 Lake Hughes #9（USGS）	26.8	I
11	Northridge 1994/01/17	6.7	90017 LA - Wonderland Ave（USC）	22.7	I
12	Chi-Chi, 1999/09/20	7.6	WGK（CWB）	11.4	II
13	Kocaeli, 1999/08/17	7.4	Arcelik（KOERI）	17.0	II
14	Imperial Valley 1940/05/19	7.0	117 El Centro Array #9（USGS）	8.3	II
15	天津波 1976/11/15	6.9	Station No. 02001 Tianjin Hospital	65	II

2. 基于能量原理的 IDA 方法分析

选取 15 条地震动的竖向地震动记录作为输入样本，初始的加速度幅值按抗震设防烈度为 8 度 0.30g 取值，即 5.1×0.65=3.3（m/s²）。调幅系数为 $\lambda_i (i = 1, 2, 3, \cdots)$，进行调幅过的地震动记录对结构进行一系列的非线性动力时程分析，直到出现数值发散时停止，这时得到一系列以结构性能参数和地震强度因子为坐标的孤立的点，画出完整的 IDA 曲线。通过上节规定的倒塌极限状态点的确定方法，确定结构的极限状态，得到相应的结构承载与变形能力。

　　图 5-44 为 15 条竖向地震波作用下地震输入能量和滞回耗能的 IDA 曲线。从图 5-44 可以看出，当地震加速度幅值比较小的时候，地震输入能量远大于结构的滞回耗能，结构的塑性发展程度比较低；随着地震加速度幅值的增大，IDA 曲线趋于平缓，结构的滞回耗能占地震输入能量的比例增大，但是结构的滞回耗能仍小于地震输入能量；地震加速度幅值继续增大，曲线出现拐点，即说明在地震加速度幅值继续增大的时候而地震输入能量降低，同时曲线出现拐点之后，结构的滞回耗能远大于地震输入能量，说明此时的结构的滞回耗能已超过结构的极限滞回耗能，结构趋于倒塌破坏。曲线拐点处的结构滞回耗能，可以成为结构在竖向地震作用下的极限滞回耗能。

　　通过图 5-44 可知，IDA 曲线出现拐点之后，结构的滞回耗能远大于地震输入能量，结构趋于倒塌破坏。曲线拐点处的结构滞回耗能可以近似等于结构的极限滞回耗能，同时曲线拐点处的竖向最大位移即为结构倒塌临界竖向位移，图 5-45 即为 15 条地震波作用下地震输入能量和竖向最大位移的 IDA 曲线。

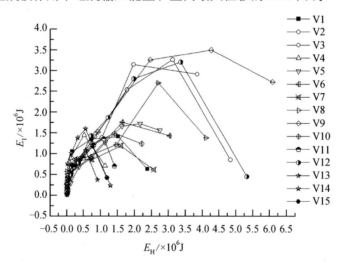

图 5-44　地震输入能量和滞回耗能 IDA 曲线（竖向地震作用）

　　表 5-7 列出了不同地震动记录下的结构倒塌极限竖向位移，变化范围为 0.27～0.50m。图 5-46 为其变化曲线，15 条地震记录下的结构倒塌极限竖向位移的均值为 0.38m。

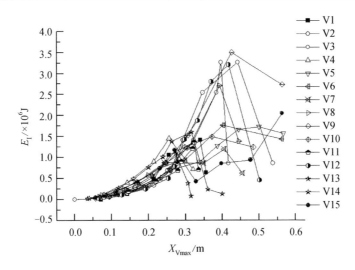

图 5-45　地震输入能量和竖向最大位移 IDA 曲线

表 5-7　不同地震动记录下的结构倒塌极限竖向位移

序号	地震动名称	结构倒塌破坏点的极限竖向位移/m
1	Cape Mendocino 1992/04/25	0.32
2	Cape Mendocino 1992/04/25	0.40
3	Duzce, 1999/11/12	0.44
4	Duzce, 1999/11/12	0.26
5	Duzce, 1999/11/12	0.50
6	Duzce, 1999/11/12	0.40
7	Tabas, 1978/09/16	0.40
8	Landers 1992/06/28	0.39
9	Loma Prieta 1989/10/18	0.43
10	Northridge 1994/01/17	0.37
11	Northridge 1994/01/17	0.32
12	Chi-Chi, 1999/09/20	0.42
13	Kocaeli, 1999/08/17	0.27
14	Imperial Valley 1940/05/19	0.36
15	天津波 1976/11/15	0.40

在不同地震动作用下，结构倒塌破坏点的极限竖向位移是一个随机变量 X_{V}，服从正态分布，则选取的 15 条地震记录为样本的容量。通过概率统计，计算样本的均值和方差，即

$$\overline{X_{\mathrm{V}}} = \frac{1}{n}\sum_{i=1}^{n} X_{\mathrm{V}i} = 0.38\mathrm{m}\,(\,n=15\,)$$

式中：$X_{\mathrm{V}i}$ 为 15 条地震记录作用下结构倒塌破坏点的极限竖向位移。

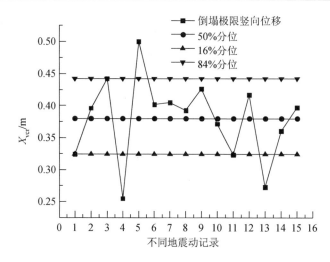

图 5-46　不同地震动记录下的结构倒塌极限竖向位移

样本方差

$$S_V^2 = \frac{1}{n-1} \sum_{i=1}^{n} (X_{Vi} - \overline{X_V})^2 = 0.004 \text{m}^2$$

$X_V \sim N(0.38, 0.004)$，$\dfrac{X_V - 0.38}{\sqrt{0.004}} \sim N(0, 1)$，则结构概率分位值为 16%、50%
和 84% 对应的结构倒塌破坏点的极限竖向位移分别为 0.32m、0.38m 和 0.44m，分
别为结构跨度的 1/235、1/200 和 1/170。

　　同样选取上述 15 条地震动的水平地震动记录作为输入样本，初始的加速度幅
值按抗震设防烈度为 8 度取值，即 4.0m/s^2。输入调幅过的地震动记录对结构进行
一系列的非线性动力时程分析，直到出现数值发散时停止，以结构滞回耗能和地
震输入能量为坐标，并画出完整的 IDA 曲线。基于能量原理确定结构的倒塌极限
状态并分析相应的结构承载与变形能力。

　　图 5-47 为 15 条水平地震波作用下的地震输入能量和滞回耗能的 IDA 曲线。
图 5-47 的变化趋势与图 5-44 基本一致。当地震加速度幅值比较小的时候，地震
输入能量远大于结构的滞回耗能，此时结构内部的塑性发展程度比较低；随着地
震加速度幅值的增大，IDA 曲线趋于平缓，结构的滞回耗能占地震输入能量的比
例增大，但是结构的滞回耗能仍小于地震输入能量；地震加速度幅值继续增大，
曲线出现拐点，同时曲线出现拐点之后，结构的滞回耗能远大于地震输入能量，
说明此时的结构的滞回耗能已超过结构的极限滞回耗能，结构趋于倒塌破坏。同
样可以将曲线拐点处的结构滞回耗能定义为结构在水平地震作用下的极限滞
回耗能。

　　曲线拐点处的结构滞回耗能即为结构在水平地震作用下的极限滞回耗能，同

时曲线拐点处的水平最大位移即为结构倒塌极限水平位移，图 5-48 即为 15 条地震波作用下地震输入能量和水平最大位移的 IDA 曲线。表 5-8 为 15 条地震波作用下结构倒塌时地震输入能量。从表 5-8 可以看出，竖向地震作用下结构倒塌地震输入能量低于水平地震作用下结构倒塌地震输入能量，说明如果结构在竖向地震作用和水平地震作用下，地震输入能量相同时，结构会由于竖向位移过大而发生倒塌破坏。

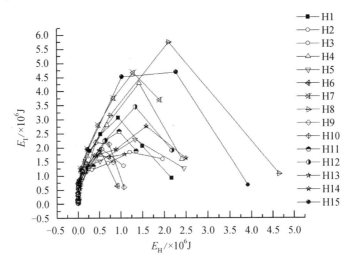

图 5-47　地震输入能量和滞回耗能 IDA 曲线（水平地震作用）

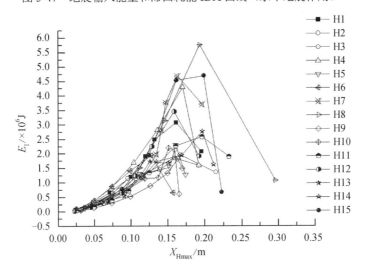

图 5-48　地震输入能量和水平最大位移 IDA 曲线

表 5-8　结构倒塌地震输入能量

序号	地震动名称	结构倒塌地震输入能量/×10^{6}J	
		竖向地震作用下	水平地震作用下
1	Cape Mendocino 1992/04/25	1.4	3.1
2	Cape Mendocino 1992/04/25	3.3	2.8
3	Duzce, 1999/11/12	3.1	2.0
4	Duzce, 1999/11/12	2.0	4.3
5	Duzce, 1999/11/12	1.7	2.3
6	Duzce, 1999/11/12	1.8	1.9
7	Tabas, 1978/09/16	1.2	4.7
8	Landers 1992/06/28	2.7	4.8
9	Loma Prieta 1989/10/18	3.5	1.8
10	Northridge 1994/01/17	1.5	2.1
11	Northridge 1994/01/17	1.4	2.9
12	Chi-Chi, 1999/09/20	3.2	3.5
13	Kocaeli, 1999/08/17	1.1	1.7
14	Imperial Valley 1940/05/19	1.6	2.8
15	天津波 1976/11/15	1.2	4.7
16	均值	2.0	3.0
17	方差	0.8	1.0
18	50%分位值	2.0	3.0
19	16%分位值	1.2	2.0
20	84%分位值	2.8	4.0

表 5-9 列出了不同水平地震动记录下的结构倒塌极限水平位移，变化范围为 0.13～0.20m。图 5-49 为其变化曲线，15 条地震记录下的结构倒塌极限水平位移的均值为 0.17m。在不同水平地震动作用下，结构倒塌破坏点的极限水平位移也近似服从正态分布，随机变量为 X_H，15 条水平地震记录为样本的容量。通过概率统计，计算样本的均值和方差。

$$\overline{X_H} = \frac{1}{n}\sum_{i=1}^{n} X_{Hi} = 0.17\,\mathrm{m}\,(\,n=15\,)$$

式中：X_{Hi} 为 15 条地震记录作用下结构倒塌破坏点的极限水平位移。

表 5-9　不同地震动记录下的结构倒塌极限水平位移

序号	地震动名称	结构倒塌破坏点的极限水平位移/m
1	Cape Mendocino 1992/04/25	0.16
2	Cape Mendocino 1992/04/25	0.16
3	Duzce, 1999/11/12	0.17
4	Duzce, 1999/11/12	0.17
5	Duzce, 1999/11/12	0.16

续表

序号	地震动名称	结构倒塌破坏点的极限水平位移/m
6	Duzce, 1999/11/12	0.16
7	Tabas, 1978/09/16	0.16
8	Landers 1992/06/28	0.19
9	Loma Prieta 1989/10/18	0.16
10	Northridge 1994/01/17	0.16
11	Northridge 1994/01/17	0.20
12	Chi-Chi, 1999/09/20	0.16
13	Kocaeli, 1999/08/17	0.13
14	Imperial Valley 1940/05/19	0.20
15	天津波　1976/11/15	0.20

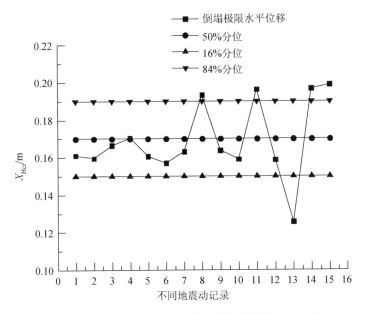

图 5-49　不同地震动记录下的结构倒塌极限水平位移

样本方差

$$S_H^2 = \frac{1}{n-1}\sum_{i=1}^{n}(X_{Hi} - \overline{X_H})^2 = 0.0004\ \text{m}^2$$

$X_H \sim N$（0.38，0.004），$\dfrac{X_H - 0.17}{\sqrt{0.0004}} \sim N(0,1)$，则结构概率分位值为 16%、50%
和 84% 对应的结构倒塌破坏点的极限水平位移分别为 0.15m、0.17m 和 0.19m，分别为结构柱高的 2.2%、2.5% 和 2.8%。

3. 平面外地震作用下的 IDA 曲线

为研究平面外立体桁架结构的倒塌破坏机理，同样选取 15 条地震动的水平地震动记录作为平面外地震动输入样本。输入调幅过的地震动记录对结构进行分析，直到出现数值发散时停止，以结构滞回耗能和地震输入能量为坐标的孤立的点，按照理论解得出桁架拱不发生面外失稳的侧向支撑数目的结论，分别画出不同的IDA 曲线，进而确定结构的倒塌极限状态点并进行结构承载力分析。

图 5-50 和图 5-51 为只在结构的桁架柱和桁架拱的相交处布置侧向支撑，地震输入能量和滞回耗能 IDA 曲线和地震输入能量和侧向最大位移 IDA 曲线。可以看出，IDA 曲线出现拐点之后，结构的滞回耗能远大于地震输入能量，结构趋于倒塌破坏。曲线拐点处的结构滞回耗能可以近似等于结构的极限滞回耗能，同时曲线拐点处的侧向最大位移即为结构倒塌临界侧向位移，结构发生平面外倒塌破坏。表 5-10 为不同地震动记录下的结构倒塌极限侧向位移，变化范围为 0.72～1.22m。图 5-52 为其变化曲线，15 条地震记录下的结构倒塌极限侧向位移的均值为 0.86m。在不同水平地震动作用下，结构倒塌破坏点的极限侧向位移也是一个随机变量 X_L，服从正态分布，15 条地震记录为样本的容量。通过概率统计，计算样本的均值和方差。

$$\overline{X}_L = \frac{1}{n}\sum_{i=1}^{n} X_{Li} = 0.86\,\mathrm{m}$$（$n=15$，X_{Li} 为 15 条地震记录作用下结构倒塌破坏点的极限侧向位移）

样本方差

$$S_L^2 = \frac{1}{n-1}\sum_{i=1}^{n}(X_{Li} - \overline{X_L})^2 = 0.02\,\mathrm{m}^2$$

$X_L \sim N(0.86,\ 0.004)$，$\dfrac{X_L - 0.86}{\sqrt{0.02}} \sim N(0,\ 1)$，则结构概率分位值为 16%、50% 和 84% 对应的结构倒塌破坏点的极限侧向位移分别为 0.73m、0.86m 和 0.99m。

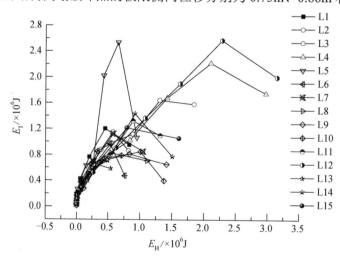

图 5-50　地震输入能量和滞回耗能 IDA 曲线（平面外，跨中无侧向支撑）

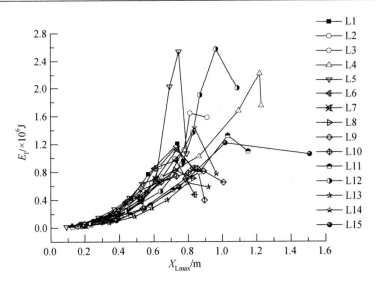

图 5-51　地震输入能量和侧向最大位移 IDA 曲线（平面外，跨中无侧向支撑）

表 5-10　不同地震动记录下的结构倒塌极限侧向位移（跨中无侧向支撑）

序号	地震动名称	结构倒塌破坏点的极限侧向位移/m
1	Cape Mendocino 1992/04/25	0.77
2	Cape Mendocino 1992/04/25	0.81
3	Duzce, 1999/11/12	0.73
4	Duzce, 1999/11/12	1.22
5	Duzce, 1999/11/12	0.75
6	Duzce, 1999/11/12	0.73
7	Tabas, 1978/09/16	0.73
8	Landers 1992/06/28	0.72
9	Loma Prieta 1989/10/18	0.89
10	Northridge 1994/01/17	0.86
11	Northridge 1994/01/17	1.03
12	Chi-Chi, 1999/09/20	0.96
13	Kocaeli, 1999/08/17	0.80
14	Imperial Valley 1940/05/19	0.84
15	天津波 1976/11/15	1.02

　　为防止拱形立体桁架结构发生面外失稳，除了在桁架柱和桁架拱的相交处布置侧向支撑外，还需要向桁架拱面外布置一定数目的侧向支撑。由分析可知，该结构不发生面外失稳时，除了在桁架柱和桁架拱的相交处布置侧向支撑外，还需要向跨中桁架拱面外布置一道侧向支撑。同样选取上述 15 条地震动的水平地震动记录作为平面外地震动输入样本，画出不同的 IDA 曲线。图 5-53、图 5-54 分别为结构在桁架柱和桁架拱的相交处布置侧向支撑以及跨中布置侧向支撑后，地震

输入能量和滞回耗能 IDA 曲线和地震输入能量和侧向最大位移 IDA 曲线。基于结构倒塌破坏理论，曲线拐点处的结构滞回耗能即为结构的极限滞回耗能，同时曲线拐点处的最大位移即为结构倒塌极限位移。表 5-11 列出了不同地震动记录下的结构 IDA 曲线拐点处侧向位移。但是从分析数据可以看出（表 5-12），曲线拐点处的结构滞回耗能远小于结构的地震输入能量，说明结构在大震作用下不会发生倒塌破坏。

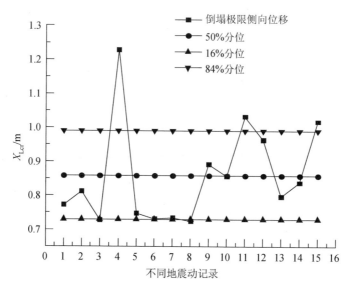

图 5-52　不同地震动记录下的结构倒塌极限侧向位移（平面外，跨中无侧向支撑）

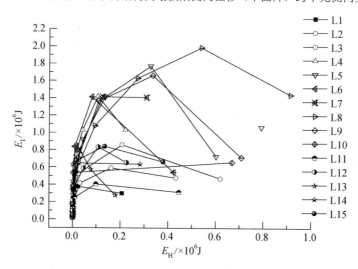

图 5-53　地震输入能量和滞回耗能 IDA 曲线（平面外，三道侧向支撑）

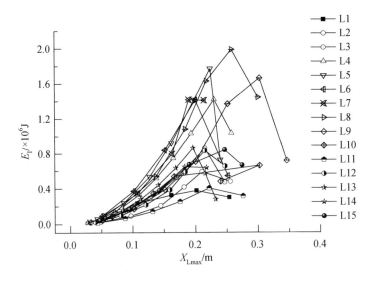

图 5-54　地震输入能量和侧向最大位移 IDA 曲线（平面外，三道侧向支撑）

表 5-11　不同地震动记录下的结构 IDA 曲线拐点处侧向位移（三道侧向支撑）

序号	地震动名称	IDA 曲线拐点处/m
1	Cape Mendocino 1992/04/25	0.20
2	Cape Mendocino 1992/04/25	0.21
3	Duzce, 1999/11/12	0.22
4	Duzce, 1999/11/12	0.23
5	Duzce, 1999/11/12	0.22
6	Duzce, 1999/11/12	0.20
7	Tabas, 1978/09/16	0.20
8	Landers 1992/06/28	0.26
9	Loma Prieta 1989/10/18	0.30
10	Northridge 1994/01/17	0.20
11	Northridge 1994/01/17	0.22
12	Chi-Chi, 1999/09/20	0.22
13	Kocaeli, 1999/08/17	0.22
14	Imperial Valley 1940/05/19	0.18
15	天津波 1976/11/15	0.25

表 5-12　结构倒塌破坏时能量变化

序号	地震动名称	拐点处		
		结构滞回耗能 /$\times 10^5$J	地震输入能量 /$\times 10^5$J	结构滞回耗能/ 地震输入能量
1	Cape Mendocino 1992/04/25	1.0	3.8	0.28
2	Cape Mendocino 1992/04/25	1.6	5.9	0.27
3	Duzce, 1999/11/12	1.0	8.6	0.12

续表

序号	地震动名称	拐点处		
		结构滞回耗能 /×10⁵J	地震输入能量 /×10⁵J	结构滞回耗能/ 地震输入能量
4	Duzce, 1999/11/12	1.1	14.2	0.08
5	Duzce, 1999/11/12	3.3	18.2	0.18
6	Duzce, 1999/11/12	0.8	14.6	0.06
7	Tabas, 1978/09/16	1.3	14.5	0.09
8	Landers 1992/06/28	5.4	20.3	0.27
9	Loma Prieta 1989/10/18	3.3	17.2	0.20
10	Northridge 1994/01/17	0.2	4.1	0.05
11	Northridge 1994/01/17	1.1	8.3	0.13
12	Chi-Chi, 1999/09/20	0.8	5.7	0.13
13	Kocaeli, 1999/08/17	0.1	6.4	0.06
14	Imperial Valley 1940/05/19	1.1	8.3	0.13
15	天津波 1976/11/15	1.3	8.4	0.16

本节将 IDA 方法与能量原理相结合，提出了通过数值分析方法确定的结构倒塌破坏极限状态点的确定方法。进而研究拱形立体桁架结构的抗震倒塌能力，以一火车站无站台柱雨棚为实例进行单向（竖向、水平向以及侧向）地震波的 IDA 分析，得到该结构概率分位值为 16%、50%、84%的所对应的倒塌破坏极限状态值。在竖向地震作用下，结构概率分位值为 16%、50%、84%对应的结构倒塌破坏点的临界竖向位移分别为 0.32m、0.38m、0.44m，分别为结构跨度的 1/235、1/200、1/170。在水平地震作用下，结构概率分位值为 16%、50%、84%对应的结构倒塌破坏点的临界水平位移分别为 0.15m、0.17m、0.19m，分别为结构柱高的 2.2%、2.5%、2.8%。为防止结构发生面外屈曲，除了在桁架柱和桁架拱的相交处布置侧向支撑外，还需要向跨中桁架拱面外布置一道侧向支撑（即三道侧向支撑）。从地震输入能量和滞回耗能 IDA 曲线，以及地震输入能量和侧向最大位移 IDA 曲线可以看出，曲线拐点处的结构滞回耗能远小于结构的地震输入能量，说明结构在大震作用下不会发生倒塌破坏。

5.3　拱形立体桁架结构振动台试验研究

本节仍以该火车站站台雨棚为背景，开展大跨度拱形立体桁架结构振动台试验，介绍振动台试验中的模型设计、相似比选取、等效荷载施加、重力补偿、测点布置及地震波输入工况等，对试验现象、自振频率、阻尼变化和各级人工波加载过程中体系的最大加速度、位移和应变响应进行分析，以期获得拱形立体桁结构的地震响应规律和破坏模式，用以检验结构的抗震性能。

5.3.1　试验概况

1. 模型动力相似关系

考虑到振动台台面大小，试验模型几何相似常数取 S_l=15，模型材料与原型相同，即弹性模量相似常数取 $S_E = 1$，考虑到振动台最大输入加速度限制，取应力相似常数 S_σ= 1。由此可导出其他物理量的相似常数，如表 5-13 所示。

表 5-13　试验模型相似常数

物理量	相似常数
压应力 σ	1
压应变 ε	1
弹性模量 E	1
质量密度 ρ	1/15
长度 l	15
质量 m	15^2
刚度 k	15
阻尼 c	58.09
时间 t，自振周期 T	3.873
频率 ω	0.258
输入加速度 $\ddot{x}_g$	1

2. 模型设计

试验模型主桁架跨度 5m，矢高为 1.428m，截面形式为等腰三角形，三角形截面高 134mm，底边边长 176mm。考虑到振动台台面大小，选择了 4 榀主桁架进行模型试验，纵向长度为 4.428m（图 5-55）。拱形立体桁架为平面受力体系，

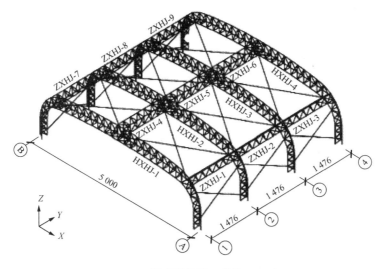

图 5-55　模型效果图（单位：mm）

平面外侧向支撑的设置会影响整体结构的刚度。试验模型采用 3 道纵向桁架作为侧向支撑，并于每节间增设 4 道十字撑来增加桁架的平面外刚度，保证其不发生平面外变形。弦杆全部采用焊接圆钢管，其他杆件采用光圆钢筋按照面积相等原则等效代替，试验模型杆件截面尺寸列于表 5-14 中。模型效果图如图 5-55 所示。试验在中国建筑科学研究院抗震试验室进行，振动台主要性能指标如表 5-15 所示。

表 5-14　试验模型杆件截面尺寸及所用材料

杆件类型		实际结构（材料）/（mm×mm）	试验模型（材料）/（mm×mm）
主桁架	上弦杆	ϕ550×14（Q235B）	ϕ42×2.5（Q235B）
	下弦杆	ϕ426×14（Q235B）	ϕ32×2.5（Q235B）
	腹杆	ϕ146×6（Q235B）	ϕ6（HPB300）
纵向桁架	弦杆	ϕ299×8（Q235B）	ϕ25×2（Q235B）
	腹杆	ϕ146×6（Q235B）	ϕ6（HPB300）
支撑	顶部	—	ϕ8（HPB300）
	两侧	—	ϕ8（HPB300）

表 5-15　地震模拟振动台性能参数

台面尺寸/m²	台面自重/t	最大模型重/t	频率范围/Hz	激振力/kN	最大位移/mm	最大速度/（mm/s）	最大加速度/g	驱动方式	振动方向
6.1²	40	60	0.1～50	250	±150	1000	1.5	电液伺服	X
					±250	1200	1.0		Y
					±100	800	0.8		Z

柱脚采用固定铰支座，实际结构中永久荷载及活荷载分别按 1.50kN/m² 及 0.50kN/m² 计算，按照质量相似比换算为等效质量单元施加在相应节点上。根据表 5-13 中的相似关系，质量密度相似比为 1/15，但在实际过程中难以实现，故仍选用 Q235B 钢，通过对模型进行重力补偿使质量密度相似比达到要求。

实际操作过程中，通过铁丝绑扎砝码于各桁架节点处，并用泡泡胶加固。砝码选用质量为 3 kg 的标准质量块，纵向桁架节点各配置 3kg；主桁架梁上弦节点以及主桁架柱下弦节点各配置 15kg；主桁架梁下弦节点各配置 36kg，总质量补偿为 9073kg，如图 5-56 所示。

图 5-56　加载后的试验模型

3. 加载方案

试验采用天津波、El Centro 波以及按规范反应谱拟合得到的人工地震波（图 5-57）。根据时间相似常数 S_t=3.873，天津波、人工波时间步长原型为 0.01s，模型为 0.0026s；El Centro 波原型为 0.02s，模型为 0.0052s。先按照峰值加速度 0.125g、0.22g、0.40g、0.62g 4 个等级进行试验，分别对应于 6 度、7 度、8 度、9 度罕遇地震烈度，最后输入双向人工波，逐级加载至模型破坏。本节主要分析人工波作用下模型的动力响应，各级人工波加载方案列于表 5-16。为研究结构自振特性的变化在各级地震波输入前进行 0.05g 的白噪声扫频。

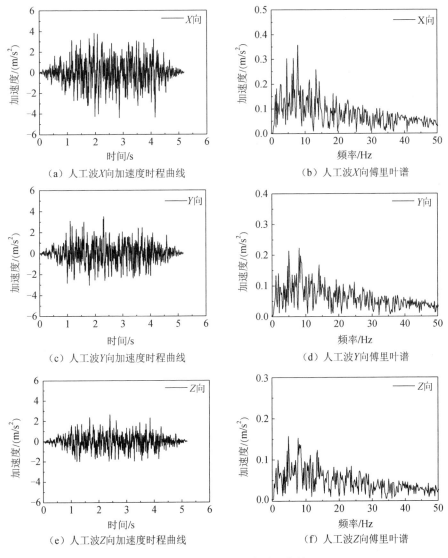

（a）人工波 X 向加速度时程曲线　　　　（b）人工波 X 向傅里叶谱

（c）人工波 Y 向加速度时程曲线　　　　（d）人工波 Y 向傅里叶谱

（e）人工波 Z 向加速度时程曲线　　　　（f）人工波 Z 向傅里叶谱

图 5-57　人工波加速度时程曲线

表 5-16　人工波加载过程

工况	地震波输入方向	地震波峰值加速度 PGA/g
1	X, Y, Z	0.125
2	X, Y, Z	0.22
3	X	0.22
4	X, Z	0.22
5	X, Y, Z	0.40
6	X	0.40
7	X, Z	0.40
8	X, Y, Z	0.62
9	X, Z	0.80
10	X, Z	1.00

4. 测点布置

试验选用的传感器为压电式加速度传感器和电阻应变片，位移通过加速度数据二次积分得到。共布置应变片 72 个，加速度计 40 个，总计 112 个。其中，AX 1～AX 17 为 X 向加速度计，AY18～AY28 为 Y 向加速度计，AZ 29～AZ 40 为 Z 向加速度计；S 为应变片，测点主要布置于主桁架柱、过渡圆弧处、1/4 跨度处和主桁架跨中等位置，部分测点布置如图 5-58 所示。

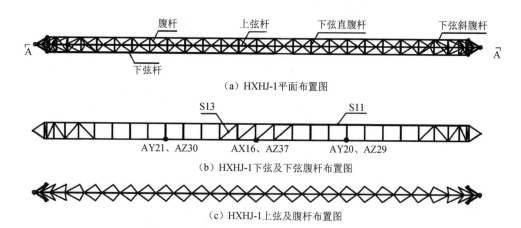

（a）HXHJ-1平面布置图

（b）HXHJ-1下弦及下弦腹杆布置图

（c）HXHJ-1上弦及腹杆布置图

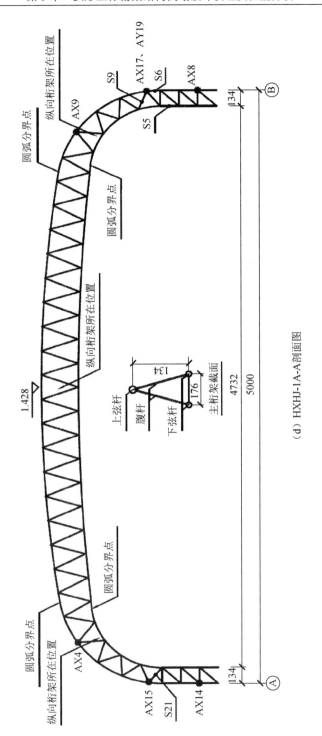

（d）HXHJ-1A-A剖面图

图 5-58　测点布置图

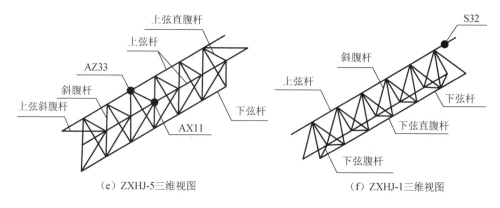

（e）ZXHJ-5三维视图　　　　　　　　（f）ZXHJ-1三维视图

图 5-58　　（续）

5.3.2　试验结果及分析

1. 试验现象

在地震激励作用下，结构损伤不断累积，塑性变形加剧，结构刚度不断下降。当 PGA<0.22g 时，结构处于弹性变形阶段，无明显变形；当 PGA=0.4g 时，主桁架跨中和过渡圆弧处下弦斜腹杆屈曲[图 5-59（a）]。当 PGA=0.62g 时，部分柱腹杆屈曲；当 PGA=0.8g 时，主桁架 1/4 跨度处斜腹杆大量屈曲[图 5-59（b）]，主桁架柱腹杆不同程度屈曲或受拉屈服；当 PGA=1.0g 时，纵向桁架和十字支撑保持完好，主桁架发生平面内反对称变形，结构刚度下降 50%，丧失承载力。

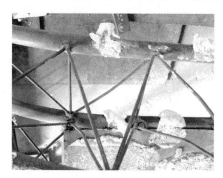

（a）过渡圆弧处下弦斜腹杆屈曲

（b）1/4跨度处腹杆屈曲

图 5-59　试验现象

2. 结构自振特性分析

各级地震波输入前后，均用白噪声对结构模型进行了扫频，经频谱分析，得到结构自振频率、阻尼比和等效刚度下降率，结果如图 5-60 所示。由图 5-60 可知，当峰值加速度小于 0.125g 时，结构等效刚度下降率为 0，基本处于弹性工作状态；随着峰值加速度的增大，结构各向自振频率和等效刚度缓慢降低，阻尼比增大,结构进入塑性工作阶段;当峰值加速度达到 0.4g 时,自振频率和等效刚度迅速降低,结构塑性快速发展;当峰值加速度达到 0.62g 时,结构阻尼比迅速增大。当峰值加速度大于 0.8g 时,结构塑性充分发展,破坏严重,自振频率、等效刚度和阻尼比变化趋于缓慢。

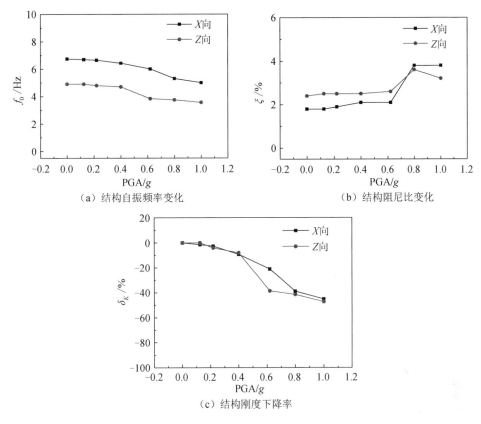

（a）结构自振频率变化　　　　　　（b）结构阻尼比变化

（c）结构刚度下降率

图 5-60　结构自振特性分析

3. 加速度响应分析

在双向、三向人工波作用下,主桁架柱(测点 AX17)、主桁架过渡圆弧处(测点 AX4、主桁架跨中(测点 AX16)以及中间纵向桁架顶部(测点 AX11)的峰值加速度响应、加速度放大系数 β(β 为测点峰值加速度响应与输入峰值加速度的比值)如图 5-61 所示。随着输入地震波峰值加速度的增大,各测点加速度响应增大。伴随结构刚度的不断下降,塑性逐渐发展,加速度放大系数 β 不断减小。由图 5-61 可知,中间纵向桁架顶部测点 AX11 的 β 值最大,主桁架跨中测点 AX16 的 β 值次之,主桁架柱测点 AX17 的 β 值最小,说明随测点高度 h 增大($h_{17}<h_4<h_{16}$),加速度放大系数 β 也增大,地震波向上传播过程中峰值加速度逐渐放大。

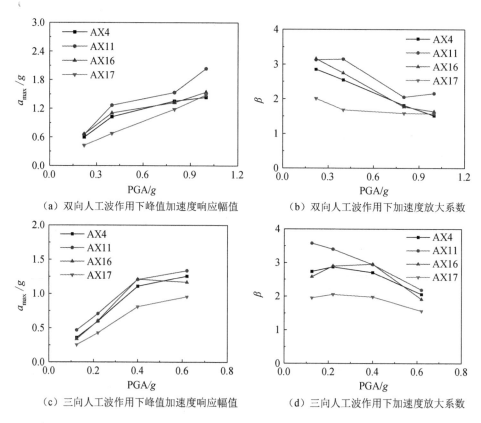

图 5-61　加速度响应分析

为了对化不同人工波输入情况下，拱形立体桁架结构的加速度时程反应，将地震波峰值加速度分别为 0.22g 和 0.4g 时的各测点峰值加速度反应和加速度放大系数列于表 5-17、表 5-18 中。

表 5-17　不同人工波输入下测点峰值加速度响应对比

PGA/g	输入方向	测点峰值加速度 PGA/g								
		AX1	AX11	AX16	AX17	AY19	AY20	AZ29	AZ33	AZ37
		圆弧处	顶部	跨中	柱	柱	1/4 跨	1/4 跨	顶部	跨中
0.22	X	0.58	0.73	0.64	0.38	0.08	0.09	0.20	0.18	0.18
	X,Z	0.60	0.66	0.66	0.42	0.10	0.11	0.26	0.30	0.26
	X,Y,Z	0.60	0.71	0.60	0.43	0.18	0.42	0.33	0.75	0.35
0.40	X	1.04	1.26	1.14	0.64	0.13	0.14	0.42	0.28	0.30
	X,Z	1.02	1.27	1.10	0.68	0.15	0.19	0.60	0.51	0.53
	X,Y,Z	1.11	1.21	1.21	0.81	0.28	1.21	0.80	1.23	2.42

表 5-18　不同人工波输入下测点峰值加速度放大系数对比

PGA/g	输入方向	测点峰值加速度放大系数 β								
		AX1	AX11	AX16	AX17	AY19	AY20	AZ29	AZ33	AZ37
		圆弧处	顶部	跨中	柱	柱	1/4 跨	1/4 跨	顶部	跨中
0.22	X	2.75	3.44	3.03	1.81	11.56	13.56	36.33	32.60	32.63
	X,Z	2.85	3.13	3.16	2.01	9.51	9.24	1.99	2.26	1.98
	X,Y,Z	2.87	3.40	2.90	2.05	0.95	2.26	2.42	5.51	2.60
0.40	X	2.76	3.34	3.01	1.70	13.65	14.62	49.23	32.54	35.44
	X,Z	2.55	3.15	2.74	1.68	7.63	9.92	2.52	2.14	2.24
	X,Y,Z	2.70	2.94	2.96	1.98	0.87	3.76	3.50	5.38	10.59

在 3 种输入方式下均有 X 向地震波输入，X 向测点的加速度反应差别不大。双向输入时测点 Z 向加速度反应比单向输入时增大而加速度放大系数减小，三向输入时测点 Y、Z 向加速度反应比单向输入时增大而加速度放大系数减小。说明在输入地震波的方向，测点峰值加速度反应较小，但加速度放大系数增大。

4.　位移响应分析

各测点的位移时程响应由加速度响应的二次积分求得。图 5-62 给出了人工波作用下各级加载过程中测点 AX4、AX11、AX16、AX17、AZ30、AZ33 以及测点 AZ 37 的最大位移及变化趋势。

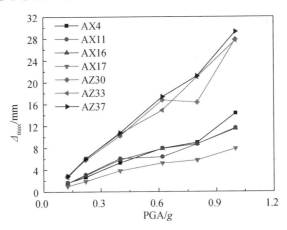

图 5-62　测点最大位移响应曲线

随着人工波峰值加速度的增大，各测点位移响应增大。地震波向模型顶部传播过程中位移响应幅值逐渐增大，与加速度响应变化规律基本一致。

Z 向最大位移点位于主桁架跨中（AZ37），最大位移幅值为 29.2mm；X 向最大位移点位于主桁架过渡圆弧处（AX4），最大位移幅值为 15.7mm。Z 向各测点

（AZ 30，AZ 33，AZ 37）的位移值均大于 X 向各测点（AX4，AX11，AX16，AX17）。

从侧点最大位移响应曲线可以看出，当人工波峰值加速度达到 $0.8g$ 时，结构刚度退化明显，测点位移幅值迅速增加，结构破坏。测点 AX 4，AZ37 的位移时程曲线（图 5-63）。从图 5-63 中可以看出，当峰值加速度达到 $0.62g \sim 0.80g$ 时，位移幅值迅速增加，振动偏离平衡位置，产生不可恢复的塑性变形。

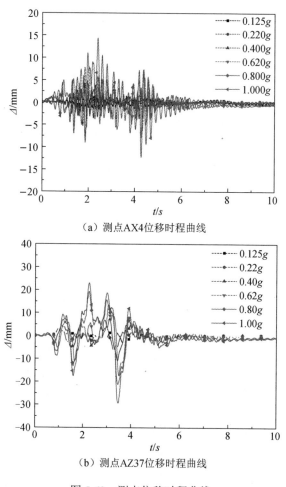

（a）测点AX4位移时程曲线

（b）测点AZ37位移时程曲线

图 5-63　测点位移时程曲线

将部分测点在 PGA=1.0g 时的位移幅值列于表 5-19。测点 AX11，AX16 位于中间纵向桁架上，位移幅值大小、方向基本保持一致，说明结构纵向约束情况良好，各榀主桁架变形协调一致。主桁架 X 向对称测点位移数值接近、方向相同；Z 向对称测点位移数值接近、方向相反，表明结构在强震作用下产生主桁架平面内反对称变形。

表 5-19　当 PGA =1.0*g* 时测点最大位移

Δ_{max}/mm												
柱（左）		圆弧（左）	1/4 跨（左）		跨中		中间纵向桁架		1/4 跨（右）		圆弧（右）	柱（右）	
AX14	AX15	AX4	AY21	AZ30	AX16	AZ37	AX11	AZ33	AY20	AZ29	AX9	AX17	AX8
1.4	7.4	14.3	4.0	−27.8	11.5	−29.2	11.7	−27.6	−25.1	25.1	15.7	7.9	1.5

5. 杆件应变反应分析

试验共布置了 72 个应变片，应变仪采样频率为 200Hz。为考察整个结构的变形和破坏情况，表 5-20 列出了各级加载过程中，主桁架柱弦杆（测点 SS，S6），柱斜腹杆（测点 S9），1/4 跨度处下弦杆（测点 S11）、跨中下弦斜腹杆（测点 S13）和纵向桁架弦杆（测点 S32）6 个位置的应变。

表 5-20　测点应变幅值

PGA/*g*	$\varepsilon \times 10^{-6}$											
	测点 S5		测点 S6		测点 S9		测点 S11		测点 S13		测点 S32	
	max	min	max	min	max	min	max	min	max	min	max	min
0.125	55.1	−4.2	76.7	−87.9	294.7	−322.7	65.7	−50.6	153.5	−84.2	54.6	−32.8
0.220	60.4	−13.3	148.3	−154.2	605.2	−660.1	73.3	−54.4	159.4	−104.7	55.6	−32.8
0.400	62.7	−39.9	201.9	−253.8	1093.0	−907.8	77.3	−151.2	193.3	−523.5	101.7	−37.7
0.620	161.5	−47.5	228.6	−353.2	−2119.8	−4349.3	96.7	−290.6	231.0	−776.2	301.6	−40.5
0.800	222.4	−47.5	305.2	−464.3	−1776.8	−4600.8	104.4	−294.5	257.4	−859.2	240.1	−102.0
1.000	290.8	−51.3	374.1	−552.3	−1247.0	−4993.3	123.8	−302.2	310.3	−3349.3	294.0	−129.0

根据钢材材料性能试验报告，本次试验所用 Q235B 钢材，弹性模量为 E=210GPa，泊松比 v=0.28，屈服强度 f_y=235MPa，屈服应变为 ε_y=0.001 12，极限应变为 ε_u=0.1。

结果表明，主桁架柱斜腹杆（测点 S9）受压屈曲，跨中下弦斜腹杆（测点 S13）受压屈曲，所有弦杆（测点 S5、S6、S11）均未产生屈服或屈曲。纵向桁架弦杆（测点 S32）受拉，但拉力较小，均未屈服，塑性应变可忽略。同一位置处腹杆（测点 S9）应变幅值约为弦杆（测点 S5、S6）应变幅值的 10 倍，上弦杆（测点 S6）应变幅值约为下弦杆（测点 S5）应变幅值的 2 倍。

本节以实际工程为背景，进行了缩尺比例为 1/15 的振动台试验。详细阐述了模型动力相似比的选取、模型设计以及加载方案、测点布置等内容，得到了不同工况地震波作用下模型自振频率、阻尼比、加速度反应、位移反应以及杆件应变等，得到如下结论：

（1）随着输入地震波峰值加速度的增大，结构刚度不断减小，加速度放大系数不断减小。中间纵向桁架顶部加速度放大系数最大，主桁架跨中位置次之，主桁架柱位置处最小。地震波向模型顶部传播过程中，地震响应逐渐放大，Z 向测点位移值均大于 X 向测点位移。

（2）对比分析 3 种人工波输入下各测点的加速度反应可知，在未输入地震波的方向，测点峰值加速度响应较小，但加速度放大系数增大较多。人工波峰值加速度达到 $0.62g \sim 0.80g$ 时，各测点位移幅值迅速增加，结构刚度退化明显，主桁架斜腹杆大量屈曲。当人工波加速度峰值达到 $1.0g$ 时，结构产生主桁架平面内反对称变形，结构刚度下降 50%，丧失承载力。

参 考 文 献

龚曙光, 谢桂兰, 黄云清, 2009. ANSYS 参数化编程与命令手册[M]. 北京: 机械工业出版社.

韩建平, 吕西林, 李慧, 2007. 基于性能的地震工程研究的新进展及对结构非线性分析的要求[J]. 地震工程与工程振动, 27(4): 15-23.

韩庆华, 徐颖, 芦燕, 2014. 拱形立体桁架结构振动台试验研究[J]. 建筑结构学报, 04: 57-63.

黄飞, 2005. 交错桁架结构体系应用及抗震性能研究[D]. 天津: 天津大学.

芦燕, 2012. 大跨度拱型刚架结构倒塌破坏机理及其试验研究[D]. 天津: 天津大学.

陆新征, 施炜, 张万开, 等, 2011. 三维地震动输入对 IDA 倒塌易损性分析的影响[J]. 工程抗震与加固改造, 33(6): 1-7.

陆新征, 叶列平, 2010. 基于 IDA 分析的结构抗地震倒塌能力研究[J]. 工程抗震与加固改造, 32(1): 13-18.

吕大刚, 于晓辉, 王光远, 2009. 基于单地震动记录 IDA 方法的结构倒塌分析[J]. 地震工程与工程振动, 29(6): 33-39.

吕大刚, 于晓辉, 王光远, 2010. 单地震动记录随机增量动力分析[J]. 工程力学, (S1): 53-58.

马千里, 叶列平, 陆新征, 等, 2008. 采用逐步增量弹塑性时程方法对 RC 框架结构推覆分析侧力模式的研究[J]. 建筑结构学报, 29(2): 132-140.

汪梦甫, 曹秀娟, 孙文林, 2010. 增量动力分析方法的改进及其在高层混合结构地震危害性评估中的应用[J]. 工程抗震与加固改造, 32(1): 104-109.

徐艳, 2004. 钢管混凝土拱桥的动力稳定性能研究[D]. 上海: 同济大学.

杨成, 潘毅, 赵世春, 等, 2009. 烈度指标函数对 IDA 曲线离散性的影响[C]. 全国结构工程学术会议.

杨成, 徐腾飞, 李英民, 等, 2008. 应用弹塑性反应谱对 IDA 方法的改进研究[J]. 地震工程与工程振动, 28(4): 64-69.

杨大彬, 张毅刚, 吴金志, 2010. 增量动力分析在单层网壳倒塌评估中的应用[J]. 空间结构, 16(3): 91-96.

叶献国, 种迅, 李康宁, 等, 2001. Pushover 方法与循环往复加载分析的研究[J]. 合肥工业大学学报自然科学版, 24(6): 1019-1024.

张毅刚, 杨大彬, 吴金志, 2010. 基于性能的空间结构抗震设计研究现状与关键问题[J]. 建筑结构学报, 31(6): 145-152.

郑宇淳, 2007. 大跨度拱形立体桁架结构的推倒分析[D]. 天津: 天津大学.

SU L, DONG S, KATO S, 2007. Seismic design for steel trussed arch to multi-support excitations[J]. Journal of Constructional Steel Research, 63(6): 725-734.

第6章 网架结构抗连续倒塌性能分析

本章采用基于杆件承载力的敏感性分析方法，对网架结构敏感构件和关键构件的分布规律进行了研究，揭示了正放四角锥网架连续倒塌破坏机理，并基于上述敏感性分析结果和模拟结构的连续倒塌破坏过程，明确了网架结构的两类连续倒塌破坏模式，分析了支承形式、厚跨比、跨度以及节点刚度对结构连续倒塌极限位移的影响。

6.1 网架结构连续倒塌敏感性分析

为探究网架结构在极端荷载作用下的连续倒塌机理，对四角锥网架进行了动力非线性分析；基于结构杆件的应力响应，计算杆件的敏感性指标和重要性系数；考虑了杆件失效时产生的动力效应以及压杆屈曲的影响，采用 ABAQUS 数值分析软件对结构的连续倒塌破坏进行了模拟。

6.1.1 分析模型

1. 模型尺寸及构件规格

选取应用较广的周边点支承正放四角锥网架为算例，计算模型如图 6-1 所示，参照空间网格结构技术规程进行设计。网架跨度为 60m，厚度为 5.0m，网格尺寸 5m×5m，恒荷载取 $1.0kN/m^2$，活荷载取 $0.5kN/m^2$，采用螺栓球节点。采用上弦支承形式，在网架周边每 20m 布置点支承，支座为固定铰支座，弦杆截面尺寸采用 $\phi 146mm \times 6.5mm$，腹杆截面尺寸采用 $\phi 140mm \times 6.5mm$，杆件材料性能参数如表 6-1 所示。

表 6-1 杆件材料性能参数

E/MPa	ν	$\rho/$（kg/m³）	f_y/MPa	ε_p
2.1×10^5	0.3	7850	235	0.2

注：E 为弹性模量；ν 为泊松比；ρ 为密度；f_y 为材料屈服强度；ε_p 为材料失效应变。

为了考虑极端荷载的作用，在进行连续倒塌分析时，恒荷载取 $1.0kN/m^2$，活荷载取 $1.0kN/m^2$。由于结构是对称的，取 1/8 结构进行分析，选取 9 组腹杆，11 组上弦杆和 9 组下弦杆作为初始失效构件（杆件编号见图 6-1，编号 1～11 为上弦杆，12～20 为下弦杆，21～29 为腹杆），分析不同区域（结构边缘至结构中部）、不同类型（上、下弦杆和腹杆）杆件冗余度评价指标变化规律，确定敏感构件和关键构件的分布位置。通过 ABAQUS 数值分析软件建立数值分析模型，螺栓球节点一般不考虑其受弯能力，按照铰接节点设计，故结构杆件全部选用 TRUSS 单元。

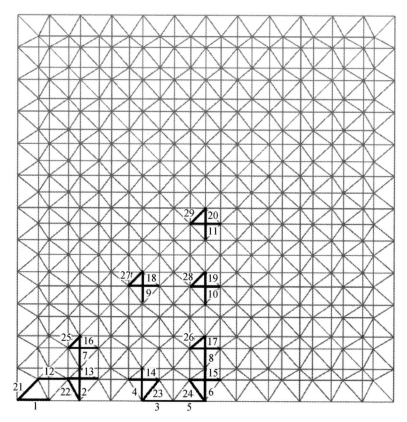

图 6-1　正放四角锥网架计算模型

2. 杆件失效时间的确定

参照美国 GSA 准则，杆件失效时间取剩余结构自振周期的 1/10。通过 ABAQUS 频率分析，提取不同初始失效构件所对应剩余结构的前两阶自振频率及自振周期，结果见表 6-2。

表 6-2　剩余结构自振周期

跨度/厚度/m	初始失效构件	一阶频率/Hz	二阶频率/Hz	自振周期/s
60/5.0	完整结构	1.63	5.77	0.61
	角部支座腹杆	1.63	5.91	0.61
	中间支座腹杆	1.62	5.82	0.62
	中部下弦杆	1.61	5.76	0.62

由表 6-2 知，不同部位杆件失效后，其剩余结构一阶频率没有较大变化（1.61～1.63Hz），自振周期在 0.61～0.62s。参照美国 GSA 准则，拆杆时间取剩余结构自振周期的 1/10（不超过 0.1s），可以较好的模拟杆件失效对整体结构的动力效应的影响。本结构模型杆件失效时间取为 0.06s。通过 MODEL CHANGE 命令引入初始失效构件，并通过动力隐式分析来模拟移除失效构件时产生的动力效应。

3. 压杆屈曲的影响

如何考虑压杆屈曲是网架结构体系连续倒塌过程模拟的一个难点。国内学者谢道清等对考虑受压屈曲的圆钢管杆单元等效塑性滞回模型的研究，通过对不同长细比条件下的非线性屈曲分析，考察杆单元的受压极限承载力、平衡路径以及屈曲后卸载路径，得到了往复力作用下杆件轴力 P 和两端节点相对位移 Δ 的关系曲线。该滞回模型中有八个控制参数，其中控制参数 α_1 的物理意义与我国《钢结构设计规范》（GB 50017—2003）中的压杆稳定系数 φ 相近，即

$$\alpha_1 = 5.5477 \times 10^{-7} \lambda^3 - 1.7801 \times 10^{-4} \lambda^2 + 1.1461 \times 10^{-2} \lambda + 0.7732 \qquad (6\text{-}1)$$

其中 α_1 仅与杆件长细比 λ 有关，参考《空间网格结构技术规程》（JGJ 7—2010）中杆件计算长度的规定（表 6-3），以及圆钢管的截面尺寸，以及确定长细比 λ，计算 α_1。将圆钢管单元滞回模型编入用户材料子程序来考虑压杆屈曲的影响。

表 6-3　不同结构体系杆件计算长度

结构体系	杆件形式	节点形式				
		螺栓球	焊接空心球	板节点	毂节点	相贯节点
网架	弦杆及支座腹杆	1.0l	0.9l	1.0l	—	—
	腹杆	1.0l	0.8l	0.8l		
双层网壳	弦杆及支座腹杆	1.0l	1.0l	1.0l	—	—
	腹杆	1.0l	0.9l	0.9l		
单层网壳	壳体曲面内	—	0.9l	—	1.0l	0.9l
	壳体曲面外		1.6l		1.6l	1.6l
立体桁架	弦杆及支座腹杆	1.0l	1.0l	—	—	1.0l
	腹杆	1.0l	0.9l			0.9l

注：l 为杆件的几何长度（即节点中心间距离）。

对跨度 60m，厚度为 5m 的正放四角锥网架模型进行分析，并对比理想模型（不考虑压杆屈曲）和考虑压杆屈曲模型的敏感性指标和重要性系数，以此来判断压杆屈曲对网架结构抗连续倒塌性能的影响。

从表 6-4 中的结果对比可以看出，考虑压杆屈曲后，网架结构的杆件重要性系数提高了 23%～84%，压杆屈曲对网架结构抗连续倒塌性能的影响不可忽略。尤其在厚跨比较大的情况下，杆件截面尺寸减小，长细比 λ 增加，压杆屈曲对连续倒塌性能的影响更为显著。

表 6-4 正放四角锥网架敏感性分析结果

杆件编号	理想模型		考虑压杆屈曲		
	$S_{ij,\max1}$	$\alpha_{j1}/\times10^{-3}$	$S_{ij,\max2}$	$\alpha_{j2}/\times10^{-3}$	$\Delta/\%$
1	0.282 943	6.953	0.394 121	10.5777	52.1
2	0.178 515	3.667	0.296 417	5.6806	54.9
3	0.043 927	0.172	0.043 927	0.2318	34.8
4	0.871 013	22.845	1	35.0295	53.3
5	0.125 674	1.658	0.125 674	2.3472	41.6
6	0.101 412	0.818	0.177 288	1.3058	59.6
7	0.261 684	12.885	0.461 56	21.4437	66.4
8	0.031 955	0.513	0.059 916	0.7825	52.5
9	0.311 233	8.214	0.544 511	11.6755	42.1
10	0.120 022	0.608	0.120 022	0.8114	33.5
11	0.291 293	1.478	0.291 293	1.8295	23.8
12	0.017 042	0.42	0.046 064	0.7705	83.5
13	0.744 626	17.61	1	27.8805	58.3
14	0.627 829	11.136	0.746 56	18.1517	63.0
15	0.158 68	3.373	0.249 917	4.6572	38.1
16	0.136 206	1.857	0.240 037	2.8921	55.7
17	0.243 281	1.139	0.243 281	1.5191	33.4
18	0.100 359	2.425	0.135 352	3.8243	57.7
19	0.347 155	7.784	0.358 609	11.1824	43.7
20	0.160 768	2.233	0.160 768	3.4199	53.2
21	0.042 13	0.937	0.070 999	1.57	67.6
22	0.664 247	18.559	1	28.8701	55.6
23	0.690 849	9.468	0.690 849	15.065	59.1
24	0.132 315	3.439	0.132 315	5.1638	50.2
25	0.141 913	3.061	0.187 7	4.4272	44.6
26	0.073 111	1.212	0.235 435	1.9135	57.9
27	0.024 299	0.606	0.038 558	0.9964	64.4
28	0.597 695	17.73	1	26.5216	49.6
29	0.565 659	7.989	0.668 978	12.913	61.6

注：表中 S_{ij} 为杆件敏感性指标；α_j 为杆件重要性系数；$\Delta=(\alpha_{j2}-\alpha_{j1})/\alpha_{j1}$，下表同。

6.1.2 敏感构件及关键构件分布规律

对 60m 跨度，5m 厚度（厚跨比 1/12）的周边点支承正放四角锥网架结构进行分析，按照杆件类型及位置进行分类，并按照式（2-24）～式（2-26）计算杆件敏感性指标和重要性系数，如图 6-2 所示。其中，方框对应的杆件为支座处杆件。

　　敏感性指标变化规律如图 6-2（a）所示，上、下弦杆分布规律基本一致，敏感性指标由结构边缘向结构中部逐渐增大，在结构中部达到最大值。结构中部下弦杆（杆件 20）的破坏会导致周围上弦杆（杆件 11）屈曲。杆件 20 敏感性指标达到 1.0，为敏感构件，杆件 11 为关键构件。对比杆件 2、杆件 6 以及杆件 1、杆件 4 的敏感性指标，可以看出，在结构外边缘上，越靠近中轴线的杆件敏感性指标越大。

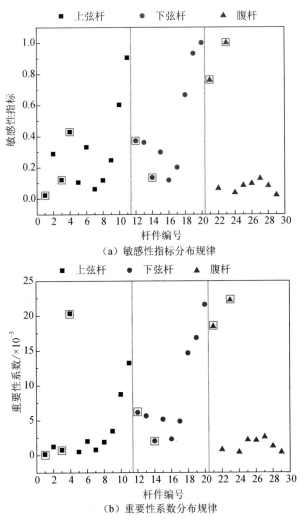

（a）敏感性指标分布规律

（b）重要性系数分布规律

图 6-2　周边点支承网架敏感性分析结果

　　腹杆敏感性由结构边缘向结构中部逐渐降低。由于结构中部弯矩较大且主要由弦杆承担，腹杆受力较小，敏感性指标较低，均不超过 0.2；而结构周边剪力较大，主要由腹杆承担。支座腹杆失效后荷载将传递至附近的上弦杆。结构外边缘支座处产生应力集中，敏感性指标较高，最大值达到 0.45。中间支座腹杆应力集中明显，敏感性指标达到 1.0，为敏感构件，周围上弦杆为关键构件。

网架结构边缘上弦杆有切向和径向两类，如图 6-1 中，杆件 3、5 为切向上弦杆，杆件 4、6 为径向上弦杆。对比两类上弦杆失效时的敏感性指标（表 6-5），切向上弦杆主要使结构外边缘相邻杆件应力增大，但由于支座分担了部分应力，因此相邻杆件应力增大不明显；而径向上弦杆失效后，失效范围向结构中部扩展，周围杆件应力大幅增加。可以看出，径向上弦杆比切向上弦杆敏感性指标增大 1.5～3.2 倍，更易引起结构发生连续倒塌破坏。

如图 6-2（b）所示，杆件的重要性系数与原结构应力分布规律一致。结构中部弦杆，所承受的轴力较大，失效后对结构的影响较大，其重要性系数也较高。当结构中部下弦杆失效时，会造成周围上弦杆应力增加，因为上弦杆是受压构件，容许应力较小，易发生后续失效，因此下弦杆的重要性系数大于上弦杆。靠近结构边缘的腹杆承受较大的剪力，其重要性系数较大。支座腹杆由于应力集中，重要性系数最大。

由图 6-2 知，杆件的敏感性指标与重要性系数分布规律并不完全一致，敏感性指标表征周围杆件发生后续失效的可能性，重要性系数表征结构整体的抗连续倒塌性能。

表 6-5　切向、径向上弦杆敏感性分析结果对比

不同因素	切向（杆件 3、5）		径向（杆件 4、6）		增幅	
	$S_{ij,max1}$	$\alpha_{j1}/\times10^{-3}$	$S_{ij,max2}$	$\alpha_{j2}/\times10^{-3}$	$\Delta_1/$倍	$\Delta_2/$倍
支座处	0.196	1.266	0.495	23.125	1.52	17.27
非支座	0.144	0.809	0.613	4.5571	3.25	4.63

注：$\Delta_1=(S_{ij,max2}-S_{ij,max1})/S_{ij,max1}$；$\Delta_2=(\alpha_{j2}-\alpha_{j1})/\alpha_{j1}$

本节对正放四角锥网架敏感构件和关键构件的分布规律进行了分析，揭示了正放四角锥网架连续倒塌破坏机理。周边点支承正放四角锥网架结构中部下弦杆、中间支座处腹杆为敏感构件，结构中部上弦杆、中间支座周围腹杆和上弦杆为关键构件。弦杆敏感性指标由结构边缘向结构中部逐渐增大，腹杆敏感性指标变化规律相反。结构外边缘上，越靠近中轴线的杆件敏感性指标越大，径向上弦杆比切向上弦杆敏感性指标大 1.5～3.2 倍。杆件的重要性系数与原结构应力分布规律一致。

6.2　网架结构抗连续倒塌性能参数化分析

网架结构体系受到自身很多因素影响，本节考虑四角锥网架结构体系的厚跨比、跨度、支承形式以及网架形式等因素，采用单一变量法研究各因素对四角锥网架结构抗连续倒塌性能的影响，为网架结构抗连续倒塌性能设计提供理论依据。

6.2.1　厚跨比

选取 60m 跨度周边点支承网架，对 1/12、1/15 和 1/18 三种不同厚跨比的网架进行对比分析，研究厚跨比对网架抗连续倒塌性能的影响，各模型的设计应力比在 0.75～0.77。不同厚跨比网架杆件规格及设计应力比见表 6-6。按照式（2-24）～式（2-26）计算各组杆件的敏感性指标和重要性系数，如图 6-3 所示。

表 6-6　不同厚跨比网架设计参数

厚跨比	1/18	1/15	1/12
腹杆尺寸/（mm×mm）	$\phi 180 \times 8$	$\phi 159 \times 7$	$\phi 140 \times 6.5$
弦杆尺寸/（mm×mm）	$\phi 194 \times 8$	$\phi 168 \times 7$	$\phi 146 \times 6.5$
设计应力比	0.751	0.769	0.761

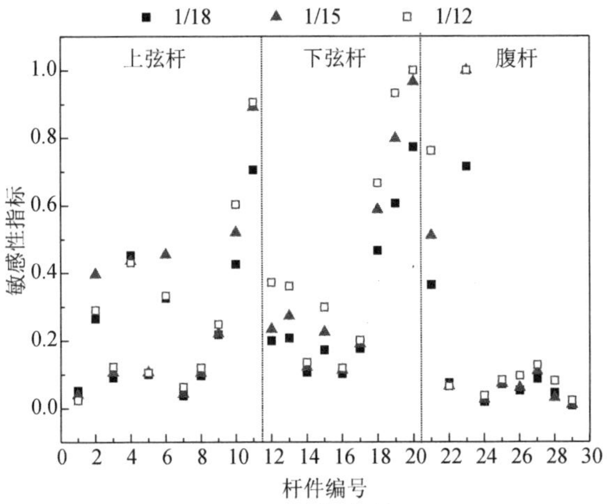

（a）敏感性指标

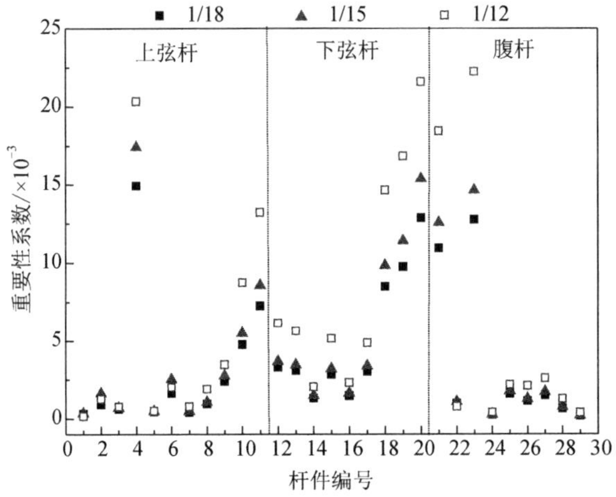

（b）重要性系数

图 6-3　厚跨比对网架敏感性分析结果的影响

　　由图 6-3 可知，不同厚跨比正放四角锥网架的敏感性指标和重要性系数变化规律一致，即不同厚跨比分析模型中，结构中部下弦杆和中间支座腹杆为敏感杆件，相邻弦杆为关键构件。敏感性指标和重要性系数随着厚跨比的增大而降低。从敏感性指标数值上可以看出，1/18 厚跨比结构较 1/15 厚跨比结构平均降低 18%，1/15 厚跨比结构较 1/12 厚跨比结构平均降低 29%。随着网架厚跨比的增大，结构整体刚度虽然有所提高，但是杆件的截面尺寸减小，长细比增大，受压杆件易发生失稳破坏，因此杆件的敏感性指标相应提高，敏感构件失效对结构抗连续倒塌性能的影响也相应增强。

6.2.2　跨度

　　根据 6.2.1 的分析结果，1/12 厚跨比的模型敏感性指标最高，更容易发生连续倒塌破坏，因此，网架厚跨比取 1/12。对跨度为 48m、60m、72m 网架进行敏感性分析，网格数目和网架支承形式相同，网格尺寸分别为 4m×4m、5m×5m 和 6m×6m，各模型的设计应力比在 0.75～0.76。不同跨度网架杆件规格及设计应力比见表 6-7。通过式（2-48）～式（2-50）计算各组杆件的敏感性指标和重要性系数，如图 6-4 所示。

表 6-7　不同跨度网架设计参数

跨度/m	48	60	72
腹杆尺寸/（mm×mm）	$\phi108×5.5$	$\phi140×6.5$	$\phi168×8.0$
弦杆尺寸/（mm×mm）	$\phi114×5.5$	$\phi146×6.5$	$\phi180×8.0$
设计应力比	0.763	0.761	0.755

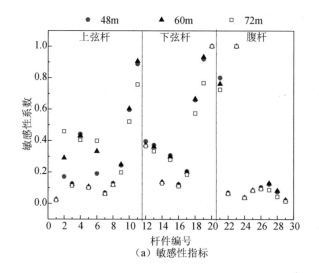

（a）敏感性指标

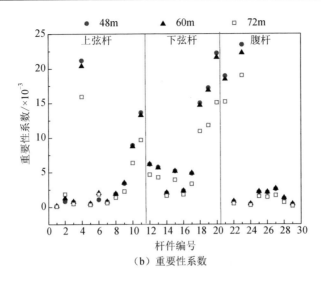

（b）重要性系数

图 6-4　跨度对网架敏感性分析结果的影响

由图 6-4 可知，不同跨度的敏感性指标和重要性系数变化趋势相同，敏感构件和关键构件分布规律不随跨度的变化而改变。由于不同跨度模型支承布置情况、网格数目相同，随着网架跨度的增加，网格尺寸和杆件截面尺寸等比例增加，因此不同跨度模型的敏感性指标和重要性系数变化并不明显。其中，72m 跨度网架敏感性分析结果相对较小，主要由设计应力比偏差引起，结构的敏感性分析结果与设计应力比成正比而与模型跨度关系不大。

6.2.3　支承形式

为了研究网架支承形式对结构抗连续倒塌性能的影响，网架模型跨度取为 60m，厚跨比取为 1/12，对点支承、周边点支承和周边支承网架进行数值分析（图 6-5）。由于点支承模型采用下弦支承形式，支座受压腹杆截面尺寸较大，所以结构设计应力和内力分布特征区别于其他两个模型。各支承形式网架杆件规格

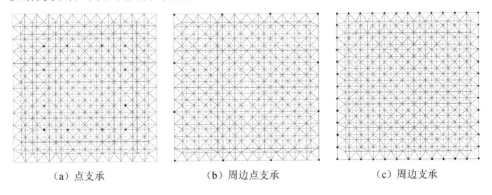

（a）点支承　　　　　　　　（b）周边点支承　　　　　　　　（c）周边支承

图 6-5　不同支承形式网架示意图

及设计应力比如表 6-8 所示。通过式（2-48）～式（2-50）计算各组杆件的敏感性指标和重要性系数，如图 6-6 所示。

表 6-8　不同支承形式网架设计参数

网架支承形式	点支承	周边点支承	周边支承
腹杆尺寸/（mm×mm）	$\phi140\times6$	$\phi140\times6.5$	$\phi146\times6.5$
弦杆尺寸/（mm×mm）	$\phi140\times6$	$\phi146\times6.5$	$\phi152\times6.5$
设计应力比	0.554	0.761	0.759

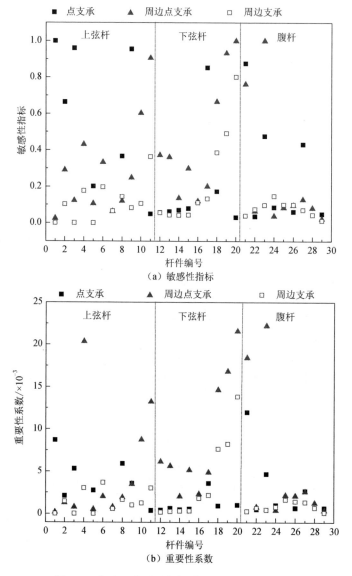

图 6-6　支承形式对网架敏感性分析结果的影响

　　由图 6-6（a）可知，周边支承和周边点支承网架敏感性指标变化规律相似，周边支承网架由于支座布置更加均匀，支座处应力集中不明显，仅结构中部下弦杆为敏感构件，周围上弦杆为关键构件。由于周边支承网架支座布置均匀、杆件截面尺寸较大、冗余度较高，其敏感性指标明显低于周边点支承网架。由图 6-6（b）可知，周边支承和周边点支承网架重要性系数变化趋势相同，周边支承网架的重要性系数小于周边点支承网架。

　　点支承网架具有较大的悬挑，很大程度上减小了结构中部弯矩和竖向位移，结构受力形式更加合理。但点支承网架通常采取下弦支承形式，支座处腹杆、上弦杆受压，容许应力较小，且支座处产生应力集中，导致角支座腹杆和上弦杆敏感性指标较高，为敏感构件。敏感构件周围腹杆及中间支座腹杆在其主要传力路径上，为关键构件。重要性系数与杆件应力大小有关，由于点支承网架设计应力比较小，其重要性系数也较小。

　　通过以上分析，得到不同支承形式网架结构敏感构件和关键构件的分布规律，如图 6-7 所示。周边点支承网架结构中部下弦杆、中间支座处腹杆为敏感构件，结构中部上弦杆、中间支座处上弦杆为关键构件；周边支承网架结构中部下弦杆为敏感构件，结构中部上弦杆为关键构件；点支承网架支座处腹杆和上弦杆为敏感构件，周围腹杆及相邻支座腹杆为关键构件。

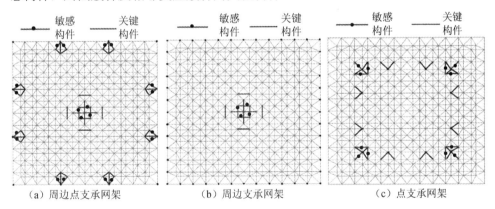

（a）周边点支承网架　　　　　（b）周边支承网架　　　　　（c）点支承网架

图 6-7　敏感构件和关键构件分布规律

6.2.4　网架形式

　　网架形式也是影响结构抗连续倒塌性能的重要因素，选取工程中应用较为广泛的斜放四角锥和正放四角锥进行敏感性分析。斜放四角锥网架本身几何可变，仅能采取周边支承形式，因此对周边支承正放、斜放四角锥网架进行敏感性分析。网架跨度为 75m，厚跨比为 1/15，网格尺寸为 5m×5m。网架杆件尺寸及设计应力比见表 6-9。

表 6-9　网架杆件尺寸及设计应力

网架支承形式	正放四角锥	斜放四角锥
腹杆尺寸/（mm×mm）	$\phi 180\times 8$	$\phi 194\times 8$
弦杆尺寸/（mm×mm）	$\phi 194\times 8$	$\phi 203\times 8$
设计应力比	0.774	0.782

由图 6-8（a）可知，两类网架在相同厚跨比条件下，敏感性指标变化趋势相似。斜放四角锥网架敏感性指标高于正放四角锥网架。结构中部承受弯矩较大，且主要由上、下弦杆承担，下弦杆敏感性指标由结构外缘向结构中心逐渐增加，结构中部下弦杆为敏感构件；支座腹杆承受较大剪力，而结构中部腹杆剪力较小，腹杆敏感性指标由结构外缘向结构中心逐渐降低。重要性系数变化规律与敏感性指标变化规律一致。

综上所述，周边点支承正放四角锥网架敏感性指标和重要性系数分布规律不随厚跨比、跨度的变化而改变。结构的敏感性指标与重要性系数大小与厚跨比、设计应力比成正比而与模型跨度关系不大。周边支承网架的敏感性指标与重要性系数分布规律与周边点支承网架相似，并小于周边点支承网架。结构中部下弦杆为敏感构件，结构中部上弦杆为关键构件。点支承网架的敏感性指标与重要性系数分布规律与上述两种网架完全不同，角支座处腹杆和上弦杆为敏感构件，敏感构件周围腹杆及中间支座腹杆为关键构件。

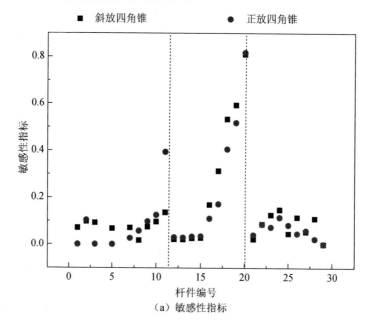

（a）敏感性指标

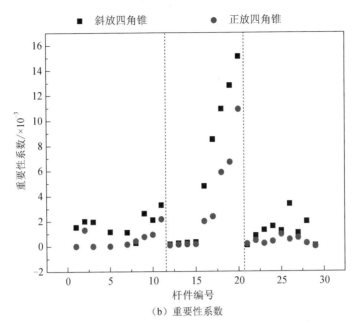

图 6-8　不同形式网架敏感性分析结果

6.3　网架结构连续倒塌失效模式及性能分析

6.3.1　连续倒塌过程模拟

对 60m 跨度、厚跨比为 1/12 的周边点支承的正放四角锥网架结构进行连续倒塌过程模拟，依次删除敏感构件。如图 6-9（a）所示，结构中部下弦杆的敏感性指标最先达到最大值，将其选定为初始失效杆件；拆除该杆件后，模型中部相邻弦杆敏感性指标显著增加，相继达到 1.0；继续拆除失效杆件，结构发生内力重分布，失效区域进一步扩大，结构中部大量弦杆及周边支座处上弦杆失效，结构发生连续倒塌破坏（图 6-9）。

图 6-10 为节点 1～5 的位移时程曲线。图 6-11 为结构在连续倒塌破坏过程中的应变能时程曲线。由图 6-10 知，原始结构竖向位移最大值为 120mm（节点 1），结构中部下弦杆失效使结构的整体竖向位移增大至 127mm；结构中部弦杆失效后，结构的竖向位移达到 330mm，位移时程曲线变化平缓，结构尚未发生连续倒塌破坏；当中部弦杆和支座处上弦杆相继失效后，节点位移迅速增加，结构中部竖向位移达到 7.05m。如图 6-11 所示，此时结构应变能曲线发生突变（第 3.2s），结构发生连续倒塌破坏。对比节点 1～3 的位移时程曲线可以看出，结构中部首先发生破坏，而靠近结构边缘的节点失效时间和位移下降幅度具有一定滞后性，破坏区域逐渐向外扩展。在结构发生连续倒塌破坏时，结构外边缘翘起，节点 4 产生了向上的位移，而节点 5 位于支座处，因此位移没有明显变化。

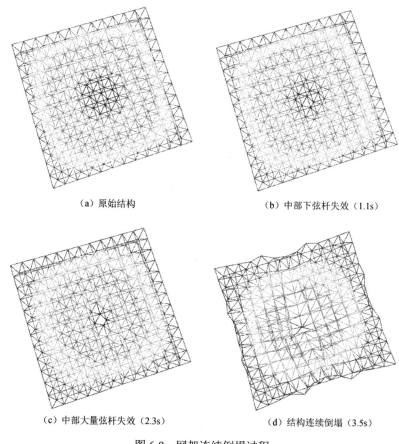

（a）原始结构　　　　　　　　　　　　　（b）中部下弦杆失效（1.1s）

（c）中部大量弦杆失效（2.3s）　　　　　　（d）结构连续倒塌（3.5s）

图 6-9　网架连续倒塌过程

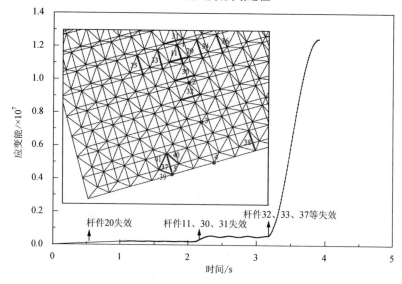

图 6-10　节点位移时程曲线

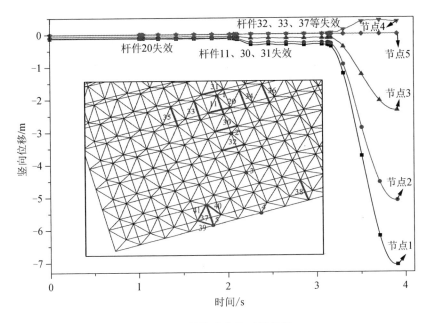

图 6-11　结构应变能时程曲线

6.3.2　连续倒塌破坏模式

基于不同支承形式网架敏感性指标的分布规律，分别选取不同位置敏感杆件作为初始失效杆件，对结构的连续倒塌破坏过程进行模拟。结果表明，初始失效杆件位置不同时，结构的连续倒塌破坏模式不同。

网架结构的连续倒塌模式主要有两大类：第一类是由于结构中部杆件失效引起的连续倒塌破坏，破坏模式如图 6-12（a）所示；第二类是由于支座附近杆件失效引起的连续倒塌破坏，破坏模式如图 6-12（b）、（c）所示。根据图 6-6 的敏感性分析结果，厚跨比为 1/15 网架在三种支承方式下均可能发生连续倒塌破坏，周边点支承网架可能产生两种连续倒塌破坏模式，周边支承网架仅产生第一类连续倒塌破坏模式，点支承网架仅产生第二类连续倒塌破坏模式。

当发生第一类连续倒塌破坏时，后续失效杆件主要分布于以失效杆件为交点的两条垂直的带状区域，结构发生对称的连续倒塌破坏。当发生第二类连续倒塌破坏时，若中间支座附近杆件为初始失效杆件[图 6-12（b）]，则后续失效杆件主要分布于与结构边缘垂直的中部条带及周边支座上，结构发生非对称的连续倒塌破坏；若角部支座附近杆件为初始失效杆件[图 6-12（c）]，则该角部支座腹杆及相邻支座杆件发生后续失效，悬挑部分产生严重弯曲变形，支座处发生冲切破坏，导致整体结构连续倒塌。

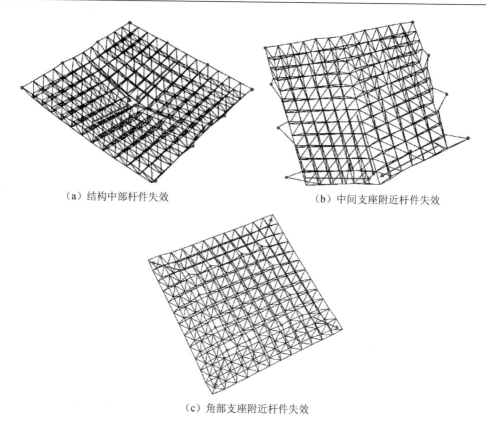

（a）结构中部杆件失效　　　　　　　　　（b）中间支座附近杆件失效

（c）角部支座附近杆件失效

图 6-12　正放四角锥网架连续倒塌破坏模式

　　本节基于网架结构的敏感性分析结果，模拟结构的连续倒塌破坏过程，明确了网架结构的两类连续倒塌破坏模式。

　　（1）对结构的连续倒塌破坏过程进行模拟，结构中部首先发生破坏，节点竖向位移迅速增大，破坏区域逐渐向外扩展，结构外边缘翘起，应变能显著增加，最终发生连续倒塌破坏。通过加强关键构件的截面尺寸，可以显著提高结构的抗连续倒塌性能。

　　（2）网架结构的连续倒塌模式主要有两大类：第一类是由于结构中部杆件失效引起的对称的连续倒塌破坏，第二类是由于支座附近杆件失效引起的非对称的连续倒塌破坏。根据敏感性分析结果，周边点支承网架可能产生两种连续倒塌破坏模式，周边支承网架仅产生第一类连续倒塌破坏模式，点支承网架也仅产生第二类连续倒塌破坏模式。

6.3.3　网架结构连续倒塌破坏极限位移

　　网架在极端竖向荷载作用下，由于初始杆件失效而引发连续倒塌破坏时，结构最大节点位移不断增大、塑性发展不断深入。当失效杆件数量较少时，网架结构整体竖向位移变化不大，而当失效杆件达到一定数量后，结构最大节点位移逐渐趋近倒塌极限位移，随后结构竖向位移急剧增加，结构无法继续承载。确定结构连续倒塌极限位移值对于判断结构的抗连续倒塌性能及对实际结构的连续倒塌破坏提供预警具有重要意义。本节重点分析支承形式、厚跨比、跨度以及节点刚度等因素对网架结构连续倒塌极限位移的影响。

1. 支承形式

为了研究网架支承形式对结构连续倒塌极限位移的影响，我们仍采用 6.1 节数值分析模型，各支承形式网架杆件设计参数同表 6-1，由于点支承模型采用下弦支承形式，支座受压腹杆截面尺寸较大，结构设计应力和内力分布特征区别于其他两个模型。点支承网架最大竖向位移出现在结构角部，周边支承以及周边点支承网架最大竖向位移出现在结构中部。分别对三类网架模型进行连续倒塌模拟，得到不同支承形式网架对应于不同倒塌破坏模式的位移时程曲线，如图 6-13 所示。

周边支承网架和周边点支承形式网架可能产生第一类连续倒塌破坏模式。如图 6-13（a）所示，周边点支承网架经过三次杆件失效过程达到结构的倒塌极限位移，周边支承网架经历四次杆件失效过程达到结构倒塌极限位移。周边支承网架在发生连续倒塌破坏前失效杆件数量少于周边点支承网架，连续倒塌破坏滞后于周边点支承网架，且连续倒塌极限位移较大。

周边点支承网架和点支承形式网架可能产生第二类连续倒塌破坏模式。如图 6-13（b）所示，周边点支承网架经历三次杆件失效过程，失效杆件先后为支座腹杆、支座上弦杆以及结构中部下弦杆，最后结构中部竖向位移达到倒塌极限位移。点支承网架经历四次杆件失效过程，失效杆件均为支座腹杆，最后结构角部节点位移达到倒塌极限位移，点支承网架在发生连续倒塌破坏前失效杆件数量少于周边点支承网架，且连续倒塌极限位移较大。

网架结构连续倒塌极限位移越大，则发生倒塌破坏前塑性发展越充分，并可及时发出预警减少人员及财产损失，因此抗连续倒塌性能也越好。综上所述，周边支承网架和点支承网架均较周边点支承网架抗连续倒塌性能更好。点支承网架由于结构设计合理、内力分布更加均匀，采用较小的截面尺寸仍可达到延缓连续倒塌破坏的目的；周边支承网架由于支座约束较强、杆件截面尺寸较大，结构中部上弦杆不易发生受压屈曲，有效地减缓了结构发生连续倒塌。将不同支承形式网架对应于不同倒塌破坏模式时的倒塌极限位移列于表 6-10 中。

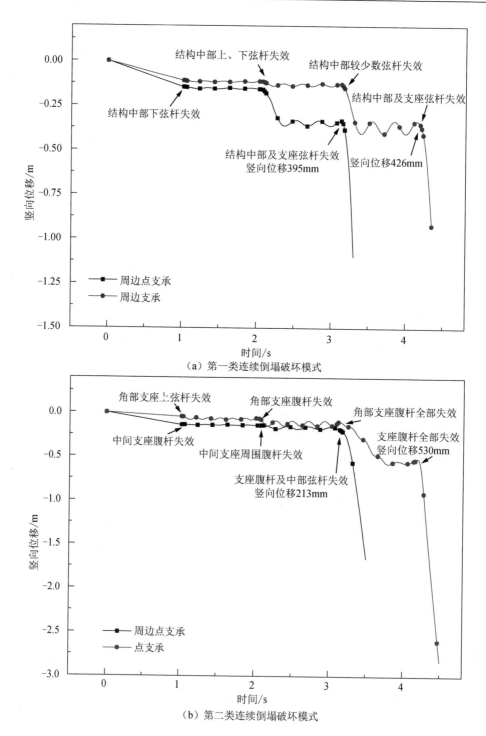

（a）第一类连续倒塌破坏模式

（b）第二类连续倒塌破坏模式

图 6-13　不同支承形式网架倒塌位移时程曲线

表 6-10　不同支承形式网架连续倒塌极限位移

支承形式	第一类连续倒塌		第二类连续倒塌	
	U_z/mm	U_z/L	U_z/mm	U_z/L
点支承	—	—	530	1/113
周边点支承	395	1/152	455	1/132
周边支承	426	1/141	—	—

2. 厚跨比

选取跨度为 60m，节点全部铰接的周边点支承网架为研究对象，厚跨比分别取为 1/12、1/15 和 1/18，研究厚跨比对网架连续倒塌极限位移的影响。不同厚跨比网架杆件规格及设计应力比见表 6-11，各模型的设计应力比近似相等。分别对三类网架模型进行连续倒塌破坏过程模拟，不同厚跨比网架对应于不同倒塌破坏模式时的位移时程曲线如图 6-14 所示。

表 6-11　不同厚跨比网架设计参数

厚跨比	1/18	1/15	1/12
腹杆尺寸/（mm×mm）	$\phi 180×8$	$\phi 159×7$	$\phi 140×6.5$
弦杆尺寸/（mm×mm）	$\phi 194×8$	$\phi 168×7$	$\phi 146×6.5$
设计应力比	0.751	0.769	0.761
腹杆长径比	34	39	44
弦杆长径比	26	30	34

网架中部下弦杆失效将引发结构发生第一类连续倒塌破坏，不同厚跨比网架失效杆件位置相同，但厚跨比越大的网架失效杆件数量越多。在最后一次拆杆过程中，厚跨比越大的网架最大节点竖向位移发展越快，极限位移值较大。当网架最大节点竖向位移达到极限位移后，结构中部竖向位移急剧增加，结构发生连续倒塌。

网架结构中间支座腹杆失效将引发结构发生第二类连续倒塌破坏，随后中间支座周围腹杆以及相邻支座腹杆发生后续失效，1/12 厚跨比网架竖向位移发展明显快于厚跨比为 1/15 的网架。厚跨比为 1/18 的网架由于杆件长径比小，容许压应力和杆件冗余度较高，没有发生第二类连续倒塌破坏。

不同厚跨比网架对应于不同倒塌破坏模式的倒塌极限位移如表 6-12 所示。分析结果表明，网架结构厚跨比越大，则杆件的长径比越大，结构相对较柔，极限位移值增大。当发生第一类连续倒塌破坏时，1/12 厚跨比网壳极限位移为 1/15 厚跨比网壳的 1.2 倍，当发生第二类连续倒塌破坏时，1/12 厚跨比网壳极限位移为 1/15 厚跨比网壳的 2.6 倍。

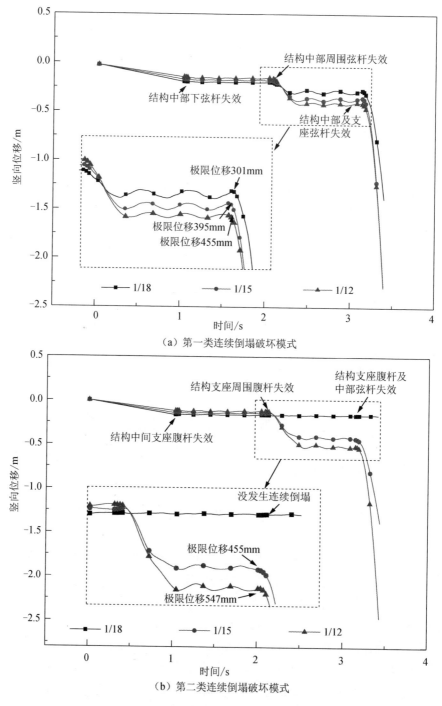

（a）第一类连续倒塌破坏模式

（b）第二类连续倒塌破坏模式

图 6-14　不同厚跨比网架倒塌位移时程曲线

表 6-12　不同厚跨比网架连续倒塌极限位移

厚跨比	第一类连续倒塌		第二类连续倒塌	
	U_z/mm	U_z/L	U_z/mm	U_z/L
1/18	301	1/200	—	—
1/15	395	1/152	455	1/132
1/12	455	1/132	547	1/110

3. 跨度

根据上述分析结果，厚跨比为 1/12 的网壳的倒塌破坏极限位移最大。选取厚跨比为 1/12 网架，分别对跨度为 48m、60m 和 72m 的周边点支承网架结构进行连续倒塌破坏过程模拟。网格尺寸分别为 4m×4m、5m×5m 和 6m×6m，不同跨度网架杆件规格及设计应力比见表 6-13，各模型的设计应力比近似相等。不同跨度网架对应于不同倒塌破坏模式时的位移时程曲线如图 6-15 所示。

表 6-13　不同跨度网架设计参数

跨度/m	48	60	72
腹杆尺寸/（mm×mm）	$\phi 108×5.5$	$\phi 140×6.5$	$\phi 168×8.0$
弦杆尺寸/（mm×mm）	$\phi 114×5.5$	$\phi 146×6.5$	$\phi 180×8.0$
设计应力比	0.763	0.761	0.755
腹杆长径比	35	34	33
弦杆长径比	45	44	44

当发生第一类连续倒塌破坏时，由于不同跨度网架自振周期不同，因此拆杆时间略有不同，但每次拆杆过程中失效杆件的数量和位置完全相同。结构中部下弦杆失效将引发周围弦杆后续失效，随后中间支座上弦杆继续失效。当结构中部节点最大竖向位移达到表 6-13 所示的极限位移后，结构发生连续倒塌破坏。

结构中间支座腹杆初始失效将引发结构发生第二类连续倒塌破坏，随后中间支座周围腹杆以及相邻支座腹杆先后失效，进而引发相邻支座腹杆、上弦杆以及结构中部下弦杆失效，结构发生连续倒塌破坏，结构倒塌破坏极限位移如表 6-14 所示。

表 6-14　不同跨度网架连续倒塌极限位移

跨度/m	第一类连续倒塌		第二类连续倒塌	
	U_z/mm	U_z/L	U_z/mm	U_z/L
48	369	1/130	444	1/108
60	455	1/132	547	1/110
72	468	1/154	597	1/120

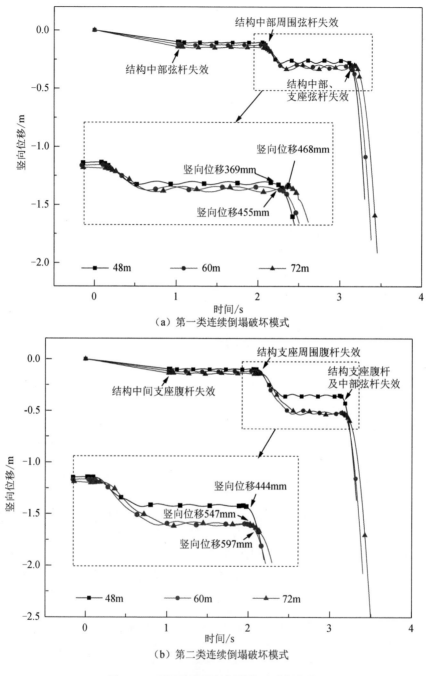

（a）第一类连续倒塌破坏模式

（b）第二类连续倒塌破坏模式

图 6-15　不同跨度网架倒塌位移时程曲线

　　对比不同跨度网壳的倒塌破坏位移发现：网壳跨度越大，连续倒塌极限位移与网架跨度之比越小。厚跨比为 1/12 的网架的跨度在 48～72m 内变化时，与第一类倒塌破坏模式对应的极限位移与跨度比在 1/130～1/154 之间，与第二类倒塌破坏模式对应的极限位移与跨度比在 1/108～1/120 之间。

4. 节点刚度

通常在进行网架结构力学性能分析时将节点考虑为铰接，为了考虑节点刚度对结构连续倒塌极限位移的影响，将上述倒塌极限位移分析结果与刚接模型分析结果进行比较，得到两类数值计算模型对应于不同倒塌破坏模式的倒塌极限位移如表 6-15、表 6-16 所示。

表 6-15　不同节点刚度网架连续倒塌极限位移（第一种失效模式）

模型	ZD48-4.0		ZD60-5.0		ZD72-6.0	
	铰接	刚接	铰接	刚接	铰接	刚接
U_z/mm	369	338	455	386	468	396
U_z/L	1/130	1/142	1/132	1/155	1/154	1/182
模型	ZD60-3.3		ZD60-4.0		Z60-4.0	
	铰接	刚接	铰接	刚接	铰接	刚接
U_z/mm	301	228	395	356	426	386
U_z/L	1/200	1/263	1/152	1/169	1/141	1/155

注：ZD 代表周边点支承；Z 代表周边支承；D 代表点支承。

表 6-16　不同节点刚度网架连续倒塌极限位移（第二种失效模式）

模型	ZD48-4.0		ZD60-5.0		ZD72-6.0	
	铰接	刚接	铰接	刚接	铰接	刚接
U_z/mm	444	421	547	462	597	539
U_z/L	1/108	1/114	1/110	1/130	1/120	1/134
模型	ZD60-3.3		ZD60-4.0		D60-4.0	
	铰接	刚接	铰接	刚接	铰接	刚接
U_z/mm	—	—	455	390	530	120
U_z/L	—	—	1/132	1/154	1/113	1/500

注：ZD 代表周边点支承；Z 代表周边支承；D 代表点支承。

由表 6-15、表 6-16 可知，在两类倒塌破坏模式下，节点刚接模型倒塌极限位移均小于节点铰接模型，降低幅度在 5.56%～77.40%，节点刚度对点支承网架倒塌极限位移的影响较为明显。节点刚接网架倒塌极限位移与跨度比值随网架高跨比增加而增大、随跨度的增加而减小，与节点铰接网架变化规律相同。

本节分析了支承形式、厚跨比、跨度以及节点刚度对结构连续倒塌极限位移的影响，主要研究结论如下：节点刚度对网架的极限位移的影响较大，在两类倒塌破坏模式下，节点刚接模型倒塌极限位移均小于节点铰接模型，降低幅度在 5.56%～77.40%。铰接网架连续倒塌极限位移随网架厚跨比增大而增大、随跨度的增大而减小，当厚跨比为 1/12 的网架的跨度在 48～72m 的范围内变化时，第一类倒塌破坏模式对应的极限位移与跨度之比在 1/130～1/154，第二类倒塌破坏模式对应的极限位移与跨度比在 1/108～1/120。

参 考 文 献

蔡建国, 王蜂岚, 冯健, 等, 2012. 大跨空间结构连续倒塌分析若干问题探讨[J]. 工程力学, 29(3): 143-149.

丁北斗, 吕恒林, 李贤, 等, 2015. 基于重要杆件失效网架结构连续倒塌动力试验研究[J]. 振动与冲击, 23: 106-114.

熊进刚, 钟丽媛, 张毅, 等, 2012. 网架结构连续倒塌性能的试验研究[J]. 南昌大学学报(工科版), 34(4): 369-372.

中华人民共和国建设部. 2003. 钢结构设计规范: GB 50017—2003[S]. 北京:中国计划出版社.

谢道清, 沈金, 邓华, 等, 2012. 考虑受压屈曲的圆钢管杆单元等效弹塑性滞回模型[J]. 振动与冲击, 31(6):160-165.

中华人民共和国建设部. 2011. 空间网格结构技术规程: JGJ 7—2010[S]. 北京:中国建筑工业出版社.

徐颖, 韩庆华, 芦燕, 2014. 考虑损伤累积效应的拱形立体桁架结构倒塌分析[J]. 土木建筑与环境工程, 36(4):1-8.

赵宪忠, 闫伸, 陈以一, 2013. 大跨度空间结构连续性倒塌研究方法与现状[J]. 建筑结构学报, 34(4):1-14.

胡晓斌, 钱稼茹, 2006. 结构连续倒塌分析与设计方法综述[J]. 建筑结构, S1:573-577.

PANDEY P C, BARAI S V, 1997. Structural sensitivity as a measure of redundancy[J]. Journal of Structural Engineering, 123:360-364.

SHEIDAII M R, PARKE G A R, ABEDI K, 2001. Dynamic snap-through buckling of truss-type structures[J]. International Journal of Space Structure, 16(2):85-93.

U.S. General services administration, 2003. Progressive collapse analysis and design guidelines for new federal office buildings and major modernizationprojects [S]. Washington D C: GSA.

EL-SHEIKH A, 1997. Sensitivity of space trusses to sudden member loss[J]. International Journal of Space Structures, 12(1): 31-41.

MURTHA-SMITH E, 1988. Alternate path analysis of space trusses for progressive collapse[J]. Journal of Structural Engineering, 114(9), 1978-1999.

PIROGLU F, OZAKGUL K, 2016. Partial collapses experienced for a steel space truss roof structure induced by ice ponds[J]. Engineering Failure Analysis, 60(2), 155-165.

第7章　球面网壳结构抗连续倒塌性能分析

本章主要基于变换荷载路径法（AP 法），确定了大跨度球面网壳结构的抗连续倒塌的高敏感区域，提出了球面网壳的冗余度指标。考虑了杆件应力比的影响以及单一构件的屈曲，提出了基于杆件承载力和节点弹性极限位移的球面网壳结构敏感性指标和重要性系数，通过凯威特-联方型组合网壳以及短程线缩尺网壳模型连续倒塌试验，揭示了球面网壳结构抗连续倒塌破坏机理。

7.1　基于结构极限承载力的敏感性分析

7.1.1　分析模型

本章仍以北京老山自行车馆 133m 大跨度屋盖为分析模型，对其单层网壳/双层网壳设计方案展开分析。恒载取 1.1kN/m²，活载取 0.5kN/m²；基本风压为 0.45kN/m²（增大系数 1.1），B 类地面粗糙度，高度系数 1.49，体型系数-1.0，风振系数 2.5；基本雪压为 0.4kN/m²。

大跨度单层球面网壳的结构设计方案如图 7-1 所示，结构跨度为 130.64m，矢跨比为 1/10，采用肋环斜杆型网格，环向 24 等分，径向 8 等分，肋环梁采用焊接 H900mm×（300～500）mm×（16～18）mm×（18～25）mm，斜杆为 ϕ（400～550）mm×10mm，环梁及人字柱采用 ϕ1000mm×18mm 钢管，共 684 根杆件，钢材牌号为 Q345C，柱脚采用铸钢铰支座。

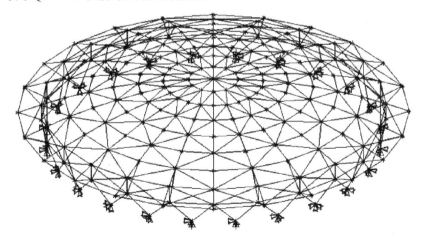

图 7-1　单层球面网壳结构

大跨度双层球面网壳的结构设计方案如图 4-2 所示。杆件具体尺寸见表 7-1。

表 7-1　球面网壳结构杆件尺寸　　　　　　　　（单位：mm）

单层球面网壳结构		双层球面网壳结构	
杆件序号	规格	杆件序号	规格
1	H900×300×16×18	1	ϕ114×4
2	H900×350×16×20	2	ϕ113×6
3	H900×400×16×22	3	ϕ159×8
4	H900×450×18×22	4	ϕ180×10
5	H900×500×18×25	5	ϕ203×12
6	ϕ400×10	6	ϕ245×10
7	ϕ450×10	7	ϕ500×16
8	ϕ500×10	8	ϕ1000×18
9	ϕ550×10	9	ϕ1200×20
10	ϕ1000×18	—	—

采用 ANSYS 有限元分析，分析模型均采用双线性材料模型；屈服强度取 345N/mm^2，弹性模量为 2.06×10^{5}N/mm^2，泊松比为 0.3。大跨度单层球面网壳结构模型的肋环相交节点采用刚接节点，故径向的肋梁、环向的肋梁和人字形圆钢管支承柱采用 BEAM188 单元模拟；斜杆与肋环杆件的节点采用铰接节点，故肋环梁之间的斜杆采用 LINK8 单元模拟。大跨度双层球面网壳结构模型的所有节点及柱脚均为铰接，杆件为理想的铰接单元，故均选用 LINK8 单元。将标准荷载（恒载标准值+活载标准值）等效成 MASS21 质量单元，施加于两种结构对应的节点上。

7.1.2　模态分析及屈曲分析

先对大跨度单层球面网壳结构和大跨度双层球面网壳结构进行模态分析，得到两个模型的自振频率，并与设计资料进行对比，见表 7-2，可见模型与设计资料的自振频率基本一致。

表 7-2　大跨度单层球面网壳和双层球面网壳自振频率

自振频率/Hz	1 阶	2 阶	3 阶	4 阶	5 阶
单层球面网壳	1.710	1.725	1.983	2.066	2.080
设计资料	1.760	1.760	2.100	2.300	2.300
双层球面网壳	1.135	1.135	1.352	1.689	1.690
设计资料	1.135	1.135	1.352	1.689	1.689

此外，对大跨度单层球面网壳和大跨度双层球面网壳的完整结构分别进行特征值屈曲分析、线弹性几何非线性屈曲分析以及双重非线性屈曲分析，分析时引入 $l/300$ 的初始缺陷。基本数据如表 7-3 所示，荷载-位移曲线如图 7-2 所示。

表 7-3　单层球面网壳和双层球面网壳屈曲分析极限荷载因子

分析类型	极限荷载因子			
	单层球面网壳	下降程度/%	双层球面网壳	下降程度/%
特征值屈曲分析	8.396	—	16.532	—
几何非线性屈曲分析	4.228	49.64	8.573	48.14
双重非线性屈曲分析	3.401	19.56	3.643	57.51

　　由表 7-3 和图 7-2 可见，只考虑几何非线性的线弹性屈曲分析中，大跨度单层球面网壳结构和大跨度双层球面网壳结构的极限荷载因子均比特征值屈曲分析时下降严重，说明几何非线性和初始缺陷对两种结构的极限承载力有很大的影响；而在既考虑几何非线性又考虑材料非线性的双重非线性屈曲分析中，两种结构的极限承载力亦均有很大下降，但双层球面网壳结构极限荷载因子的下降程度大于单层球面网壳结构极限荷载因子的下降程度。为了更加全面、真实地考察结构的受力性能，故在后续的屈曲分析中将进行双重非线性屈曲分析。

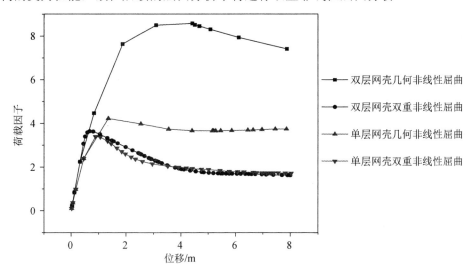

图 7-2　单层球面网壳和双层球面网壳屈曲分析荷载-位移曲线

7.1.3　球面网壳结构高敏感性杆件与节点分析

1. 结构杆件敏感性分析

　　运用 AP 法对结构进行抗连续倒塌性能分析，首先应选取结构的高敏感性杆件。研究表明，网壳结构中高敏感性区域与特征值屈曲模态大响应区域基本一致，故首先对大跨度单层球面网壳结构进行敏感性指标计算，得出高敏感性杆件并验证上述结论是否适用。利用球面网壳的对称性，取 1/24 的网壳杆件，得出待计算敏感性的杆件如图 7-3 所示，共 39 根。先对完整无损的单层球面网壳结构进行双重非线性屈曲分析，再利用 ANSYS "EKILL" 命令对拆除单根杆件的剩余结构进行双重非线性屈曲分析，应用式（2-28）和式（2-29）计算各个杆件的敏感性指标及拆除杆件前后结构极限承载力下降百分比，敏感性前 20 位的杆件计算结果见表 7-4。

表 7-4　单层球面网壳杆件敏感性指标

杀死杆件	λ_1^*	λ_1	R_1	SI_1	θ_1 /%
342	2.802		5.675	0.176	17.62
247	2.817		5.827	0.172	17.16
268	2.890		6.653	0.150	15.03
246	2.945		7.449	0.134	13.42
318	2.969		7.878	0.127	12.69
378	3.131		12.572	0.080	7.95
174	3.145		13.269	0.075	7.54
402	3.159		14.047	0.071	7.12
175	3.169		14.648	0.068	6.83
294	3.193		16.348	0.061	6.12
198	3.270	3.401	25.892	0.039	3.86
363	3.277		27.371	0.037	3.65
379	3.281		28.343	0.035	3.53
403	3.286		29.568	0.034	3.38
651	3.319		41.293	0.024	2.42
150	3.323		43.545	0.023	2.30
151	3.333		49.896	0.020	2.00
663	3.334		50.957	0.020	1.96
222	3.343		58.415	0.017	1.71
615	3.348		63.867	0.016	1.57

注：λ^* 为受损结构极限荷载因子；λ 为完整结构极限荷载因子；R 为冗余度；SI 为敏感性指标；θ 为极限荷载下降比例。

由表 7-4 可见，大跨度单层球面网壳结构的 342 号杆件敏感性最高，具体位置如图 7-4 加粗杆件标示。此杆件被拆除后剩余结构的双重非线性屈曲极限承载力下降了 17.62%，结构承载力下降明显。

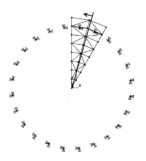

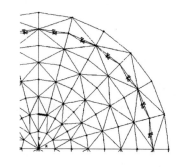

图 7-3　1/24 单层网壳结构图　　　　　　图 7-4　单层球面网壳 342 号杆件

再对此单层网壳进行特征值屈曲分析，得到前 3 阶模态，如图 7-5 所示。对比图 7-4 与图 7-5（a），可见敏感性最高杆件所在位置与特征值屈曲分析 1 阶模态最大响应位置相同。

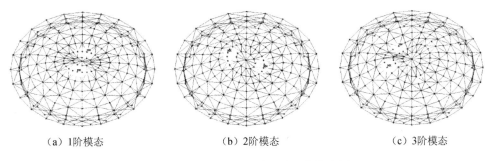

（a）1阶模态　　　　　　　　　（b）2阶模态　　　　　　　　　（c）3阶模态

图 7-5　单层球面网壳特征值屈曲模态图

用同样方法计算大跨度双层球面网壳结构的高敏感性杆件，考虑到网壳结构中高敏感性区域与特征值屈曲模态大响应区域基本一致，为简化计算，先对双层网壳进行特征值屈曲分析，得出前 3 阶模态（图 7-6）的大响应杆件，利用球面网壳的对称性，取 1/4 的网壳杆件，得出待计算敏感性的杆件如图 7-7 所示，共 91根。同样应用式（2-28）和式（2-29）计算各个杆件的敏感性指标及结构的极限承载力下降百分比 θ，敏感性前 20 位的杆件计算结果见表 7-5。

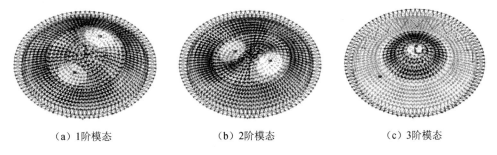

（a）1阶模态　　　　　　　　　（b）2阶模态　　　　　　　　　（c）3阶模态

图 7-6　双层球面网壳特征值屈曲模态图

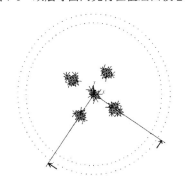

图 7-7　双层球面网壳高响应区域分布

表 7-5　双层球面网壳杆件敏感性指标

杀死杆件	λ_2^*	λ_2	R_2	SI_2	θ_2 /%	R_2/R_1
8286	3.592		71.431	0.014	1.40	12.59
8344	3.598		80.956	0.012	1.24	13.89
9098	3.599		82.795	0.012	1.21	12.44
8285	3.599		82.795	0.012	1.21	11.11
9112	3.602		88.854	0.011	1.13	11.28
8343	3.602		88.854	0.011	1.13	7.07
8281	3.603		91.075	0.011	1.10	6.86
8345	3.610		110.394	0.009	0.91	7.86
8335	3.614		125.621	0.008	0.80	8.58
8339	3.620	3.643	158.391	0.006	0.63	9.69
8893	3.623		182.150	0.005	0.55	7.03
8907	3.627		227.688	0.004	0.44	8.32
8287	3.628		242.867	0.004	0.41	8.57
9034	3.632		331.182	0.003	0.30	11.20
9100	3.633		364.300	0.003	0.27	8.82
9015	3.635		455.375	0.002	0.22	10.46
9014	3.637		607.167	0.002	0.16	12.17
9022	3.637		607.167	0.002	0.16	11.92
4747	3.638		728.600	0.001	0.14	12.47
7954	3.638		728.600	0.001	0.14	11.41

注：λ^*、λ、R、SI、θ 含义与表 7-4 相同；R_2/R_1 为双层网壳与单层网壳冗余度之比；表 7-6～表 7-11 中参数含义与此相同。

　　由表 7-5 可见，大跨度双层球面网壳结构的 8286 号杆件敏感性最高，其在结构环桁架上弦处、与特征值屈曲 1 阶模态最大响应位置一致，如图 7-8 所示。此杆件被拆除后剩余结构的双重非线性屈曲极限承载力下降了 1.40%，结构承载力下降很小。

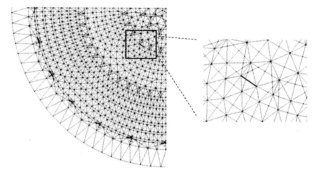

图 7-8　双层球面网壳 8286 号杆件

2. 结构节点敏感性指标计算

用上述同样方法拆除节点（拆除一个节点即是拆除此节点和与之相连的所有杆件），计算大跨度单层球面网壳结构与大跨度双层球面网壳结构各个节点的敏感性指标，敏感性前 10 位的节点计算结果见表 7-6 及表 7-7。

表 7-6　单层球面网壳节点敏感性指标

杀死节点	λ_1^*	λ_1	R_1	SI_1	θ_1 /%
1000	1.969		2.375	0.421	42.11
127	2.564		4.063	0.246	24.61
151	2.618		4.347	0.230	23.01
126	2.650		4.527	0.221	22.09
175	2.808		5.737	0.174	17.43
54	2.832	3.401	5.980	0.167	16.72
55	2.930		7.214	0.139	13.86
79	2.995		8.374	0.119	11.94
78	3.006		8.615	0.116	11.61
102	3.071		10.301	0.097	9.71

表 7-7　双层球面网壳节点敏感性指标

杀死节点	λ_2^*	λ_2	R_2	SI_2	θ_2 /%	R_2/R_1
1570	3.501		25.655	0.039	3.90	10.80
1669	3.513		28.023	0.036	3.57	6.90
1560	3.514		28.24	0.035	3.54	6.50
1572	3.540		35.369	0.028	2.83	7.81
1685	3.548		38.347	0.026	2.61	6.68
1237	3.558	3.643	42.859	0.023	2.33	7.17
1130	3.586		63.912	0.016	1.57	8.86
1673	3.589		67.463	0.015	1.48	8.06
1577	3.608		104.086	0.010	0.96	12.08
1129	3.609		107.147	0.009	0.93	10.40

表 7-6 可见，大跨度单层球面网壳结构的 1000 号节点敏感性最高，其为单层网壳结构的中心顶点，此节点被拆除后剩余结构的双重非线性屈曲极限承载力下降了 42.11%，结构承载力下降显著；而表 7-7 可见大跨度双层球面网壳结构的 1570 号节点敏感性最高，其在结构环桁架上弦处、与特征值屈曲一阶模态大响应位置一致（图 7-9），此节点被拆除后剩余结构的双重非线性屈曲极限承载力下降了 3.90%。

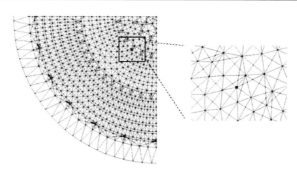

图 7-9　双层球面网壳 1570 号节点

对比表 7-4 与表 7-5、表 7-6 与表 7-7 的分析结果以及单层网壳结构与双层网壳结构的冗余度比值可见，大跨度单层球面网壳结构杆件与节点的敏感性指标均远高于大跨度双层球面网壳结构，双层球面网壳的冗余度是单层球面网壳的 7～14 倍。

7.1.4　球面网壳结构抗连续倒塌性能分析

1. 高敏感性杆件破坏结构双重非线性屈曲分析

采用 AP 法分析结构的抗连续倒塌性能，即假定结构中关键杆件或节点发生局部破坏，对剩余受损结构进行受力分析，通过结构极限承载力的变化来评估结构局部破坏是否会引发其连续倒塌。

逐步拆除 7.1.3 节中计算出的双层球面网壳敏感性最高的单根杆件、敏感性最高的前 2 根、前 6 根以及前 10 根杆件，对拆除相同数目杆件的剩余受损大跨度单层球面网壳结构与双层球面网壳结构进行双重非线性屈曲全过程分析，研究并对比两种结构的抗连续倒塌性能，计算结果见表 7-8 与表 7-9，荷载-位移曲线见图 7-10 所示。

表 7-8　单层球面网壳拆除高敏感性杆件剩余结构极限荷载因子

杀死杆件数	λ_1^*	λ_1	R_1	SI_1	θ_1 /%
1	2.808		5.735	0.174	17.44
2	2.521	3.401	3.865	0.259	25.87
6	1.969		2.375	0.421	42.11
10	0.997		1.415	0.707	70.69

表 7-9　双层球面网壳拆除高敏感性杆件剩余结构极限荷载因子

杀死杆件数	λ_2^*	λ_2	R_2	SI_2	θ_2 /%	R_2/R_1
1	3.592		71.431	0.014	1.40	12.46
2	3.508	3.643	26.985	0.037	3.71	6.97
6	3.438		17.771	0.056	5.63	7.48
10	3.329		11.602	0.086	8.62	8.20

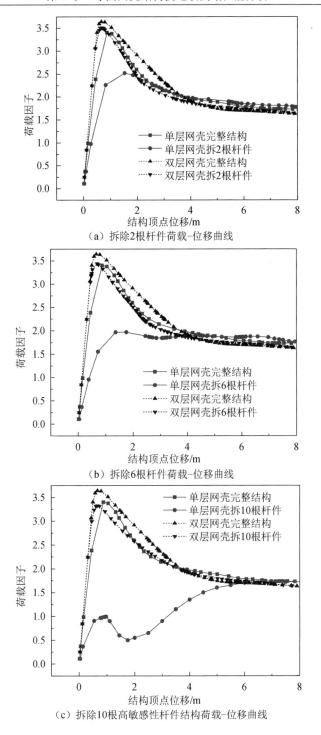

（a）拆除2根杆件荷载-位移曲线

（b）拆除6根杆件荷载-位移曲线

（c）拆除10根高敏感性杆件结构荷载-位移曲线

图 7-10　网壳结构拆除杆件后的荷载-位移曲线

对比表 7-8 与表 7-9 可见，大跨度单层球面网壳完整无损结构的双重非线性极限荷载因子为 3.401；大跨度双层球面网壳完整无损结构的双重非线性极限荷载因子为 3.643。当同时拆除 2 根和 6 根高敏感性杆件后，单层球面网壳结构的极限荷载因子为 2.521 和 1.969，极限荷载相比完整无损结构分别下降了 25.87%和42.11%；而同样拆除 2 根和 6 根高敏感性杆件的双层球面网壳结构的极限荷载因子为 3.508 和 3.438，分别下降了 3.71%和 5.63%，双层球面网壳结构抗连续倒塌的冗余度是单层球面网壳结构的 7～13 倍。从图 7-10（a）、（b）同样看出，当被拆除相同数目的多根高敏感性杆件后，大跨度单层球面网壳结构的荷载-位移曲线相比完整无损结构的曲线下降明显，极限承载力下降显著，而大跨度双层球面网壳结构的荷载-位移曲线虽有一定下降，但变化不多。

由图 7-10（c）可见，当拆除 10 根高敏感性杆件后大跨度双层球面网壳结构的极限荷载因子为 3.329，相比完整无损结构下降了 8.62%，此时结构在使用荷载下仍然安全（$K>2$），双层网壳在局部杆件破坏后未发生连续倒塌；而此时大跨度单层球面网壳结构的极限荷载因子为 0.997，下降了 70.69%，下降程度是双层网壳的 8 倍，此时极限荷载因子刚刚下降到 1 以下，单层网壳已不能承受使用荷载，发生了连续倒塌破坏，即单层球面网壳在 10 根关键杆件破坏后已不安全，故应加强对大跨度单层球面网壳结构关键杆件的保护。

2. 高敏感性节点破坏结构双重非线性屈曲分析

同时拆除多个高敏感性节点，方法与拆除多根高敏感性杆件相同，对被拆除相同数目节点的剩余受损大跨度单层球面网壳结构与双层球面网壳结构进行双重非线性屈曲全过程分析，研究并对比两种结构的抗连续倒塌性能，计算结果见表 7-10 与表 7-11，荷载-位移曲线如图 7-11 所示。

表 7-10　单层球面网壳拆除高敏感性节点结构极限荷载因子

杀死节点数	λ_1^*	λ_1	R_1	SI$_1$	θ_1 /%
1	1.985		2.402	0.416	41.63
2	1.777	3.401	2.094	0.478	47.75
3	0.512		1.177	0.849	84.95

表 7-11　双层球面网壳拆除高敏感性节点结构极限荷载因子

杀死节点数	λ_2^*	λ_2	R_2	SI$_2$	θ_2	R_2/R_1
1	3.501		25.655	0.039	3.90%	10.67
2	3.365	3.643	13.104	0.076	7.63%	6.26
3	3.282		10.091	0.099	9.91%	8.57

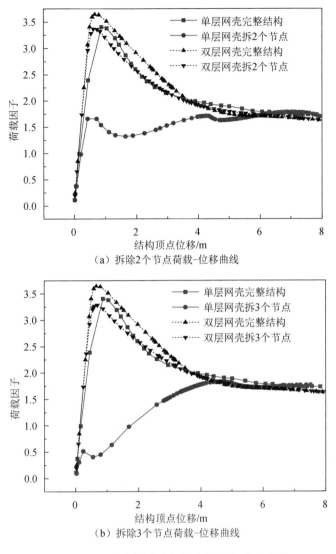

（a）拆除2个节点荷载-位移曲线

（b）拆除3个节点荷载-位移曲线

图 7-11　网壳结构拆除节点后的荷载-位移曲线

从表 7-10、表 7-11 和图 7-11（a）看出，同时拆除 2 个高敏感性节点后，大跨度单层球面网壳结构的极限荷载因子为 1.777，极限荷载相比完整无损结构下降了 47.75%，结构承载力下降显著；而同样被拆除 2 个高敏感性节点的大跨度双层球面网壳结构的极限荷载因子为 3.365，相比完整无损结构只下降了 7.63%；双层球面网壳抗连续倒塌的冗余度是单层球面网壳的 6.26 倍。

由图 7-11（b）可见，同时拆除 3 个高敏感性节点后，大跨度双层球面网壳结构的极限荷载因子为 3.282，相比完整无损结构下降了 9.91%，此时双层球面网壳在使用荷载作用下依然在安全范围内；而同样拆除 3 个高敏感性节点的大跨度单层球面网壳结构的极限荷载因子为 0.512（$K<1$），下降了 84.95%，下降程度是双

层网壳的近 9 倍,此时单层网壳已不能承受正常使用荷载,发生了连续倒塌破坏。可见,大跨度双层球面网壳结构冗余度较高,在遭到 3 个关键节点破坏这样的严重局部破坏后,没有引发结构的连续倒塌;而大跨度单层球面网壳在 3 个关键节点破坏后,结构失稳而发生连续倒塌破坏,故应着重加强对大跨度单层球面网壳结构关键节点的保护,以防其局部破坏引发结构的连续倒塌。

本节以一个实际工程为例,采用大跨度单层球面网壳和双层球面网壳两种结构形式,基于 AP 法分析并对比了大跨度单、双层球面网壳结构的抗连续倒塌性能,分析得出:

(1)大跨度球面网壳结构中敏感性最高的区域与特征值屈曲模态一阶模态响应区域基本一致。

(2)当被拆除相同数目的杆件或节点后,大跨度双层球面网壳结构抗连续倒塌的冗余度为单层球面网壳结构的 7～13 倍,故大跨度双层球面网壳结构的抗连续倒塌性能优于大跨度单层球面网壳结构。

7.2　基于构件和节点响应的网壳结构敏感性分析

为分析单层球面网壳在极端雪荷载作用下的抗连续倒塌性能,以跨度、矢跨比和杆件规格均相同的 K8 型网壳、K8-联方型网壳以及短程线网壳为例,分别对结构进行了动力非线性分析。基于结构杆件的应力响应,计算杆件的敏感性指标和重要性系数,并对网壳结构的倒塌破坏过程进行模拟。

7.2.1　凯威特型单层球面网壳

K8 型单层网壳计算模型如图 7-12 所示,网壳跨度为 40m,矢跨比为 1/5,共

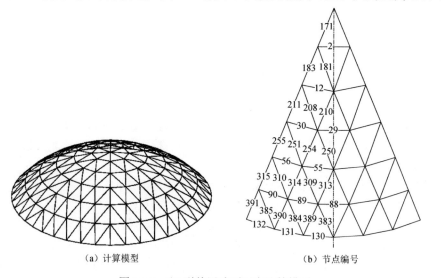

（a）计算模型　　　　　　　　（b）节点编号

图 7-12　K8 型单层球面网壳计算模型

6 环，由内至外依次为第 1～6 圈。屋面恒荷载取 1.0kN/m²，活荷载取 0.5kN/m²，支座形式为三向固定铰支座，主肋及环向杆件选用 Q235 钢，截面尺寸为 ϕ121mm×3.5mm，斜杆截面尺寸为 ϕ114mm×3mm，杆件材料性能参数见表 7-12。

表 7-12　杆件材料性能参数

E/MPa	ν	$\rho / (\text{kg/m}^3)$	f_y /MPa	ε_p
$2.1×10^5$	0.3	7850	235	0.2

注：E 为弹性模量；ν 为泊松比；ρ 为密度；f_y 为材料屈服强度；ε_p 为材料极限塑性应变。

对结构进行静力分析，并按照特征值屈曲分析一阶模态引入初始几何缺陷（缺陷最大计算值取网壳跨度的 1/300），采用弧长法对结构进行稳定性分析，计算结果见表 7-13，该网壳在静力荷载作用下的最大挠度值和稳定容许承载力均满足规范要求。

表 7-13　K8 型网壳静力及稳定性计算结果

理想网壳	设计应力比	0.299
	最大挠度值/m	0.009
有缺陷网壳	设计应力比	0.446
	最大挠度值/m	0.035
	弹性稳定极限承载力/（kN/m²）	8.450
	弹塑性稳定极限承载力/（kN/m²）	5.166

为了考虑极端雪荷载作用下结构发生连续倒塌的可能性，取恒荷载为 1.0kN/m²，雪荷载为 1.0kN/m²，按照对称性选取 12 组环向杆件和 21 组径向杆件，杆件编号如图 7-12 所示，对结构进行动力非线性分析。进行数值分析时，通过 ABAQUS 用户材料子程序调用考虑受压屈曲的圆钢管杆单元等效弹塑性滞回模型，考虑压杆屈曲的影响。通过 MODEL CHANGE 命令引入初始失效构件，并通过动力隐式分析来模拟移除失效构件时产生的动力效应。按照式（2-48）～式（2-50）计算各组杆件的敏感性指标和重要性系数，见表 7-14。表 7-14 列出了敏感性指标最大的 10 组杆件的计算结果，高敏感性杆件多数为纬杆。

表 7-14　K8 型单层网壳杆件敏感性指标和重要性系数

单元号	理想网壳		有缺陷网壳		考虑压杆屈曲	
	$S_{ij,\max1}$	α_{j1}	$S_{ij,\max2}$	α_{j2}	$S_{ij,\max3}$	α_{j3}
12	0.420	0.017	0.530	0.021	1.000	0.076
210	0.172	0.007	0.385	0.020	1.000	0.074
181	0.092	0.004	0.293	0.013	1.000	0.055
30	0.317	0.015	0.455	0.021	0.874	0.049
2	0.296	0.013	0.179	0.007	0.849	0.047

续表

单元号	理想网壳		有缺陷网壳		考虑压杆屈曲	
	$S_{ij,max1}$	α_{j1}	$S_{ij,max2}$	α_{j2}	$S_{ij,max3}$	α_{j3}
171	0.199	0.006	0.258	0.009	0.782	0.037
208	0.052	0.003	0.128	0.005	0.640	0.031
29	0.256	0.013	0.238	0.012	0.595	0.048
88	0.185	0.004	0.196	0.006	0.579	0.032
56	0.245	0.011	0.237	0.012	0.567	0.042

当考虑初始缺陷和压杆屈曲时，第 2 圈纬杆 12 以及第 2、3 圈斜杆 210、181 的敏感性指标最大值达到 1，可能导致结构发生连续倒塌破坏，为敏感构件。当杆件 12 失效后，结构内力发生重分布，周围杆件 28、205、209 和 254 内力迅速增大并先后发生失效，相邻节点竖向位移迅速增加（图 7-13），结构发生整体倒塌破坏（图 7-14）。若对荷载传递路径上的失效杆件进行加强，则可以有效的阻断结构发生连续倒塌破坏，因此将斜杆 28、205、209 和 254 定义为结构的关键构件。

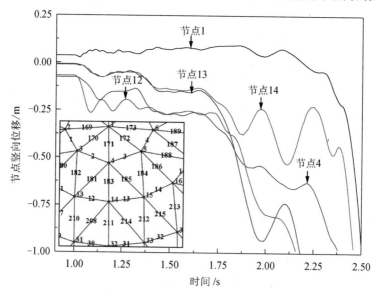

图 7-13　杆件 12 周围节点竖向位移时程曲线

当不考虑初始缺陷时，纬杆 12 的重要性系数最大，为 0.017；当仅考虑初始缺陷不考虑压杆屈曲时，纬杆 12 的重要性系数为 0.021。可见，考虑初始缺陷和压杆屈曲后，敏感构件的位置分布基本不变，而敏感构件的数量和重要性系数明显增大。考虑初始缺陷时，构件重要性系数可增大 2.3 倍，而考虑压杆屈曲后，构件重要性系数进一步增大 1.2～5.6 倍。

该分析模型中，K8 型单层球面网壳虽然满足了静力承载力和稳定承载力的要求，但在极端雪荷载作用下，仍会发生连续倒塌破坏，结构冗余度较低。图 7-15

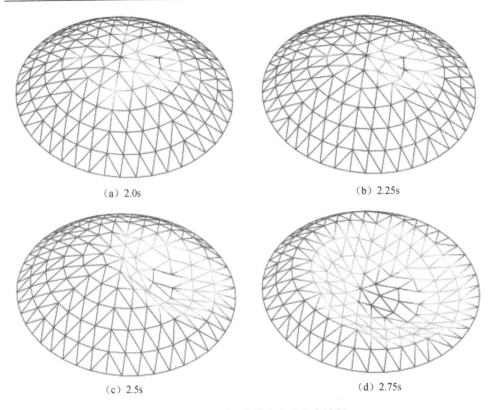

（a）2.0s　　　　　　　　　　　　　　　（b）2.25s

（c）2.5s　　　　　　　　　　　　　　　（d）2.75s

图 7-14　K8 型网壳的内力重分布过程

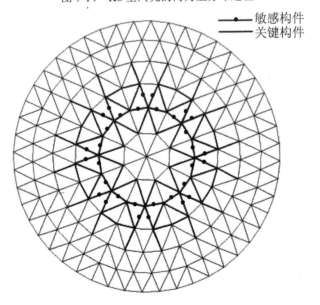

图 7-15　敏感构件和关键构件分布图

给出了该网壳敏感构件和关键构件的分布情况，主要位于网壳顶部第2～4圈。若将该网壳敏感构件的截面尺寸增大至ϕ127mm×3mm，对改进后的结构进行敏感性分析，则杆件12的敏感性指标最大值仍达到1，周围杆件将继续发生失效；若相应增大关键构件的截面尺寸，则杆件12的敏感性指标最大值降为0.924，受损结构的最大应力比为0.931，结构不会发生连续倒塌破坏。因此，在空间结构抗连续倒塌分析中，增加关键构件的截面尺寸对于提高结构的抗连续倒塌性能十分有效。

7.2.2　K8-联方型单层球面网壳

K8-联方型单层网壳计算模型如图7-16所示，网壳跨度为40m，矢跨比为1/5，第1～3圈采用K8型网格，第4～6圈采用联方型网格，支座形式为三向固定铰支座，屋面恒荷载取1.0kN/m²，雪荷载取0.5kN/m²，主肋及环向杆件选用Q235钢，截面尺寸为ϕ121mm×3.5mm，斜杆截面尺寸为ϕ114mm×3mm，杆件材料性能参数同表7-12。该网壳的静力及稳定性计算结果如表7-15所示。

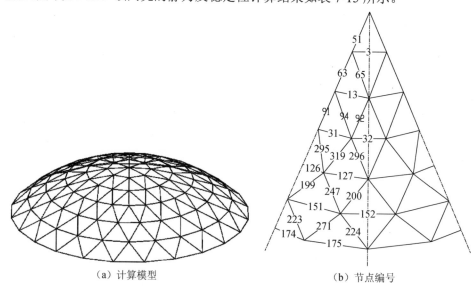

（a）计算模型　　　　　　　　　　（b）节点编号

图7-16　K8-联方型单层球面网壳计算模型

表7-15　K8-联方型单层网壳静力及稳定性计算结果

理想网壳	设计应力比	0.414
	最大挠度值/m	0.013
有缺陷网壳	设计应力比	0.501
	最大挠度值/m	0.045
	弹性稳定极限承载力/（kN/m²）	9.954
	弹塑性稳定极限承载力/（kN/m²）	5.124

取恒荷载为 1.0kN/m^2，活荷载为 1.0kN/m^2，按照对称性选取 10 组环向杆件和 15 组径向杆件（杆件编号如图 7-16 所示），对结构进行动力非线性分析，并按照 7.2.1 节中所述方法计算结构杆件的重要性系数，并将敏感性指标最大的 10 根杆件的计算结果列于表 7-16，杆件 13 和 31 为纬杆，其余全部为斜杆。

表 7-16　K8-联方型单层网壳径向杆件重要性系数

单元号	理想网壳		有缺陷网壳		考虑压杆屈曲	
	$S_{ij,\max 1}$	α_{j1}	$S_{ij,\max 2}$	α_{j2}	$S_{ij,\max 3}$	α_{j3}
13	0.343	0.023	0.327	0.023	1.000	0.101
31	0.377	0.015	0.604	0.018	1.000	0.052
92	0.194	0.009	0.499	0.025	1.000	0.085
199	0.329	0.017	0.322	0.020	1.000	0.063
247	0.324	0.018	0.321	0.018	1.000	0.076
223	0.579	0.009	0.585	0.014	1.000	0.037
271	0.589	0.009	0.593	0.014	1.000	0.040
224	0.588	0.009	0.596	0.014	1.000	0.033
65	0.132	0.005	0.374	0.022	0.999	0.050
200	0.335	0.016	0.310	0.018	0.918	0.062

当考虑初始缺陷和压杆屈曲时，纬杆 13、31，斜杆 32 以及第 5～6 圈长细比较大的部分斜杆敏感性指标最大值达到 1，将会引起相邻杆件的继续失效，可能导致结构发生连续倒塌破坏。通过对杆件 92 失效后的内力重分布过程进行模拟，可知杆件 92 失效后，相邻杆件 3、68、95 内力迅速增大并相继失效，节点竖向位移迅速增加（图 7-17），失效区域向周围扩展，结构发生连续倒塌破坏，并最终转为镜面位置（图 7-18）。

对于理想网壳以及仅考虑初始缺陷的网壳，纬杆 13 的重要性系数最大，均为 0.023。考虑初始缺陷时，构件重要性系数可增大 3.0 倍，敏感构件的位置分布基本不变，而考虑压杆屈曲后，构件重要性系数可增大至 1.3～3.3 倍，第 5～6 圈长细比较大的斜杆容许应力大大降低成为敏感构件，结构敏感构件的数量显著增加，重要性系数明显增大。

该分析模型中，K8-联方型单层网壳的冗余度非常低，出现了 5 组敏感构件和 5 组关键构件（部分杆件即是敏感构件又是关键构件）如图 7-19 所示，主要集中在第 2～3 圈和第 5～6 圈。若将敏感构件的截面尺寸增大至 $\phi127\text{mm}\times3\text{mm}$，杆件 13 敏感性指标最大值仍为 1；若增大关键构件的截面尺寸，则杆件 13 敏感性指标最大值降为 0.590，受损结构的最大应力比为 0.816。因此，增加关键构件的截面尺寸对于提高结构的抗连续倒塌性能更为有效。

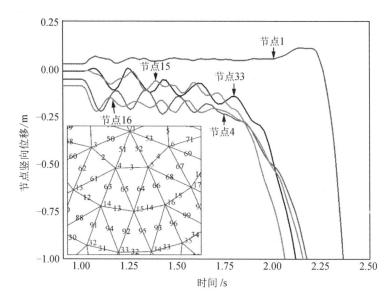

图 7-17　杆件 92 失效后周围节点位移时程曲线

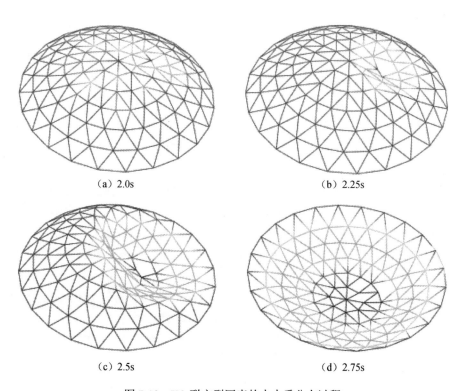

（a）2.0s　　　　　　　　　　　　（b）2.25s

（c）2.5s　　　　　　　　　　　　（d）2.75s

图 7-18　K8-联方型网壳的内力重分布过程

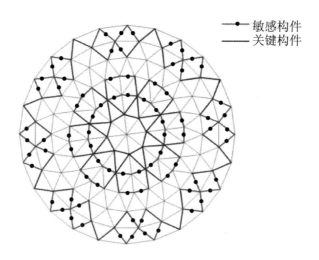

图 7-19　敏感构件和关键构件分布图

7.2.3　短程线型单层球面网壳

短程线型单层网壳计算模型如图 7-20 所示。除网格布置形式不同以外，其他模型参数均与前文相同。该网壳的静力及稳定性计算结果如表 7-17 所示，均满足规范要求。

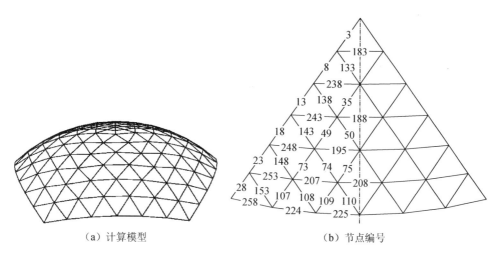

（a）计算模型　　　　　　　　　　　（b）节点编号

图 7-20　短程线型单层网壳计算模型

表 7-17　短程线型单层网壳静力及稳定性计算结果

理想网壳	设计应力比	0.408
	最大挠度值/m	0.021
有缺陷网壳	设计应力比	0.475
	最大挠度值/m	0.022
	弹性稳定极限承载力/（kN/m^2）	7.049
	弹塑性稳定极限承载力/（kN/m^2）	4.571

取恒荷载为 1.0kN/m^2，雪荷载为 1.0kN/m^2。按照对称性选取 12 组环向杆件和 21 组径向杆件（杆件编号如图 7-20 所示），对结构进行动力非线性分析，并按照 7.2.1 中所述方法计算结构杆件的重要性系数列于表 7-18，敏感性指标最大的 10 根杆件全部为斜杆。

表 7-18　短程线单层网壳环向杆件重要性系数

单元号	理想网壳		有缺陷网壳		考虑压杆屈曲	
	$S_{ij,\max 1}$	α_{j1}	$S_{ij,\max 2}$	α_{j2}	$S_{ij,\max 3}$	α_{j3}
74	0.438	0.014	0.527	0.018	1.000	0.028
23	0.512	0.018	0.531	0.020	0.784	0.029
8	0.252	0.020	0.517	0.030	0.726	0.041
109	0.409	0.008	0.425	0.009	0.671	0.013
75	0.426	0.018	0.406	0.016	0.670	0.024
110	0.358	0.007	0.368	0.007	0.610	0.011
138	0.194	0.017	0.392	0.027	0.583	0.038
107	0.397	0.007	0.383	0.008	0.567	0.013
28	0.353	0.006	0.354	0.007	0.506	0.010
73	0.378	0.016	0.328	0.014	0.505	0.022

在该分析模型中，当考虑初始缺陷和压杆屈曲时，第 5 圈斜杆 74 的敏感性系数最大值达到 1，为结构的敏感构件。第 2 圈主肋杆件 8 的重要性系数最大，为 0.041，比不考虑压杆屈曲时增大了 0.36 倍，比理想网壳增大了 2.1 倍。

通过对受损结构的内力重分布过程进行模拟（图 7-21），可知杆件 74 失效后，将引起相邻杆件 107 的后续失效，周围其他杆件的内力也迅速增加（图 7-22），但结构经历一定的内力重分布后，最终在新的传力路径上达到稳定平衡，没有出现连续倒塌破坏（图 7-23）。

上述分析说明，该短程线网壳具有较高的冗余度和内力重分布能力，在该荷载水平下，结构不会发生连续倒塌破坏，结构的敏感构件和关键构件主要分布于第 5~6 圈，如图 7-24 所示。若将该网壳敏感构件的截面尺寸增大至 ϕ127mm×3mm，杆件敏感性指标最大值降为 0.974；若增大关键构件的截面尺寸，则杆件敏感性指标最大值降为 0.631，受损结构的最大应力比仅为 0.790。增加关键构件的截面尺寸对于提高结构的抗连续倒塌性能十分有效。

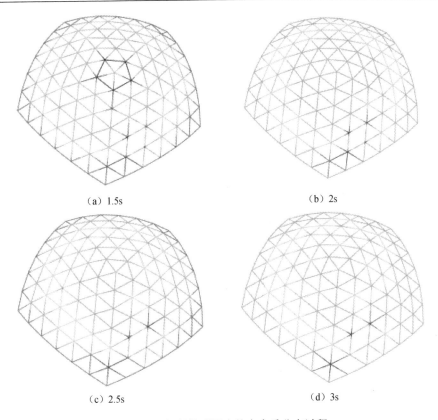

（a）1.5s　　　　　　　　　　　（b）2s

（c）2.5s　　　　　　　　　　　（d）3s

图 7-21　短程线型网壳的内力重分布过程

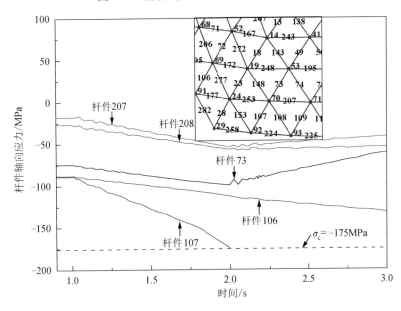

图 7-22　杆件 74 周围杆件应力时程曲线

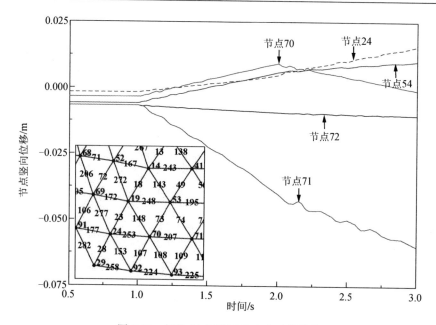

图 7-23　杆件 74 周围杆件应力时程曲线

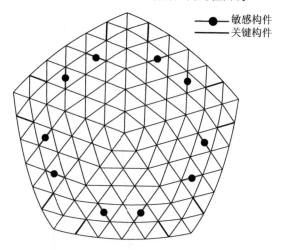

图 7-24　敏感构件和关键构件分布图

本节提出了一种基于构件承载能力的敏感性评价指标，对三种不同网格布置形式的单层球面网壳的抗连续倒塌性能和破坏模式进行分析，得出以下结论：

（1）对比跨度、矢跨比、杆件规格相同但网格布置形式不同的三种单层球面网壳，在 1.0kN/m² 雪荷载作用下，短程线型网壳的抗连续倒塌能力最强，内力重分布能力较好，不会发生连续倒塌破坏；K8 型网壳次之，而 K8-联方型网壳的抗连续倒塌能力最差。

（2）K8 型网壳的敏感构件和关键构件主要分布于网壳顶部的第 2～4 圈；K8-联方型网壳则主要位于第 2～3 圈的网格过渡区域和第 5～6 圈；短程线型网壳的敏感构件和关键构件主要分布于靠近支座的第 5～6 圈。

（3）在大跨建筑结构抗连续倒塌分析中，关键构件比敏感构件具有更为重要的意义，增加关键构件的截面尺寸对于提高结构的抗连续倒塌性能更为有效。

（4）对于上述分析模型，当考虑初始缺陷时，构件重要性系数最多增大 3.0 倍，敏感构件的位置分布基本不变，而考虑压杆屈曲后，长细比较大的斜杆容许应力大大降低成为敏感构件，重要性系数进一步增大 1.2～5.6 倍。

7.3　单层球面网壳抗连续倒塌性能试验研究

7.3.1　试验设计

1. 试验模型

试验采用的 K8 联方型网壳和短程线型网壳如图 7-25 所示。AB 扇区为代表性扇区。如图 7-25（c）所示，节点荷载通过砝码施加。试验模型的直径为 4m，

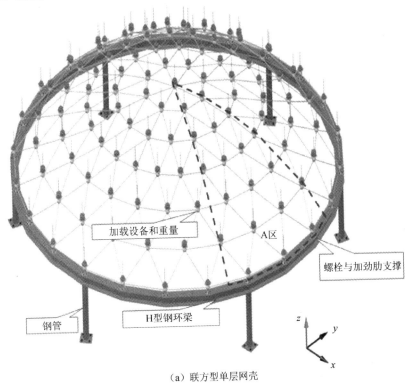

（a）联方型单层网壳

图 7-25　试验模型布置

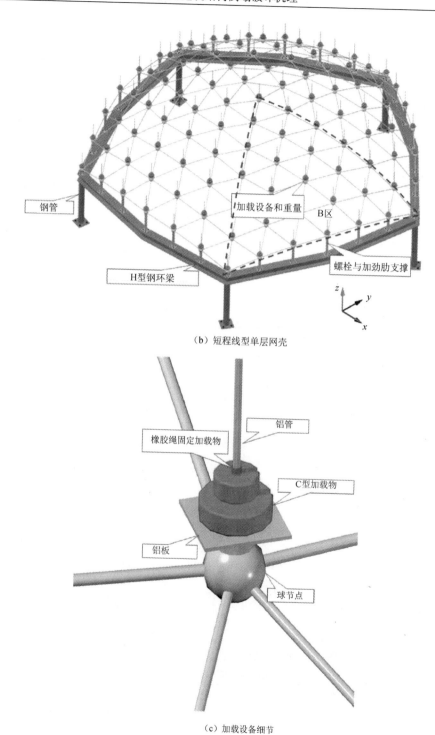

（b）短程线型单层网壳

（c）加载设备细节

图 7-25 （续）

矢跨比为 1/5。所有的杆件和节点均采用 5052 铝合金制作。主肋和环杆的截面为 $\phi9\text{mm}\times1.5\text{mm}$，斜杆截面为 $\phi8\text{mm}\times1.5\text{mm}$。空心球节点外径 50mm，壁厚 2.5mm。所有的边缘支撑节点固定在 H 型钢环梁上。环梁采用截面为 $\phi70\text{mm}\times3\text{mm}$，高为 600mm 的钢管柱支承，钢管柱采用螺栓固定于地面。

2. 铝合金材料的力学性能研究

通过万能试验机对铝合金管节点的力学性能进行测试。每种规格取三个标准试件，材料的弹性模量 E，条件屈服强度 $f_{0.2}$ 和 $f_{0.1}$，极限强度 f_u 和伸长率 A_t 见表 7-19。

表 7-19　铝管的机械性能参数

参数	E/MPa	$f_{0.2}/\text{MPa}$	$f_{0.1}/\text{MPa}$	f_u/MPa	$A_t/\%$
算术平均值 μ	67.83×10^3	184.06	162.66	259.68	11.70
标准差 σ	2.67×10^3	10.76	15.32	5.17	0.32
变异系数 $\mu/\sigma/\%$	3.94×10^3	5.85	9.42	1.99	2.78

焊接空心球节点广泛应用于单层网壳。在连续倒塌试验中，通过拆杆装置引入初始失效杆件。首先要保证铝合金球节点的焊接质量和承载能力，节点才不会先于杆件发生破坏。根据《钢网架焊接空心球节点》（JGT 11—2009）进行铝合金节点极限承载力试验。试验试件包括轴拉试件、轴压试件和两种偏心率的偏压试件。试验中铝管的截面选用 $\phi20\text{mm}\times3\text{mm}$，由于节点的轴向和侧向变形难以测得，采用非接触式位移测量系统进行三维应变和位移的测量。铝合金球节点的极限承载力见表 7-20。

表 7-20　铝球力学性能统计参数

组别	轴向拉力	轴向压力	偏心压力 e=20mm		偏心压力 e=40mm	
	N_t/kN	N_c/kN	N_c/kN	$M/(\text{kN}\cdot\text{m})$	N_c/kN	$M/(\text{kN}\cdot\text{m})$
平均值 μ	24.88	17.92	4.09	81.81	2.60	103.90
标准差 σ	0.33	0.43	0.01	0.02	0.04	1.70
变异系数 $\mu/\sigma/\%$	1.31	2.39	0.20	0.03	1.63	1.64

注：N_t 为拉力；N_c 为压力；M 为抗弯强度；e 为偏心距。

3. 加载制度与测点布置

施加于网壳上的均布荷载最大值由预先完成的弹塑性稳定分析确定。试验荷载共分为五级：0.17kN/m^2、0.33kN/m^2、0.5kN/m^2、0.63kN/m^2 和 0.83kN/m^2。静力试验和拆杆试验在 0.63kN/m^2 以内的荷载水平下进行，连续倒塌试验在最后一级荷载水平下进行。AB 扇区的节点荷载编号以及各级节点荷载如图 7-26 所示。

AB 扇区的测点布置如图 7-27 所示。每个扇区有 12 个位移测点和 32 个应变测点。杆件应变采用动态应变测试系统进行采集，采集频率为 200Hz，节点位移采用非接触式动态位移采集系统进行测量，采集频率为 115Hz。非接触式位移采集系统的示意图如图 7-28 所示。在环梁附近架设两台高速摄像机。通过对摄像机视域内标志点进行跟踪和三维坐标运算，可求得所有测点的高频三维位移响应。

以短程线网壳为例，每个视域内的标志点如图 7-29 所示。

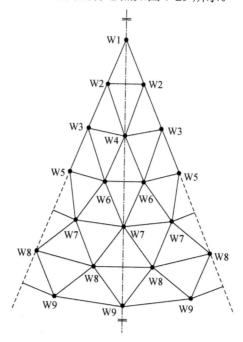

（a）A区节点荷载编号

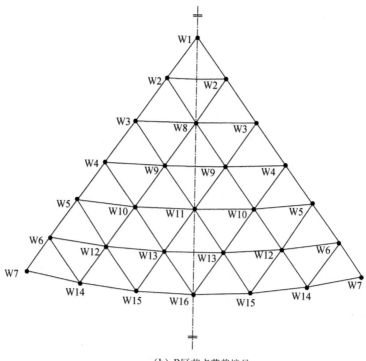

（b）B区节点荷载编号

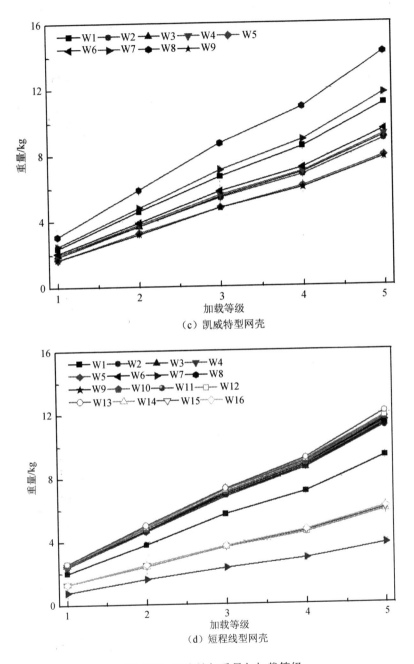

（c）凯威特型网壳

（d）短程线型网壳

图 7-26　节点施加重量与加载等级

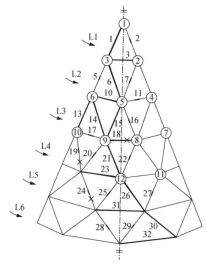

○ 位移观测点

— 应变片

━━ 初始失效构件(敏感性分析)

× 初始失效构件(连续倒塌分析)

（a）联方型单层网壳

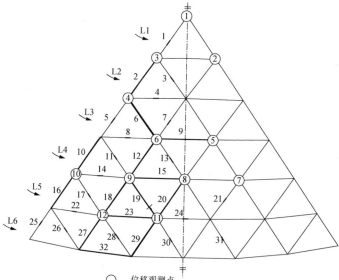

○ 位移观测点

— 应变片

━━ 初始失效构件(敏感性分析)

× 初始失效构件(连续倒塌分析)

（b）短程线型单层网壳

图 7-27 传感器位移布置

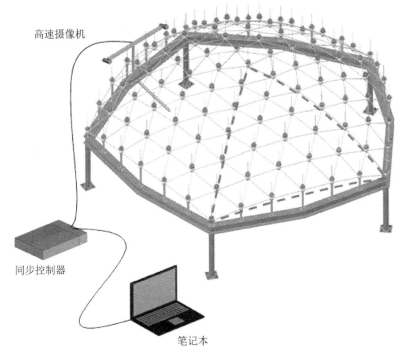

图 7-28　非接触式位移采集系统的配置

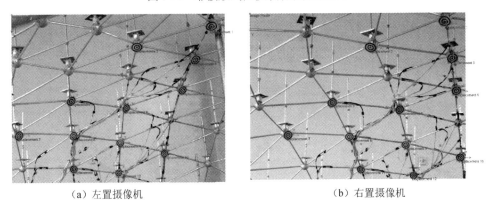

（a）左置摄像机　　　　　　　　　　　（b）右置摄像机

图 7-29　非接触式位移采集系统对象的现场装置

4. 杆件拆除装置

　　杆件拆除装置如图 7-30 所示。初始失效杆件的布置如图 7-30（a）所示。铝管和铝棒通过螺纹连接。在进行拆杆试验和连续倒塌试验前，将图 7-30（a）中的铝管换为图 7-30（b）中的失效装置，该失效装置是由两个内管和一个外套管组成，并通过两个螺钉连接。通过拔出图 7-30（b）所示的螺钉实现杆件失效模拟，失效后的杆件如图 7-30（c）所示。螺钉的长度约为杆件外径的 5 倍。在施加荷载前，螺钉头和外套管之间应保持 5～10mm 的距离，以便加载后能够顺利拔出螺钉。此外，螺钉和铝管上的开孔都经过抛光处理以减小阻力，以便更顺畅地触发初始失效装置。

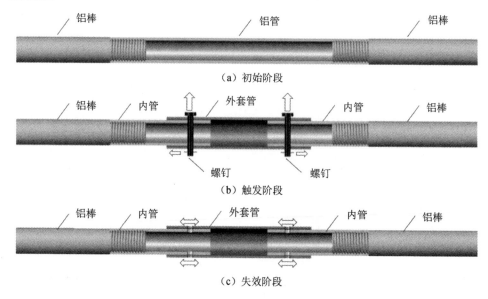

（a）初始阶段

（b）触发阶段

（c）失效阶段

图 7-30　杆件破坏装置

7.3.2　试验结果与数值分析

1. 有限元模型

K8 联方型网壳和短程线型网壳的有限元模型如图 7-31 所示。每个网壳模型有 6 环，自内向外用第 i 环进行表示。所有的杆件采用 B31 单元进行模拟（ABAQUS 中 2 节点空间直线梁单元）。节点均假定为刚接，周边支承均采用固定铰支。

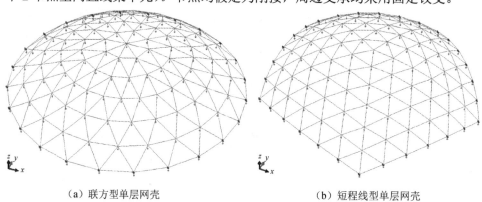

（a）联方型单层网壳　　　　　　　　　　　（b）短程线型单层网壳

图 7-31　有限元模型

采用一致缺陷模态法引入初始缺陷，缺陷最大值为跨度的 1/300。每级均布荷载采用等效节点荷载施加至网壳模型。取试验中杆件实际失效时间作为分析模型中的杆件失效时间，时长约 0.3s。数值分析中采用 ABAQUS 材料子程序调用等效弹塑性滞回模型，考虑杆件失稳效应。材料的屈服应力为 184MPa，极限强度为 260MPa。采用 ABAQUS 中的 MODEL CHANGE 命令模拟杆件拆除。通过动力隐式分析模拟拆杆后的动力效应。此外，有限元分析中也考虑了几何大变形效应。

2. 静力试验和有限元分析

首先进行静力试验以得到完整结构的响应，同时进行数值分析并于试验结果进行对比。部分测点在不同荷载等级下（≤0.63kN/m²）的荷载位移曲线和荷载应变曲线分别如图 7-32 和图 7-33 所示。

模型的静力响应主要与荷载等级相关，模型处于弹性状态。试验中 K8 联方型网壳的最大竖向位移为-1.33mm（3 号节点），短程线网壳为-3.54mm（3 号节点）。K8 联方型网壳的最大应变为-542με（杆件 28 号），短程线网壳为-376με（12 号杆件）。数除 K8 联方型网壳 28、29 和 30 号杆件的应变响应外，数值分析结果与试验结果吻合良好。误差主要由试验模型的几何初始缺陷所导致。

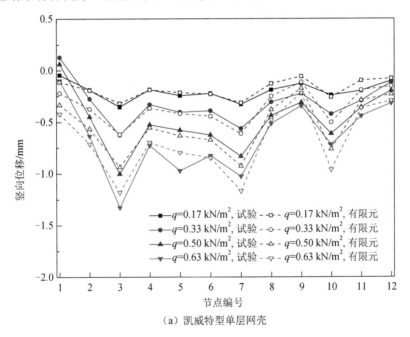

（a）凯威特型单层网壳

图 7-32　静载下的荷载-位移曲线

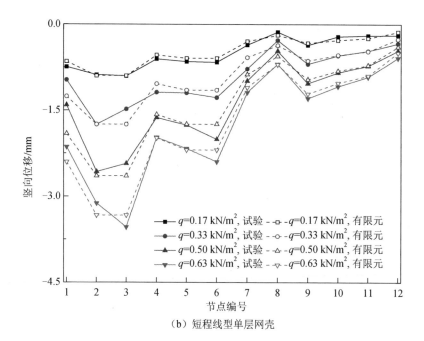

（b）短程线型单层网壳

图 7-32 　（续）

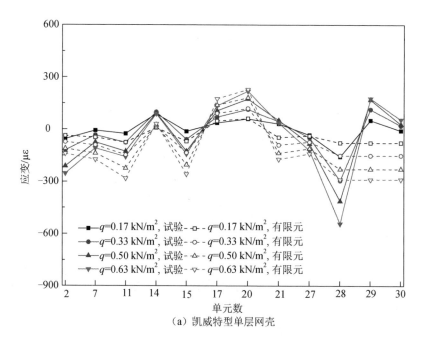

（a）凯威特型单层网壳

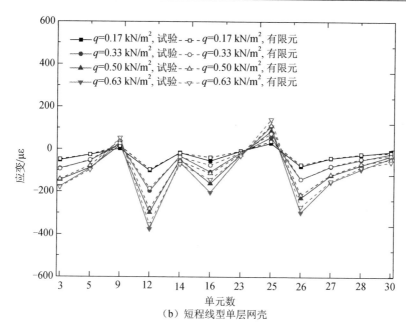

（b）短程线型单层网壳

图 7-33　静载下的荷载-应变曲线

3. 拆杆试验和有限元分析

1）应变和位移响应

为了对比不同初始失效杆件失效后损伤结构的位移响应，在静力试验后进行了拆杆试验及有限元分析。每个网壳模型选取 14 个具有代表性的初始失效杆件，如图 7-27 所示。每个工况移除一根初始失效杆件，通过对比不同工况下结构的应变和位移响应进行敏感性分析。

以拆除 K8 联方型网壳的 18 号杆件为例，试验观测到的荷载传递路径为：荷载自 18 号杆件传至相邻的 8 号和 9 号节点，再传至 5 号、8 号和 12 号节点，以及其他杆件。初始失效杆件失效过程中 5 号、8 号和 12 号节点的竖向位移响应如图 7-34（a）所示。节点位移在经历一段波动后趋于平衡，在 1.3s 后结构达到新的平衡状态。相邻的 8 和 9 号节点出现向下的位移，而 5 和 12 号节点的位移方向与之相反。位移响应最大节点为 8 号节点，位移响应为-2.4mm。在杆件 18 拆除过程中，10、16 和 17 号杆件的应变响应如图 7-35（a）所示。环向 10 号杆件的应变响应达到了-300με，高于其他杆件。

短程线网壳中，初始失效杆件 19 失效过程中 8、9 和 12 号节点的竖向位移响应如图 7-34（b）所示。与 K8 联方型网壳类似，荷载的传递路径为初始失效杆件相邻的 9 和 11 号节点，经由 15 号杆件和 23 杆件传至 8 和 12 号节点，最终导致斜向 27 号杆件的应变发生显著变化。最大位移发生在 9 号节点，位移为-2.5mm。

在初始失效杆件失效过程中，23、27 和 28 号杆件的应变响应如图 7-35（b）所示。最大应变响应出现在 27 号杆件，为-380με。数值模拟结果和试验结果吻合良好，证明了有限元模型的可靠性，可用作后续敏感性分析。

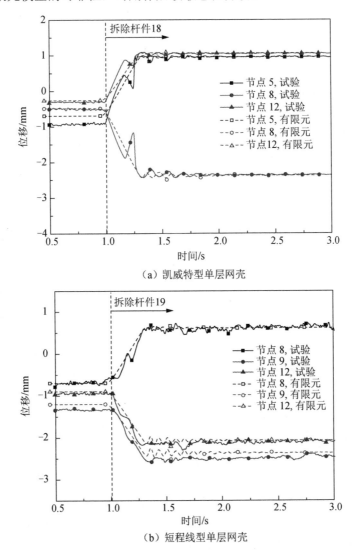

（a）凯威特型单层网壳

（b）短程线型单层网壳

图 7-34　敏感性分析中的位移时程曲线

2）敏感性分析

将试验测得的位移和应变响应代入式（2-48）和式（2-49）计算敏感性指标 S_{ij} 和重要性系数 α_{js}。K8 联方型网壳和短程线型网壳的容许应力见表 7-21 和表 7-22。K8 联方型网壳的外圈斜杆的长细比大于其他杆件。

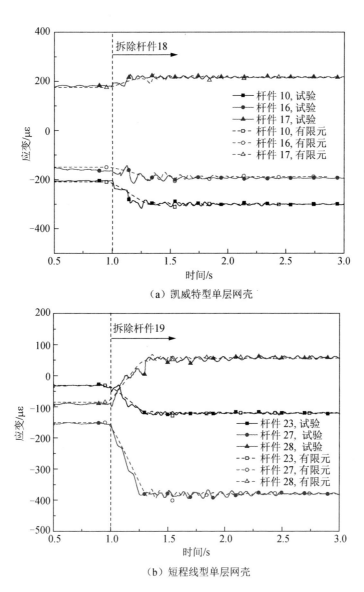

（a）凯威特型单层网壳

（b）短程线型单层网壳

图 7-35　敏感性分析中的应变时程曲线

表 7-21　K8-联方型网壳杆件的允许应变

杆件标号	有效长度/mm	回转半径/mm	长细比	ε_c/με	ε_s/με
3,17,18	231	2.704	85	2162	2706
9,10,11	234	2.704	87	2142	2706
1,2,5,13,23	318	2.704	118	1519	2706
15,16	335	2.358	142	1081	2706

续表

杆件标号	有效长度/mm	回转半径/mm	长细比	ε_c/με	ε_s/με
19,20,21,22	351	2.358	149	987	2706
4,6,7,8	369	2.358	156	902	2706
24,25,26,27	370	2.358	157	898	2706
12,14	384	2.358	163	852	2706
28,29,30,31	390	2.358	165	837	2706
32	472	2.704	175	813	2706

表 7-22　短程线型网壳杆件的允许应变

杆件标号	有效长度/mm	回转半径/mm	长细比	ε_c/με	ε_s/με
1,2,5,10,16,25	318	2.704	118	1519	2706
3	320	2.358	136	1182	2706
7	324	2.358	137	1154	2706
6	325	2.358	138	1147	2706
12	328	2.358	139	1126	2706
11,18	331	2.358	140	1106	2706
13	332	2.358	141	1100	2706
27	335	2.358	142	1081	2706
17	339	2.358	144	1056	2706
20,21	340	2.358	144	1050	2706
19	342	2.358	145	1038	2706
29,31	347	2.358	147	1009	2706
26	349	2.358	148	998	2706
30,32	353	2.358	150	976	2706
28	354	2.358	150	971	2706
22,23,24	362	2.704	134	1213	2706
14,15	370	2.704	137	1163	2706
8,9	375	2.704	139	1133	2706
4	379	2.704	140	1110	2706

最大敏感性指标 $S_{ij,\max}$ 可以反映初始失效杆件失效后的损伤结构发生连续倒塌的可能性，如图 7-36 所示。K8 联方型网壳中，10 号、23 号、26 号和 30 号杆件的 $S_{ij,\max}>0.2$，说明这些杆件相对其他杆件更为敏感。同样，短程线网壳中 16 号和 19 号杆件相对其他杆件更为敏感。$S_{ij,\max}$ 的试验结果与数值模拟结果间相对误差为 9.5%。

重要性系数 α_{js} 为剩余结构的敏感性指标平均值。但是在试验中测量所有杆件的应变数据是不现实的。在有限元模型的可靠性得到验证的基础上，α_{js} 采用有限元结果计算求得，如图 7-36（c）和（d）所示。结果表明，短程线型网壳的 α_{js} 的平均值（0.67%）大于 K8 联方型网壳（0.34%）。

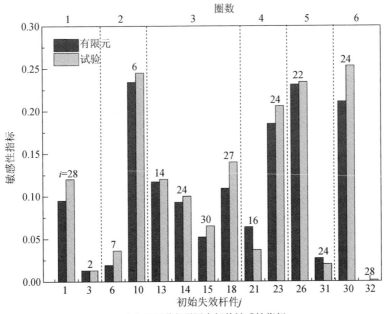

（a）K8-联方型网壳杆件敏感性指标

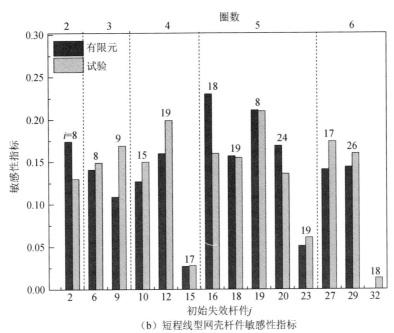

（b）短程线型网壳杆件敏感性指标

图 7-36　杆件敏感性分析结果

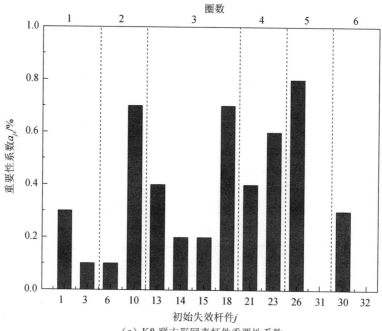

（c）K8-联方形网壳杆件重要性系数

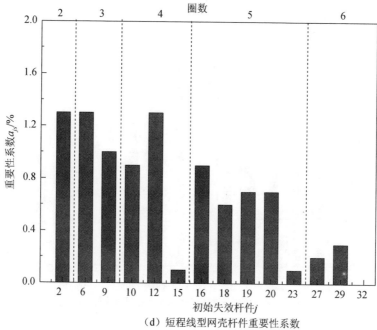

（d）短程线型网壳杆件重要性系数

图 7-36 （续）

通过弹塑性有限元分析，得到损伤结构的弹性临界位移 u_{02}，如表 7-23 所示。u_{02} 的值随着初始失效杆件和计算节点的变化而变化。根据式（2-27）计算基于最大位移响应的敏感性指标 R_{ij}，如图 7-37（a）和（b）所示。K8 联方型网壳中的 10 号、21 号杆件和短程线型网壳中的 2 号、6 号和 18 号杆件的 R_{ij} 高于其他杆件。短程线型网壳的 R_{ij} 平均值（0.43）高于 K8 联方型网壳（0.40）。K8 联方型网壳中，基于 12 号节点位移响应计算的 R_{ij} 值的误差偏大，尤其是在最后两级荷载工况下。造成误差的主要原因为 12 号节点在反复加载后的刚度退化。

表 7-23　敏感性分析试验中最大位移及相应的弹性极限位移

凯威特型网壳			短程线型网壳		
拆除杆件	产生最大位移的节点	u_{02}/mm	拆除杆件	产生最大位移的节点	u_{02}/mm
1	3	−6.11	2	3	−10.30
3	3	−7.09	6	4	−8.58
6	3	−6.15	9	5	−8.16
10	5	−8.44	10	10	−6.76
13	5	−5.88	12	9	−7.43
14	3	−5.90	15	9	−5.91
15	5	−5.96	16	10	−4.34
18	8	−7.94	18	9	−4.87
21	9	−5.93	19	9	−4.87
23	12	−6.50	20	11	−4.86
12	12	−5.87	23	11	−3.50
31	3	−5.87	27	12	−3.50
30	12	−5.87	29	11	−3.50
32	12	−5.87	32	9	−3.50

通过刚度退化率 C 也可对损伤网壳的抗连续倒塌能力进行评价。假设失效杆件的质量相对整体结构可忽略，此时网壳刚度将与其自振频率的平方成正比，损伤结构的刚度退化率 C 可表示为

$$C = \frac{K_0 - K'}{K_0} = \frac{\omega_0^2 - \omega'^2}{\omega_0^2} \tag{7-1}$$

式中：K_0 和 K'、ω_0 和 ω' 分别为完整结构和损伤结构的刚度和自振频率。

通过式（7-1）计算损伤结构的刚度退化率 C，如图 7-38 所示。通过 ABAQUS 频率分析得到损伤结构的自振频率。分析结果表明，在拆除 2 号、6 号、9 号和 10 号杆件后，短程线网壳的剩余刚度约为初始刚度的 50%。在拆除 10 号和 18 号杆件后，K8 联方型网壳的刚度下降更为显著，不到初始刚度的 31%。表明 K8 联

方型网壳相对短程线型网壳有更好的抗连续倒塌能力。基于重要性系数 α_{js} 和敏感性指标 R_{ij} 的敏感性分析结果与基于刚度退化率的分析结果是一致的。

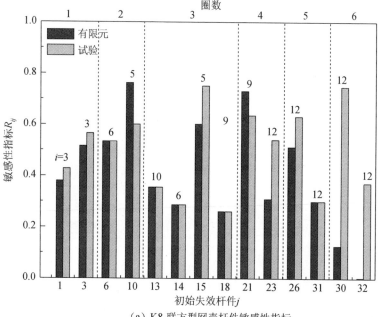

（a）K8-联方型网壳杆件敏感性指标

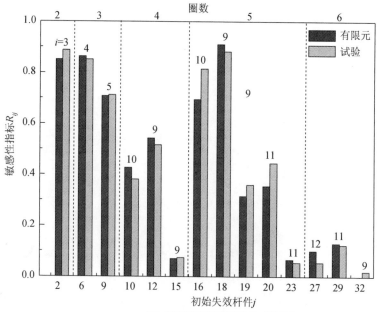

（b）短程线型网壳杆件敏感性指标

图 7-37　杆件敏感性分析结果

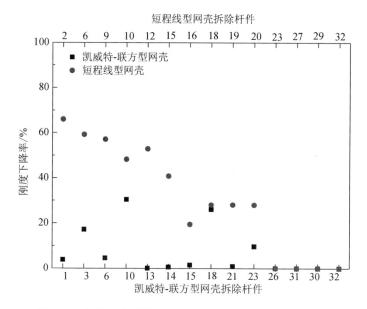

图 7-38 损伤网壳结构的刚度下降率（有限元分析结果）

4. 连续倒塌试验与有限元分析

1）试验现象

在连续倒塌试验的失效荷载为 0.83kN/m²。选择 18 号、19 号和 24 号杆件作为 K8 联方型网壳中的初始破坏杆件，并将其依次除去。19 号杆件为短程线型网壳的初始失效杆件。

对于 K8 联方型单层网壳，位于第 4 环和第 5 环的节点 8 号、9 号、11 号和 12 号的刚度在重复加载后显著降低，如图 7-39（a）所示。甚至在去除任何杆件之前，试验中观测到的位移就远大于数值计算结果，如图 7-40（a）所示。节点 12 号的最大位移达到了-3.0mm。同时，具有较高长径比的最外层斜向杆件 28 号和 30 号也已接近屈曲，如图 7-41（a）所示。最大拉应变出现在 29 号杆件（1212με），最大压应变出现在 30 号杆件（-830με）。试验中去除 18 号杆件后，节点 3 的出现下降，节点 5 号的出现上升与 28 号与 30 号杆件出现失稳，如图 7-40（b）和图 7-41（b）所示。节点 12 的最大位移增加至-5.9mm，28 号杆件的最大压应变增加到-1074με。在 17 号和 27 号杆件中也发现了明显的应变响应振动。去除 19 号杆件后，节点 8 和节点 10 出现下降，节点 12 的最大位移进一步增加到-6.4mm。在 17 号和 21 号杆件中检测到了明显的应变响应振动，以上动力响应都可以定义为局部内力重分布，并且在拆除 24 号杆件前，网壳没有发生失效。

如图 7-39（b）所示，在移除杆件 24 号之后，观察到环 4 和环 5 中的节点明显向下移动。然后失效区域逐渐延伸到顶点，局部损坏发展成剩余结构的突然倒塌，如图 7-39（c）所示。最后，整个结构移动到镜像位置。试验模型的连续倒塌也对周围的支撑具有影响，部分支撑甚至被拉掉。

（a）局部失稳

（b）失效区域扩展

（c）凯威特-联方型网壳的倒塌

（d）短程线型网壳的倒塌

（e）杆件断裂

（f）杆件弯曲

图 7-39　试验现象

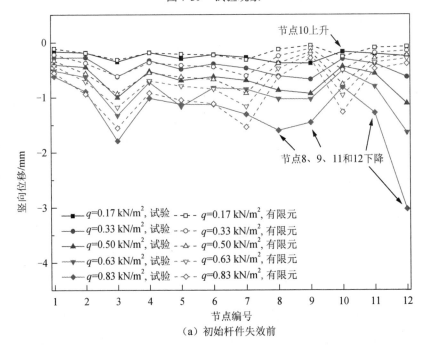

（a）初始杆件失效前

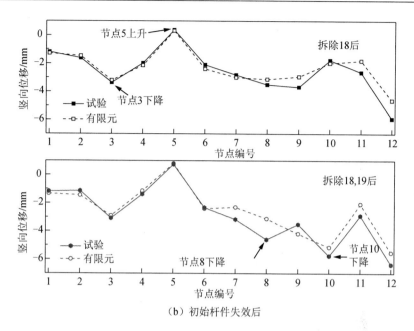

（b）初始杆件失效后

图 7-40　凯威特-联方型网壳倒塌前的节点位移响应

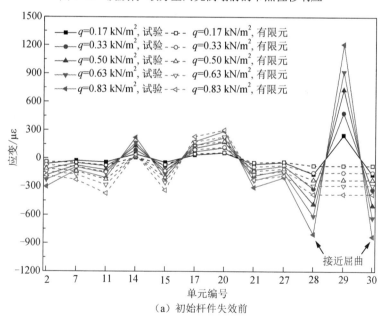

（a）初始杆件失效前

图 7-41　凯威特-联方型网壳倒塌前的节点应变响应

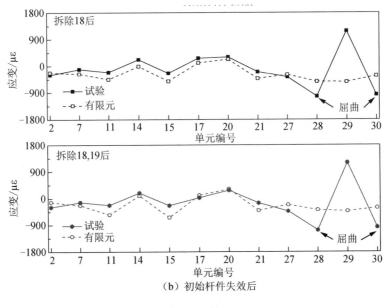

图 7-41（续）

短程线型网壳在移除 19 号杆件之前的位移和应变响应如图 7-42 和图 7-43 所示。在试验中观测到节点 9 和 10 的位置出现下降，节点 11 的位置出现升高。最大位移出现在节点 3 处（-4.4mm），约为 K8 联方型网壳的 1.5 倍。与图 7-33（b）

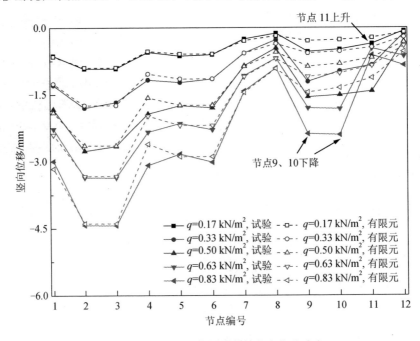

图 7-42　短程线网壳倒塌前的节点位移响应

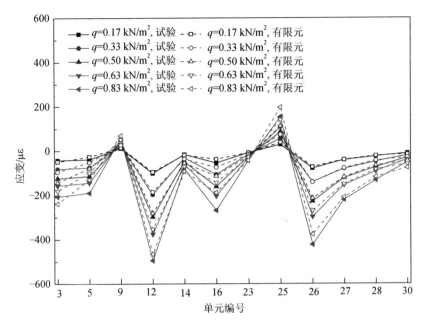

图 7-43　短程线网壳倒塌前的杆件应变响应

类似，应变响应的试验结果与有限元分析结果吻合良好。最大拉应变出现在 25
号杆件（153μs），最大压应变出现在 12 号杆件（-495μs），远小于相应的容许应
变。在移除 19 号杆件之后，相邻节点 9 和节点 11 的位移显著增加，并且失效区
域迅速扩展至网壳中心。短程线型网壳的连续倒塌表现为一种跳跃式倒塌，但结
构刚度比 K8 联方型网壳下降更快。倒塌后的试验模型如图 7-39（d）～（f）所
示，外环中的大多数杆件发生了断裂或屈曲，而所有空心铝球节点保持完好。

2）连续倒塌破坏机理

拆除 24 号杆件后的 K8 联方型网壳的位移和应变响应如图 7-44 和图 7-45 所
示，在试验中首先测得节点 8 和节点 9 向下的位移，包括环向 31 号杆件的屈曲。
随后，在杆件 28 断裂之前 0.14s 的时间内发生了局部内力重分布。接下来在 0.6s
中，从外环至中心的节点和杆件接连失效。在连续倒塌过程中节点 1、节点 2 和
节点 3 也出现了短暂的向上运动，这可以进一步证明网壳整体表现为跳跃式的倒
塌。很明显，外环长细比较大的杆件提前失效，导致初始失效杆件周边区域发生
局部失稳。以上为导致 K8 联方型网壳连续倒塌的直接原因。

短程线网壳连续倒塌过程中的位移和应变响应如图 7-46 和图 7-47 所示。由
于试验过程中位移测量仪器的暂停，图 7-46 中只给出了有限元计算结果。杆件 19
号的失效导致节点 9 和节点 11 的突然下降与节点 8 和节点 12 上升。随后节点 9
和节点 12 的位移在其连接的 12 号和 27 号杆件中产生了压力作用。此后，与节点

11 相连的 23 号、24 号和 29 号杆件的应变数据出现较大波动。如图 7-46 所示，在 0.4s 内，由于拉拽作用更多的节点受拉失效，结构刚度迅速下降。在该试验中，短程线型网壳的连续倒塌主要是由于节点位移的快速变化导致的结构刚度突然下降。

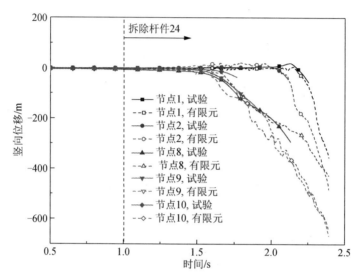

图 7-44　凯威特-联方型单层网壳倒塌时的应变时程曲线

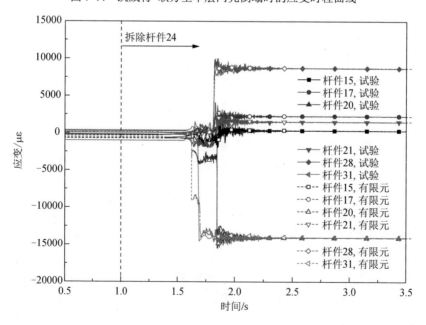

图 7-45　凯威特-联方型单层网壳倒塌时的应变时程曲线

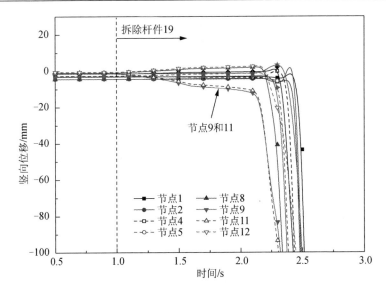

图 7-46　短程线型单层网壳倒塌时的位移时程曲线（有限元结果）

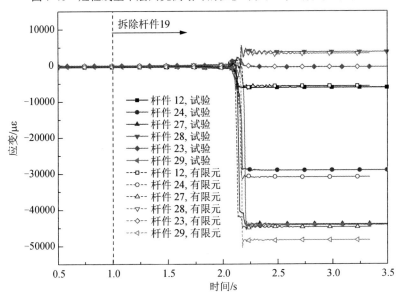

图 7-47　短程线型单层网壳倒塌时的应变时程曲线

　　本节对单层球面网壳抗连续性倒塌的试验研究和有限元分析，对单层球面网壳的抗连续性倒塌能力进行了评估，提出了基于位移响应的判别准则并在试验中得到了验证。通过备用荷载路径法揭示了两种网壳的内力重分布机制和倒塌失效过程。研究结果表明，K8 联方型网壳和短程线型网壳在试验中都表现出了跳跃式的连续倒塌模式。K8 联方型网壳的倒塌是由于初始失效杆件周边发生的局部失稳导致的，在整体倒塌之前将发生短暂的局部内力重分布；短程线型网壳的连续倒塌破坏是由节点位移的急剧变化和结构刚度的急剧下降而引起。

参 考 文 献

韩庆华, 曾沁敏, 金辉, 等, 2006. 北京奥运会老山自行车馆屋盖节点数值分析[J]. 建筑结构学报, 27(6): 101-107.

韩庆华, 王晨旭, 徐杰, 2014. 大跨双层球面网壳结构连续倒塌失效机理研究[J]. 空间结构, 20(2):29-36.

舒赣平, 余冠群, 2015. 空间管桁架结构连续倒塌试验研究[J]. 建筑钢结构进展, 17(5): 32-38.

徐公勇, 2011. 单层球面网壳抗连续倒塌分析[D]. 成都: 西南交通大学.

徐颖, 韩庆华, 练继建, 2016. 单层球面网壳抗连续倒塌性能研究[J]. 工程力学, 33(11):105-112.

尹越, 韩庆华, 刘锡良, 等, 2008. 北京 2008 奥运会老山自行车赛馆网壳结构分析与设计[J]. 天津大学学报, 41(5): 522-528.

中华人民共和国住房和城乡建设部, 2011. 空间网格结构技术规程: JGJ 7—2010[S]. 北京: 中国建筑工业出版社.

FAN F, WANG D Z, ZHI X D, et al, 2010. Failure modes of reticulated domes subjected to impact and the judgment[J]. Thin Wall Structures, 48(2), 143-149.

FAN F, YAN J C, CAO Z G, 2012. Elasto-plastic stability of single-layer reticulated domes with initial curvature of members[J]. Thin-Walled Structures, 60(10-11): 239-246.

HAN Q H, LIU M J, LU Y, et al, 2015. Progressive collapse analysis of large-span reticulated domes [J].International Journal of Steel Structures, 15(2):261-269.

HANAOR A, 1995. Design and behaviour of reticulated spatial structural systems[J]. International Journal of Space Structures, 10(3): 139-149.

LIU X L, TONG X H, YIN X J, et al, 2015. Videogrammetric technique for three-dimensional structural progressive collapse measurement[J]. Measurement, 63: 87-99.

MOHAMED O A, 2006. Progressive collapse of structures: annotated bibliography and comparison of codes and standards[J]. Journal of Performance of Constructed Facilities, 20(4): 418-425.

PANDEY P C, BARAI S V, 1997. Structural sensitivity as a measure of redundancy[J]. Journal of Structural Engineering, 123: 360-364.

YAMADA S, TAKEUCHI A, TADA Y, et al, 2001. Imperfection-sensitive overall buckling of single-layer lattice domes[J]. Journal of Engineering Mechanics, 127(4): 382-386.

ZHAO X Z, YAN S, CHEN Y Y, 2017. Comparison of progressive collapse resistance of single-layer latticed domes under different loadings[J]. Journal of Constructional Steel Research, 129:204-214.

第8章 柱面网壳结构抗连续倒塌性能分析

本章采用基于杆件承载力的敏感性分析方法，考虑了几何初始缺陷、压杆失稳等因素，对单层柱面网壳杆件和节点的敏感性进行了分析。同时分析了荷载分布形式、支承形式、矢跨比、跨度和网格布置形式等对柱面网壳抗连续倒塌性能的影响。最后以天津西站单层柱面网壳结构模型为例，分析了该柱面网壳结构的抗连续倒塌性能。

8.1 柱面网壳结构敏感性分析

8.1.1 分析模型

本节以联方型单层柱面网壳为例，分析杆件或节点失效后结构的动力响应，计算杆件和节点的敏感性指标和重要性系数，分析初始缺陷、压杆失稳等因素对杆件、节点敏感性指标的影响。

联方型单层网壳计算模型如图 8-1 所示，网壳跨度为 30m，矢跨比为 1/5，屋面恒荷载取 1.0kN/m^2，活荷载取 0.5kN/m^2，支座形式为三向固定铰支座，杆件材料性能参数如表 8-1 所示。从整体来看，纵向杆轴力较小，斜杆轴力较大，且多为压杆，荷载主要通过斜杆传递。因此斜向杆件和横向端杆杆件截面面积取较大值，而纵向端杆杆件截面面积取较小值。

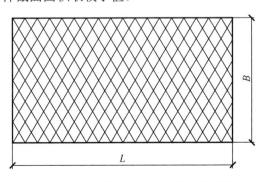

图 8-1 联方型单层柱面网壳结构模型图

表 8-1 杆件材料性能参数

E/MPa	ν	ρ / (kg/m³)	f_y/MPa	ε_p
2.1×10^5	0.3	7850	235	0.2

注：E 为弹性模量；ν 为泊松比；ρ 为密度；f_y 为材料屈服强度；ε_p 为材料失效应变。

在单层柱面网壳结构设计当中需要对结构进行静力分析，并按照特征值屈曲分析一阶模态引入初始几何缺陷（缺陷最大计算值取网壳跨度的 1/300）对结构进行双重非线性分析，验算结构的静力性能和稳定性能，计算结果如表 8-2 所示。

表 8-2 联方型单层网壳静力分析及稳定性分析计算结果

支承布置	荷载布置	杆件截面/（mm×mm）		应力/MPa	位移/mm	弹塑性极限荷载因子
四边支承	满跨均布荷载	ϕ159×9	ϕ114×4	63.77	52.94	2.13
	半跨均布荷载	ϕ159×9	ϕ114×4	63.20	48.93	2.39
纵向两边支承	满跨均布荷载	ϕ219×10	ϕ114×4	41.38	32.42	3.47
	半跨均布荷载	ϕ219×10	ϕ114×4	60.62	72.12	2.81

为了满足结构的承载能力以及正常使用的规范要求，要保持整体结构的弹塑性极限荷载因子不小于 2，同时保证在标准荷载组合下，结构的最大竖向位移小于 $B/400$。表 8-2 中选取的截面规格满足上述要求。另外，为了实现杆件拉压不等强，以表 8-3 计算出的屈曲强度引入材料的本构关系。

表 8-3 联方型单层柱面网壳受压杆件容许应力 σ_c 计算结果

项　目	四边支承			两边纵向两边支承		
	斜杆	横向端杆	纵向端杆	斜杆	横向端杆	纵向端杆
几何长度 l/mm	3160	5500	3000	3160	5500	3000
计算长度 l_0/mm	2844	4950	2700	2844	4950	2700
回转半径 i/mm	53.1	53.1	38.9	74	74	38.9
长细比 λ	54	93	69	38	67	69
σ_c/σ_t	0.962	0.744	0.897	0.982	0.909	0.897
σ_c/MPa	226	175	211	231	214	211

对结构进行连续倒塌分析时，荷载组合取为：1.0 恒载+2.0 活载。初始失效杆件和节点的选取原则如下：根据结构的对称性，在满跨均布荷载作用下，取 1/4 网壳为研究对象，而在半跨均布荷载作用下，取 1/2 网壳为研究对象，由于篇幅限制，只列出敏感性指标较大的 1/4 区域的计算结果。初始失效杆件或节点的编号及位置如图 8-2 所示。

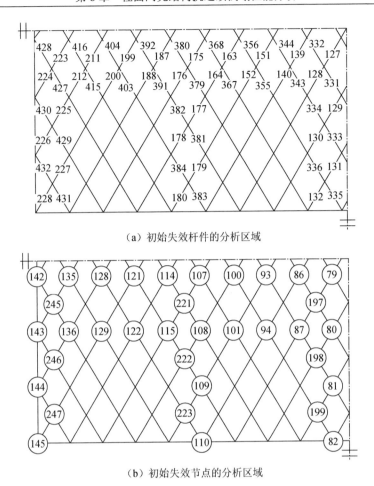

（a）初始失效杆件的分析区域

（b）初始失效节点的分析区域

图 8-2　初始失效杆件与节点的分析区域

8.1.2　四边支承柱面网壳

表 8-4 和表 8-5 列出了采用四边支承时，在满跨均布荷载和半跨均布荷载作用下，得出部分杆件、节点的敏感性指标和重要性系数，并对比分析了理想网壳、有缺陷网壳和考虑压杆屈曲的有缺陷网壳重要性系数的变化规律。

1. 杆件敏感性分析

从表 8-4 可以看出，在满跨与半跨均布荷载作用下，敏感性指标最大值 $S_{ij,\max}$ 均出现在跨中位置。在满跨均布荷载作用下，跨中 332 号杆件的敏感性指标 $S_{ij,\max}$ 最大，等于 0.313；而在半跨均布荷载的作用下，最大敏感性指标 S_{ij} 为 0.246，小于满跨均布荷载的情况。说明在四边支承条件下，满跨均布荷载起控制作用。

表 8-4　杆件的敏感性指标

荷载布置	单元	理想网壳		有缺陷网壳			有缺陷网壳（压杆屈曲）		
		$S_{ij,\max 1}$	α_{j1}	$S_{ij,\max 2}$	α_{j2}	$\Delta_1/\%$	$S_{ij,\max 3}$	α_{j3}	$\Delta_2/\%$
满跨	332	0.146	0.0051	0.282	0.0068	33	0.313	0.0074	44
	127	0.098	0.0047	0.205	0.0063	32	0.211	0.0067	42
	380	0.115	0.0053	0.176	0.0062	16	0.193	0.0066	25
	175	0.098	0.005	0.171	0.0055	11	0.177	0.0059	19
	333	0.089	0.0053	0.113	0.0068	28	0.124	0.0072	38
	228	0.105	0.0046	0.11	0.0051	11	0.107	0.0055	19
	225	0.089	0.0051	0.099	0.0055	8	0.105	0.0059	16
	336	0.072	0.0053	0.088	0.0067	26	0.091	0.0071	34
	381	0.078	0.0052	0.074	0.0059	13	0.082	0.0064	23
	226	0.067	0.0048	0.075	0.0051	8	0.08	0.0056	17
半跨	332	0.138	0.0045	0.224	0.0054	22	0.246	0.0058	31
	380	0.155	0.0075	0.213	0.0081	8	0.232	0.0086	15
	127	0.093	0.0038	0.15	0.0045	18	0.155	0.0048	25
	383	0.124	0.0074	0.135	0.0079	7	0.144	0.0086	16
	381	0.106	0.0076	0.11	0.0082	8	0.118	0.0088	16
	428	0.096	0.0053	0.108	0.0053	0	0.116	0.0058	10
	384	0.121	0.0081	0.109	0.0089	10	0.115	0.0096	18
	131	0.071	0.0054	0.096	0.0065	19	0.104	0.0069	27
	336	0.079	0.0057	0.093	0.0068	19	0.099	0.0072	27
	427	0.087	0.006	0.084	0.0061	1	0.088	0.0066	10

注：$\Delta_1 = (\alpha_{j2} - \alpha_{j1})/\alpha_{j1}$；$\Delta_2 = (\alpha_{j3} - \alpha_{j1})/\alpha_{j1}$，下同。

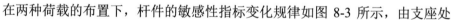

　　在两种荷载的布置下，杆件的敏感性指标变化规律如图 8-3 所示，由支座处

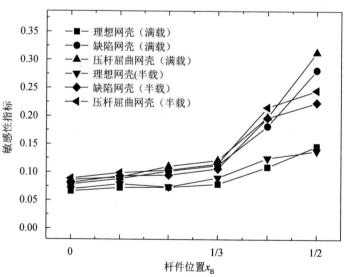

图 8-3　杆件的敏感性指标（四边支承）
注：横坐标 x_{B} 为杆件下端节点坐标与网壳跨度比值，下同

往跨中逐渐增大。另外，在考虑初始缺陷的情况下，杆件的重要性系数 α_j 增大了 1%～33%；在考虑压杆屈曲的情况下，其重要性系数 α_j 增加了 10%～44%。因此，在计算杆件的敏感性指标时，需要考虑初始缺陷以及压杆屈曲的影响。

2. 节点敏感性分析

从表 8-5 和图 8-4 中可以看出，在满跨均布荷载作用下，节点敏感性从支座处向跨中逐渐增大。跨中节点 79～114 敏感性指标 $S_{ij,\max}$ 均达到最大值 1，说明在这些节点失效之后，邻近杆件将发生后续失效，如图 8-5 所示。这类当初始破坏发生后容易引起结构显著内力重分布或导致连续倒塌破坏的构件称之为敏感构件。

表 8-5　节点的敏感性指标

荷载布置	节点编号	理想网壳		有缺陷网壳			有缺陷网壳（压杆屈曲）		
		$S_{ij,\max 1}$	α_{j1}	$S_{ij,\max 2}$	α_{j2}	$\Delta_1/\%$	$S_{ij,\max 3}$	α_{j3}	$\Delta_2/\%$
满跨	86	0.693	0.0129	1.000	0.0197	52	1.000	0.0208	61
	79	0.694	0.0128	1.000	0.0197	53	1.000	0.0208	62
	93	0.685	0.0129	1.000	0.0193	50	1.000	0.0204	59
	100	0.692	0.0130	0.985	0.0184	42	1.000	0.0194	50
	107	0.678	0.0128	0.909	0.0170	32	1.000	0.0181	41
	197	0.571	0.0122	0.698	0.0176	45	0.725	0.0185	52
	80	0.640	0.0115	0.662	0.0151	31	0.718	0.0160	39
	108	0.643	0.0113	0.648	0.0131	15	0.705	0.0139	22
	221	0.603	0.0119	0.595	0.0143	20	0.621	0.0150	26
	245	0.542	0.0071	0.551	0.0075	6	0.551	0.0079	11
半跨	101	0.594	0.012	0.766	0.014	12	0.838	0.015	18
	94	0.603	0.012	0.767	0.013	13	0.837	0.014	20
	87	0.602	0.011	0.761	0.013	16	0.831	0.014	22
	108	0.596	0.013	0.757	0.014	8	0.828	0.015	15
	80	0.601	0.012	0.752	0.013	14	0.808	0.014	20
	221	0.627	0.013	0.607	0.015	12	0.607	0.015	17
	197	0.592	0.012	0.585	0.014	25	0.606	0.015	30
	245	0.570	0.011	0.568	0.011	28	0.568	0.012	9
	79	0.506	0.009	0.473	0.012	37	0.507	0.012	43
	107	0.490	0.010	0.451	0.011	12	0.484	0.012	22

将杆件 317 的截面尺寸加强到 $\phi 168\text{mm}\times 10\text{mm}$，此时节点 79 的敏感性指标最大值从 1 降低到 0.899，而且重要性系数降为 0.0154，比原来降低了 35%，结构不会发生连续倒塌破坏。这类当初始破坏发生后能够有效遏制或阻断结构连续倒塌破坏的构件称之为关键构件。在满跨均布荷载作用下，结构敏感节点和关键构件的分布位置如图 8-6 所示，跨中节点为敏感节点，与之相邻斜杆为关键构件。

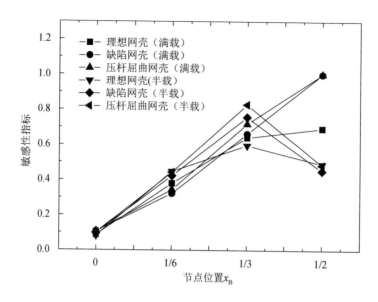

图 8-4　节点的敏感性指标分布（四边支承）

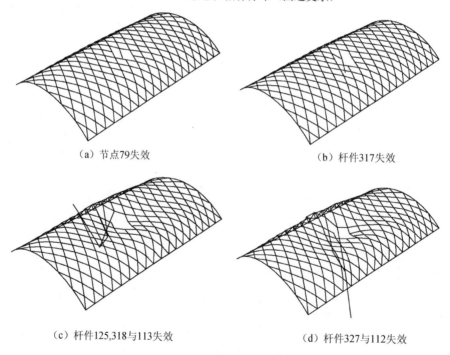

（a）节点79失效　　　　　　　　　　　　（b）杆件317失效

（c）杆件125,318与113失效　　　　　　　（d）杆件327与112失效

图 8-5　节点失效后的倒塌过程

在半跨均布荷载作用下,敏感性指标最大的节点出现在1/3跨处且均未达到1,如图8-4所示,邻近杆件不会发生后续失效,且支座处节点重要性系数最小。

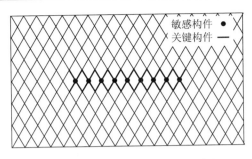

图 8-6　敏感节点与关键构件的分布

　　考虑初始缺陷的网壳比理想结构节点的重要性系数增加了 6%~53%；考虑压杆屈曲时，杆件的敏感性指标 $S_{ij,max}$ 以及重要性系数 α_j 增加了 9%~62%，因此，在对节点进行敏感性分析时，不应忽略结构的初始缺陷和压杆屈曲。

8.1.3　两边纵向支承柱面网壳

　　表 8-6 和表 8-7 列出了采用纵向两边支承时，在满跨均布荷载和半跨均布荷载作用下，部分杆件、节点的敏感性指标和重要性系数。

表 8-6　杆件的敏感性指标

荷载布置	单元编号	理想网壳		有缺陷网壳			有缺陷网壳（压杆屈曲）		
		$S_{ij,max\,1}$	α_{j1}	$S_{ij,max\,2}$	α_{j2}	$\Delta_1/\%$	$S_{ij,max\,3}$	α_{j3}	$\Delta_2/\%$
满跨	228	0.09	0.0026	0.093	0.0029	12	0.086	0.003	14
	225	0.062	0.0014	0.074	0.002	41	0.076	0.0021	45
	227	0.06	0.0027	0.063	0.0033	22	0.064	0.0035	26
	179	0.042	0.0016	0.053	0.002	28	0.053	0.0021	32
	131	0.041	0.0017	0.051	0.0021	25	0.051	0.0022	29
	332	0.045	0.0017	0.048	0.0018	1	0.05	0.0018	4
	177	0.033	0.0017	0.043	0.0023	35	0.043	0.0024	38
	180	0.038	0.0014	0.041	0.0016	11	0.039	0.0016	14
	178	0.03	0.0017	0.038	0.0023	36	0.038	0.0024	38
	130	0.029	0.0017	0.038	0.0024	35	0.038	0.0024	38
半跨	430	0.114	0.0015	0.159	0.0021	38	0.166	0.0022	41
	128	0.123	0.0021	0.159	0.0025	19	0.166	0.0026	22
	382	0.118	0.0029	0.154	0.0036	24	0.161	0.0037	28
	334	0.114	0.0026	0.148	0.0032	25	0.155	0.0033	28
	379	0.108	0.0024	0.139	0.0029	20	0.141	0.003	23
	331	0.105	0.0023	0.136	0.0027	20	0.138	0.0028	22
	225	0.107	0.002	0.134	0.0026	28	0.136	0.0027	31
	132	0.061	0.0016	0.073	0.0018	11	0.069	0.0018	11
	383	0.027	0.0012	0.04	0.0014	18	0.043	0.0015	20
	431	0.025	0.0007	0.03	0.0008	26	0.032	0.0009	32

表 8-7　节点的敏感性指标

荷载布置	节点编号	理想网壳		有缺陷网壳			有缺陷网壳（压杆屈曲）		
		$S_{ij,\max 1}$	α_{j1}	$S_{ij,\max 2}$	α_{j2}	$\Delta_1/\%$	$S_{ij,\max 3}$	α_{j3}	$\Delta_2/\%$
满跨	114	0.310	0.0048	0.303	0.0055	15	0.307	0.0056	17
	107	0.308	0.0048	0.293	0.0055	14	0.297	0.0056	16
	100	0.303	0.0049	0.288	0.0054	11	0.291	0.0056	13
	93	0.301	0.0049	0.285	0.0054	11	0.289	0.0055	13
	79	0.300	0.0049	0.285	0.0054	10	0.289	0.0055	12
	86	0.299	0.0049	0.285	0.0054	10	0.289	0.0055	13
	80	0.295	0.0047	0.258	0.0052	10	0.262	0.0053	13
	108	0.283	0.0046	0.240	0.0049	8	0.245	0.0051	10
	145	0.213	0.0091	0.238	0.0113	24	0.233	0.0118	30
	144	0.197	0.0061	0.219	0.0086	40	0.225	0.0090	46
半跨	108	0.363	0.0075	0.415	0.0091	22	0.431	0.0092	23
	101	0.363	0.0075	0.414	0.0091	22	0.430	0.0093	24
	94	0.362	0.0075	0.413	0.0091	22	0.428	0.0093	24
	86	0.361	0.0075	0.412	0.0091	22	0.428	0.0093	24
	80	0.361	0.0075	0.412	0.0091	22	0.427	0.0093	24
	115	0.359	0.0075	0.411	0.0091	22	0.427	0.0093	24
	143	0.284	0.0072	0.329	0.0093	29	0.342	0.0094	31
	246	0.261	0.0060	0.317	0.0077	28	0.326	0.0078	30
	198	0.228	0.0070	0.279	0.0089	27	0.286	0.0091	29
	222	0.222	0.0072	0.273	0.0091	27	0.279	0.0093	29

1. 杆件敏感性分析

从表 8-6 中可以看出，在满跨均布荷载作用下，敏感性指标最大的杆件出现在支座附近，角部支座处杆件 228 的 $S_{ij,\max}$ 达到 0.086 时为最大。此时，端部杆件敏感性分布规律为由跨中向支座处逐渐增大，如图 8-7 所示。

在半跨均布荷载作用下，位于 1/3 跨处的杆件 430，其 $S_{ij,\max}$ 达到 0.166 时为最大，而支座处敏感性指标最小，如图 8-7 所示。半跨均布荷载作用下杆件敏感性指标最大值为满跨情况的 2 倍，说明在纵边支承条件下，由半跨均布荷载起控制作用。

在考虑初始缺陷的情况下，杆件重要性系数比理想网壳增加了 1%~41%；在考虑压杆屈曲的情况下，杆件重要性系数比理想网壳增加了 4%~45%。

2. 节点敏感性分析

如表 8-7 所示，在满跨均布荷载作用下，114 号节点敏感性指标最大，为 0.307，节点敏感性指标从支座处向跨中逐渐增大；在半跨均布荷载作用下，108 号节点敏感性指标最大，为 0.431，节点敏感性指标在 1/3 跨度处取得最大值，而在支座处最小，如图 8-8 所示。

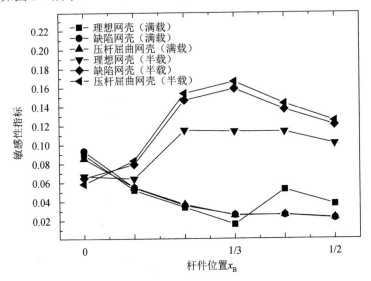

图 8-7　杆件的敏感性分布（纵向两边支承）

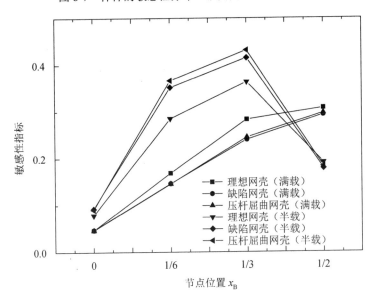

图 8-8　节点的敏感性分布（纵向两边支承）

考虑初始缺陷的网壳比理想结构节点的重要性系数增加了 8%～40%；考虑压杆屈曲时，杆件的重要性系数增加了 10%～46%。

综上所述，在沿纵向两边布置支承的情况下，杆件最大敏感性指标只达到

0.166，节点最大敏感性指标达到 0.431，不会引起相邻杆件失效，结构不易发生连续倒塌破坏。

本节采用基于构件承载能力的敏感性评价指标，分析了不同荷载布置、支承方式下单层柱面网壳的抗连续倒塌性能和破坏模式：

（1）当采用四边支承时，满跨均布荷载起控制作用，杆件敏感性指标由支座向跨中逐渐增大，节点敏感性指标在跨中处达到最大值 1，在支承处最小，此时跨中节点为敏感构件，与之相邻斜杆为关键构件，而对于关键杆件进行加强有效提高结构的抗连续倒塌性能；半跨均布荷载作用下，敏感性指标最大的节点出现在 1/3 跨处且均未达到 1。

（2）当采用纵向两边支承时，半跨均布荷载起控制作用，杆件和节点的敏感性指标在 1/3 跨处最大，在支座处最小；在满跨均布荷载作用下，杆件敏感性指标最大值出现在角部支座处，而跨中和 1/3 跨度处较小，节点敏感性指标从支承处向跨中逐渐增大。

8.2　单层柱面网壳抗连续倒塌性能参数化分析

柱面网壳抗连续倒塌性能有很多影响因素，如网格形式、初始缺陷、压杆失稳、节点刚度、支座布置形式、几何参数、本构关系、荷载布置形式等，这些因素都会对网壳的连续倒塌有影响。

在进行单层柱面网壳抗连续倒塌性能参数化分析时，矢跨比分别取 1/2、1/3、1/4 和 1/5，跨度分别取 16m、20m、24m 和 28m，支承形式为四边支承和两纵边支承，网格形式包括联方型、单向斜杆型和三向网格型。变跨度时取最不利矢跨比（1/4），每种支承形式均考虑满跨和半跨荷载的情况，变网格形式时，取最不利支承形式、跨度和矢跨比来考虑。

8.2.1　支承形式

以四边支承网壳以及两纵向边支承网壳为分析对象，分别对网壳节点敏感性指标分布规律进行分析，如图 8-9 所示。

图 8-9 表明，在四边支承的情况下，满跨均布荷载起控制作用，节点敏感性在跨中为最大，其变换规律由支座处往跨中处逐渐增大，而跨中节点的敏感性指标能达到 1；在两纵向边支承的情况下，半跨均布荷载起控制作用，节点敏感性在 1/3 跨中处为最大，但其敏感性指标未达到 1，因此结构不易发生连续倒塌。四边支承情况的节点敏感性比两纵向边支承的敏感性大，主要的原因是，当使用四边支承时，截面设计可选取较小（由杆件应力比控制）；而当两纵向边支承时，为了满足结构的允许竖向位移要选取较大的杆件截面。当符合上面的设计条件时，四边支承的情况比两纵向边支承更容易发生连续倒塌。

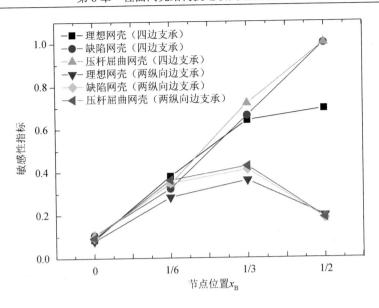

图 8-9　不同支承形式网壳节点敏感性指标分布

8.2.2　矢跨比

1. 截面选取

表 8-8 列出了不同矢跨比单层柱面网壳连续倒塌分析模型截面选取情况。

表 8-8　不同失跨比单层柱面网壳截面选取

网格尺寸	支承布置	荷载布置	杆件截面/（mm×mm）		应力/MPa	位移/mm	弹塑性极限荷载因子
S30H6L54	四边支承	满跨均布	$\phi 159\times 9$	$\phi 114\times 4$	63.77	52.94	2.13
		半跨均布	$\phi 159\times 9$	$\phi 114\times 4$	63.20	48.93	2.39
	纵向两边支承	满跨均布	$\phi 219\times 10$	$\phi 114\times 4$	41.38	32.42	3.47
		半跨均布	$\phi 219\times 10$	$\phi 114\times 4$	60.62	72.12	2.81
S30H7.5L54	四边支承	满跨均布	$\phi 159\times 9$	$\phi 114\times 4$	73.36	68.67	2.01
		半跨均布	$\phi 159\times 9$	$\phi 114\times 4$	75.80	57.40	2.31
	纵向两边支承	满跨均布	$\phi 219\times 10$	$\phi 114\times 4$	31.00	37.70	3.47
		半跨均布	$\phi 219\times 10$	$\phi 114\times 4$	58.14	69.77	2.85
S30H10L54	四边支承	满跨均布	$\phi 194\times 10$	$\phi 114\times 4$	64.70	75.00	2.92
		半跨均布	$\phi 194\times 10$	$\phi 114\times 4$	52.11	63.34	3.36
	纵向两边支承	满跨均布	$\phi 219\times 14$	$\phi 114\times 4$	35.27	45.19	4.04
		半跨均布	$\phi 219\times 14$	$\phi 114\times 4$	42.75	74.06	3.43
S30H15L54	四边支承	满跨均布	$\phi 273\times 16$	$\phi 140\times 8$	49.26	72.18	6.71
		半跨均布	$\phi 273\times 16$	$\phi 140\times 8$	39.88	60.07	7.67
	纵向两边支承	满跨均布	$\phi 273\times 16$	$\phi 140\times 8$	49.15	72.93	4.55
		半跨均布	$\phi 273\times 16$	$\phi 140\times 8$	40.84	67.0	4.95

注：S 为跨度；H 为矢高；L 为纵向长度。

2. 敏感性分析

根据以上分析，由于杆件与节点敏感性的分布规律基本一致，下面只针对网壳的节点进行参数化分析，得到节点敏感性的分布规律。另外，以表 8-8 的稳定计算结果为依据，当边界条件为两边纵向支承，半跨均布荷载起控制作用时，只针对半跨均布荷载进行分析；当边界条件为四边支承，满跨均布荷载起控制作用时，只针对满跨均布荷载进行分析。不同矢跨比两纵向边支承网壳及四边支承网壳的节点敏感性指标变化规律如图 8-10 所示。

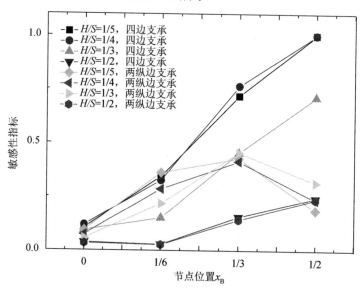

图 8-10　不同矢跨比网壳节点敏感性指标变化规律

在两边纵向支承的情况下，矢跨比为 1/5～1/2 的柱面网壳以半跨均布荷载起控制作用，其余矢跨比的柱面网壳，由满跨均布荷载起控制作用。矢跨比为 1/5～1/3 时，节点敏感性在 1/3 跨处最大，其变换规律由支座处向 1/3 跨处逐渐增大。而矢跨比为 1/2 时，节点敏感性在 1/2 跨处为最大，其变换规律由支座处向跨中处逐渐增大。

在四边支承的情况下，满跨均布荷载起控制作用。对于矢跨比为 1/5～1/2 时，节点敏感性在跨中处最大，其变换规律由支座处向跨中处逐渐增大。当矢跨比为 1/5～1/4 时，其节点敏感性指标都达到 1，认为相邻杆件发生失效，此节点为敏感节点。

8.2.3　跨度

1. 截面选取

表 8-9 列出了不同跨度单层柱面网壳连续倒塌分析模型杆件选取情况。

表8-9　不同跨度单层柱面网壳截面选取

网格尺寸	支承布置	荷载布置	杆件截面/（mm×mm）		应力/MPa	位移/mm	弹塑性极限荷载因子
S16H4L30	四边支承	满跨均布	$\phi102\times6$	$\phi60\times4$	66.11	37.90	2.08
		半跨均布	$\phi102\times6$	$\phi60\times4$	46.13	31.66	2.31
	纵向两边支承	满跨均布	$\phi140\times8$	$\phi70\times4$	49.48	24.33	3.73
		半跨均布	$\phi140\times8$	$\phi70\times4$	50.26	38.76	3.15
S20H5L36	四边支承	满跨均布	$\phi121\times6.5$	$\phi60\times4$	68.01	49.58	2.13
		半跨均布	$\phi121\times6.5$	$\phi60\times4$	67.28	41.41	2.26
	纵向两边支承	满跨均布	$\phi159\times9$	$\phi83\times4$	44.70	29.06	3.52
		半跨均布	$\phi159\times9$	$\phi83\times4$	54.16	48.67	2.95
S24H6L42	四边支承	满跨均布	$\phi140\times7.5$	$\phi76\times4$	61.98	53.91	2.15
		半跨均布	$\phi140\times7.5$	$\phi76\times4$	61.36	45.03	2.44
	纵向两边支承	满跨均布	$\phi180\times10$	$\phi95\times4$	38.89	32.93	3.52
		半跨均布	$\phi180\times10$	$\phi95\times4$	52.13	57.42	2.92
S28H7L48	四边支承	满跨均布	$\phi159\times7.5$	$\phi89\times4$	63.09	62.73	2.06
		半跨均布	$\phi159\times7.5$	$\phi89\times4$	63.26	52.43	2.35
	纵向两边支承	满跨均布	$\phi203\times10$	$\phi114\times4$	29.73	37.78	3.34
		半跨均布	$\phi203\times10$	$\phi114\times4$	52.21	68.42	2.78

注：S 为跨度；H 为矢高；L 为长度。

表 8-9 说明，在四边支承情况下，满跨均布荷载最为不利，由稳定荷载因子来控制设计；在两纵向边支承情况下，半跨均布荷载布置最为不利，由位移来控制设计。

2. 敏感性分析

两纵向边支承网壳及四边支承网壳节点敏感性分析结果如图 8-11 所示。在两

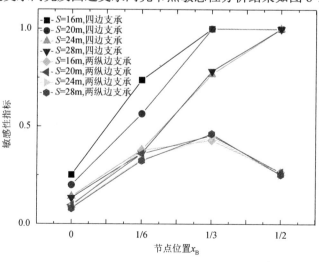

图 8-11　不同跨度网壳节点敏感性指标变化规律

边纵向支承的情况下，半跨均布荷载起控制作用。对于矢跨比（1/5～1/2），节点敏感性指标由支座向 1/3 跨度处逐渐增大而在跨中处有所减小，最大值出现在 1/3 跨度处。在四边支承的情况下，满跨均布荷载起控制作用。对于矢跨比（1/5～1/2），节点敏感性指标由支座向跨中逐渐增大，最大值出现在跨中。

8.2.4 网格布置形式

1. 三向网格柱面网壳

1）截面选取

三向网格柱面网壳截面选取情况如表 8-10 所示，三向网格模型图如图 8-12 所示，节点的分析区域如图 8-13 所示。

表 8-10 三向网格柱面网壳截面选取

网格尺寸	支承布置	荷载布置	杆件截面/（mm×mm）		应力/MPa	位移/mm	弹塑性极限荷载因子
S30H75L54	四边支承	满跨均布荷载	$\phi 140\times6$	$\phi 89\times4$	123.9	48.60	2.10
		半跨均布荷载	$\phi 140\times6$	$\phi 89\times4$	123.7	50.80	2.22
	纵向两边支承	满跨均布荷载	$\phi 219\times9$	$\phi 114\times4$	29.66	25.22	3.15
		半跨均布荷载	$\phi 219\times9$	$\phi 114\times4$	48.85	73.25	2.61

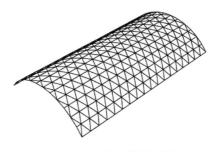

图 8-12 三向网格模型图

2）敏感性分析

三向网格柱面网壳敏感性分析结果如图8-14所示。当边界条件为四边支承时，节点的最大敏感性出现在 1/2 跨处，其敏感系数已达到 1。节点的敏感性由支承处往跨中逐渐增大。当边界条件为两纵向边支承时，节点的最大敏感性出现在 1/3 处，其敏感性由支承处往跨中逐渐增大。

2. 单向斜杆正交正放柱面网壳

1）截面选取

单向斜杆正交正放柱面网壳截面选取情况见表 8-11，其网格图形如图 8-15 所示，节点的分析区域如图 8-16 所示。

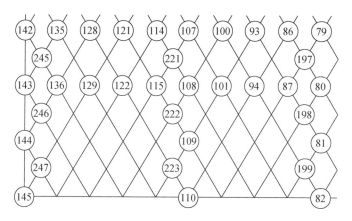

图 8-13　节点的分析区域

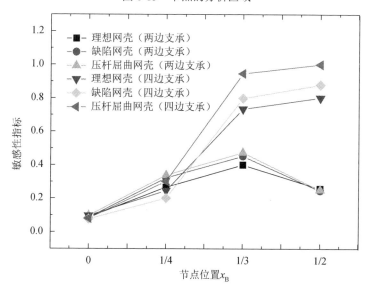

图 8-14　三向网格网壳节点敏感性指标变化规律

表 8-11　单向斜杆正交正放柱面网壳截面选取

网格尺寸	支承布置	荷载布置	杆件截面/（mm×mm）			应力/MPa	位移/mm	弹塑性极限荷载因子
S30 H75 L54	四边支承	满跨均布荷载	$\phi140\times7$	$\phi127\times6$	$\phi89\times4$	86.48	69.80	2.05
		半跨均布荷载	$\phi140\times7$	$\phi127\times6$	$\phi89\times4$	95.11	68.85	2.15
	纵向两边支承	满跨均布荷载	$\phi219\times12$	$\phi194\times9$	$\phi114\times4$	16.84	25.62	3.00
		半跨均布荷载	$\phi219\times12$	$\phi194\times9$	$\phi114\times4$	32.64	74.62	2.47

2）敏感性分析

单向斜杆正交正放柱面网壳节点敏感性分析结果如图 8-17 所示。当边界条件为四边支承时，节点的最大敏感性出现在 1/4～1/3 处，多个节点敏感系数已达到 1，节点的敏感性由支承处往跨中逐渐增大。当位置 5/12 的节点发生失效后，其只引起相邻的几个斜向杆与纵向杆件失效，却没有引起横向的主要受力杆件发生失效。因此，敏感构件主要出现在 1/4 与 1/3 跨处。当边界条件为两纵向边支承时，节点的最大敏感性出现在 1/4 处，其敏感性由支承处往 1/3 跨处逐渐增大。

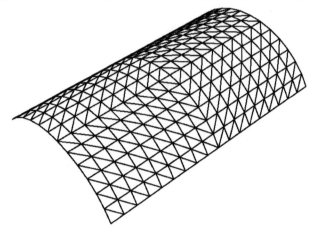

图 8-15　单向斜杆正交正放网格模型

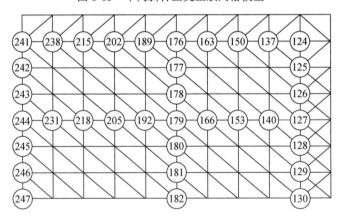

图 8-16　节点的分析区域

本节分析了矢跨比、跨度、网格形式、支承形式等对柱面网壳抗连续倒塌性能的影响：

（1）随着矢跨比的增加，节点的敏感性逐渐减少，初始缺陷的影响逐渐降低，而 1/5～1/4 矢跨比的柱面网壳结构最为敏感。

（2）当采用单向斜杆正交正放形网格时，四边支承情况下，敏感构件主要出现在 1/4 与 1/3 跨处；两纵向边支承情况下，最大敏感性节点出现在 1/4 跨处；当采用三向形网格时，四边支承情况下，敏感构件主要出现在跨中处；两纵向边支承情况下，最大敏感性节点出现在 1/3 跨处。

（3）三种网格形式单层柱面网壳杆件和节点冗余度指标大多由满跨均布荷载控制，单向斜杆柱面网壳杆件和节点冗余度指标在全跨范围内均大于其他两种网格形式。

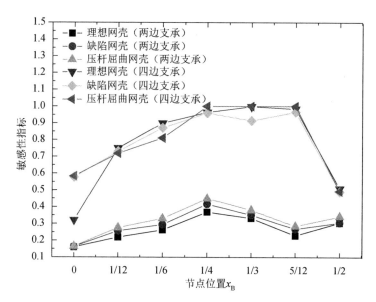

图 8-17　单向斜杆正交正放网壳节点敏感性指标变化规律

8.3　单层柱面网壳结构抗连续倒塌工程实例分析

8.3.1　天津西站单层柱面网壳结构模型

京沪高铁天津西站站房（图 8-18）位于天津市红桥区。北邻子牙河，南面西青道，东至西站前街，西至复兴路延长线。其所处用地为东西长约 800m、南北长约 400m 的狭长地块。

车站模型为最高聚集人数 5000 人。建筑面积 229 291m²，其中站房 104 481m²，雨棚投影面积 75 515m²。站房部分地下层 32 053m²，高架层 49 540m²。其中，拱形屋面为联方网格型单层柱面网壳（图 8-19），为本章研究的主体。柱面网壳结构的跨度为 114m，矢高 35.9m，长度 365.5m，含悬挑长度 398m，展开面积 55 000m²。该网壳结构采用非等厚壳面——下厚上薄，即为双向变截面。

具体屋面结构的形式为：

（1）采用单层柱面网壳形式，网格形式为联方网格。

（2）网壳跨度 114m，矢高 35.9m。

（3）网壳结构采用双向变截面箱梁，钢材规格为 Q345。柱脚处梁高为 3000mm，

翼缘宽 800mm；拱顶处梁高为 1000mm，翼缘宽 2000mm，边拱的截面厚度为
25mm，其余拱截面厚度为 16mm。

（a）外景图

（b）内视图

图 8-18　天津西站全景图

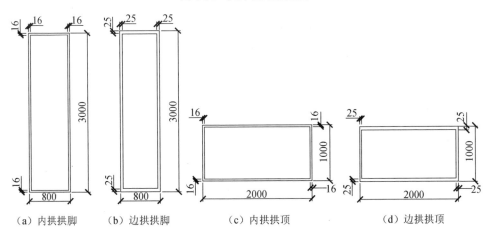

（a）内拱拱脚　　（b）边拱拱脚　　　（c）内拱拱顶　　　　（d）边拱拱顶

图 8-19　屋面网壳截面尺寸（单位：mm）

荷载布置如下：

（1）恒载：除钢结构自重外，根据屋面做法取屋面恒载为 1.2kN/m² （含屋面
可能设置的设备、吊顶等）。

（2）活载：考虑到本屋面为不上人屋面，取屋面活荷载为 0.5kN/m²。

按照荷载基本组合计算得到结构最大位移为 0.163m，根据《空间网格结构技
术规程》可知，单层网壳结构的最大位移计算值不应超过短向跨度的 1/400，该网
壳短向跨度 114m，单层网壳结构的最大位移小于短向跨度的 1/400（为 B/700），
故结构的挠度满足规范要求。

利用 ABAQUS 自带的 Tapered Beam 变截面功能建立各个不同截面梁，如
图 8-20 所示。接着使用动力隐式分析计算出结构失效前后的杆件应力，最终计算
出各个构件的敏感性指标。

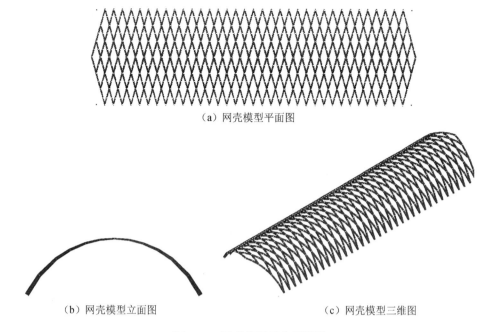

（a）网壳模型平面图

（b）网壳模型立面图　　　　　　　　（c）网壳模型三维图

图 8-20　网壳有限元分析模型

8.3.2　杆件敏感性分析

　　天津西站网壳杆件编号如图 8-21 所示，计算得到在满跨及半跨均布荷载作用下，杆件敏感性指标分布规律如图 8-22 所示。满跨均布荷载作用下杆件敏感性指标较大，在不同的荷载布置情况，杆件的敏感性分布基本一致。因此下面对节点敏感性进行分析时，可单独考虑满跨均布荷载情况。整体来看，边跨较大敏感性杆件主要出现在悬挑部分，支座处最大；而且往中心区域，敏感性较大的杆件主要出现在第二榀一列处，也就是在 1/3 区域的杆件，如图 8-23 所示。以上分布规律与第 8.1、8.2 节一致。综上所述，可认为天津西站网壳结构具有较强的抗连续倒塌能力。

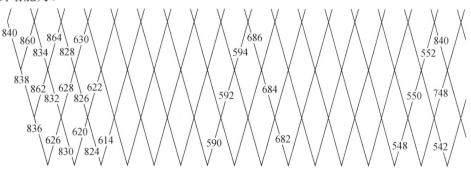

图 8-21　网壳杆件编号

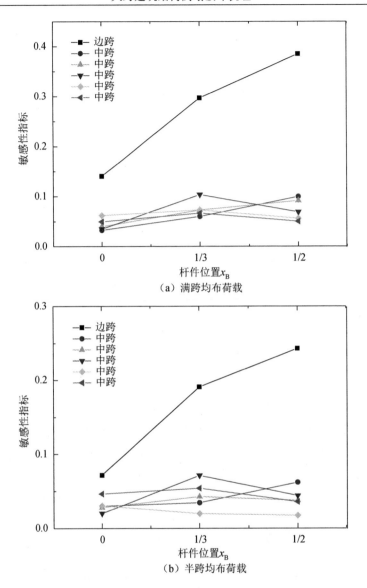

（a）满跨均布荷载

（b）半跨均布荷载

图 8-22　杆件敏感性指标分布规律

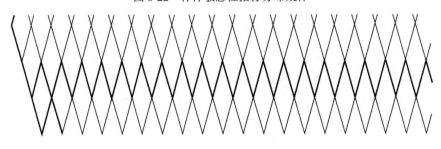

图 8-23　敏感性较大的杆件分布

8.3.3　节点敏感性分析

天津西站网壳杆件编号如图 8-24 所示，计算得到在满跨均布荷载作用下，节点敏感性指标分布规律如图 8-25 所示。

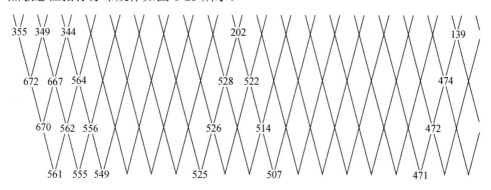

图 8-24　网壳节点编号

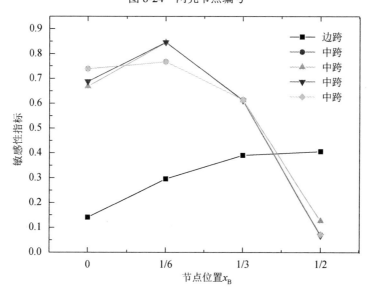

图 8-25　节点敏感性指标分布规律

由图 8-25 可知，在边跨部位，支座处节点最为敏感，而再往网壳中心区域，最大敏感性节点主要分布在 1/3 跨处，其最大敏感性指标为 0.846，如图 8-26 所示。综上所述，单个节点破坏对结构的抗倒塌性能有较大影响，但此结构仍旧安全，具有足够的冗余度和抗连续倒塌性能。

本节以天津西站单层柱面网壳结构为工程实例，分别计算了控制荷载作用下结构杆件和节点的敏感性指标分布规律。研究结果表明，边跨敏感性指标较大杆件主要出现在悬挑部位，支座处最大；中跨敏感性指标较大杆件主要出现在 1/3

跨度处。节点敏感性指标与杆件敏感性指标分布规律基本一致，节点最大敏感性指标为 0.846。

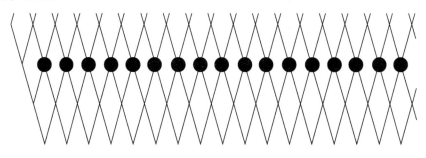

图 8-26　较大敏感性节点的分布

参 考 文 献

蔡建国, 王蜂岚, 冯健, 等, 2011. 连续倒塌分析中结构重要构件的研究现状[J]. 工业建筑, 41(10): 85-89

蔡建国, 王蜂岚, 韩运龙, 等, 2011. 大跨空间结构重要构件评估实用方法[J]. 湖南大学学报(自科版), 38(3): 7-11.

陈肇元, 钱稼茹, 2010. 建筑与工程结构抗倒塌分析与设计[M]. 北京: 中国建筑工业出版社.

顾祥林, 林峰, 2013. 建筑与工程结构抗倒塌研究新进展[M]. 北京: 中国建筑工业出版社.

韩庆华, 金辉, 艾军, 等, 2005. 工程结构整体屈曲的临界荷载分析[J]. 天津大学学报, 38(12): 1051-1057.

江晓峰, 陈以一, 2010. 大跨桁架体系的连续性倒塌分析与机理研究[J]. 工程力学, 27 (1):76-83.

日本钢结构协会, 2007. 高冗余度钢结构倒塌控制设计指南[M]. 陈以一, 赵宪忠, 译. 上海: 同济大学出版社.

谢道清, 沈金, 邓华, 等, 2012. 考虑受压屈曲的圆钢管杆单元等效弹塑性滞回模型[J]. 振动与冲击, 31(6): 160-165.

杨秀来, 徐颖, 韩庆华, 2016. 单层柱面网壳抗连续倒塌性能[J]. 土木建筑与环境工程, 38(1):100-108.

赵宪忠, 闫伸, 陈以一, 2013. 大跨度空间结构连续性倒塌研究方法与现状[J]. 建筑结构学报, 34(4): 1-14.

HAN Q H, LIU M J, LU Y, et al, 2015. Progressive collapse analysis of large-span reticulated domes[J]. International Journal of Steel Structures, 15(2):261-269.

U.S. Department of Defense. UFC 4-023-03 design of buildings toresist progressive collapse[S]. 2005.

U.S. General services administration. Progressive collapse analysis and design guidelines for new federal office buildings and major modernizationprojects [S]. Washington D C: GSA, 2003.

第9章 立体桁架结构抗连续倒塌性能分析

本章对静力荷载作用下立体桁架结构敏感构件及关键构件的分布规律进行了研究，同时分析了高跨比、跨度和截面形式等对结构抗连续倒塌性能的影响。另外，采用预定义场法引入初始失效杆件，分析了立体桁架结构在强震作用下的连续倒塌破坏机理和破坏模式，揭示了不同初始失效下该类结构破坏加速度、倒塌极限位移等响应的变化规律，提出了改善立体桁架结构抗连续倒塌性能的有效措施。

9.1 立体桁架结构抗连续倒塌性能

9.1.1 分析模型

以天津某大学体育馆钢结构屋盖为例，分析模型如图 9-1 所示，主桁架采用倒三角截面，横向跨度为 36m，高度为 3m，主桁架纵向间距为 8.5m，另外有三榀平面桁架作为平面外支撑体系。结构设计时，屋面恒荷载取 1.0kN/m²，活荷载

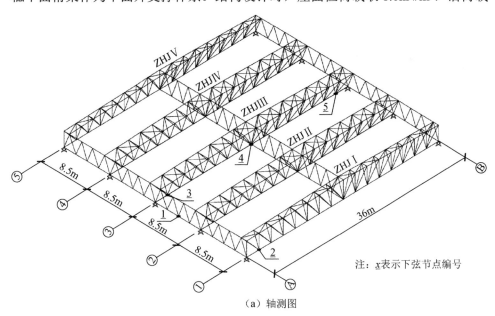

（a）轴测图

图 9-1 立体桁架分析模型

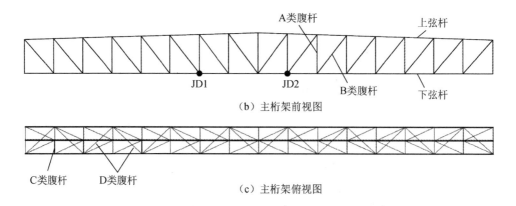

图 9-1（续）

取 $0.5kN/m^2$，设计应力比为 0.8，立体桁架容许挠度为跨度的 1/250，主桁架两端为固定铰支座。所有杆件均选用 Q235 钢，主桁架杆件的截面尺寸，见表 9-1，杆件材料，见表 9-2。

表 9-1　主要杆件截面尺寸

杆件类型	上弦杆	下弦杆	A、C 类腹杆	B、D 类腹杆
截面尺寸/（mm×mm）	$\phi 180×7.5$	$\phi 203×8$	$\phi 76×5$	$\phi 102×4.5$

表 9-2　杆件材料性能参数

E/MPa	ν	$\rho/（kg/m^3）$	f_y/MPa	ε_p
$2.1×10^5$	0.3	7850	235	0.2

注：E 为弹性模量；ν 为泊松比；ρ 为密度；f_y 为材料屈服强度；ε_p 为材料失效应变。

　　为了更好地分析结构主体内力分布规律，不考虑檩条与交叉支撑等附属构件参与受力。进行敏感性分析时，考虑极端雪荷载作用，活荷载取 $1.0kN/m^2$，采用 1 倍恒荷载和 1 倍活荷载进行分析。

　　采用 ABAQUS 动力隐式方法，模拟杆件初始破坏后的动力响应，对结构进行动力非线性分析。桁架的弦杆采用 BEAM 单元，腹杆采用 TRUSS 单元，通过 ABAQUS 用户材料子程序调用考虑受压屈曲的圆钢管杆单元等效弹塑性滞回模型，考虑压杆屈曲对结构抗连续倒塌性能的影响。用 MODEL CHANGE 命令引入初始破坏杆件，分别计算各类杆件的敏感性指标和重要性系数。结构在进行抗连续倒塌动力分析时，构件失效时间应小于剩余结构 1 阶竖向自振周期的 1/10，在 ABAQUS 中进行线性摄动分析，提取结构自振频率。将恒荷载转换成集中质量，添加在上弦节点上，计算前 20 阶模态，见表 9-3。1 阶自振频率为 1.2567Hz，取自振频率倒数为自振周期等于 0.79s，故杆件失效时间取 0.08s。

表 9-3　结构自振频率

模态阶数	频率/Hz	模态阶数	频率/Hz
1	1.2567	11	4.5460
2	2.2738	12	4.6759
3	2.6468	13	5.0400
4	3.3498	14	5.2503
5	3.3502	15	5.3823
6	3.4589	16	5.8619
7	4.2230	17	5.8624
8	4.4162	18	6.1597
9	4.5325	19	6.1939
10	4.5434	20	6.2407

9.1.2　整体模型与单榀模型对比分析

从整体模型中选取单榀主桁架进行数值建模，几何尺寸和杆件材料属性不变。跨端下弦节点设置铰支座，与整体模型相同，除此之外，由于在整体模型中有平面外稳定桁架，因此在两跨端以及跨中，主桁架的侧向平动受到限制，因此在单榀模型的相应位置应设置侧向约束，如图 9-2 所示。

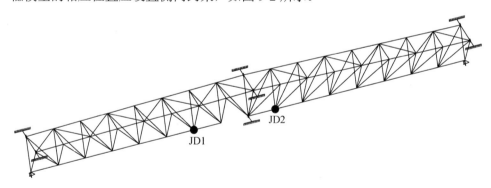

图 9-2　单榀桁架模型布置

分别计算单榀桁架和整体结构上弦杆和下弦杆的敏感性指标和重要性系数，结果如图 9-3 所示。拆除两种模型相同位置的跨中下弦杆，结构的应力云图如图 9-4 所示，提取相邻节点 JD1 和 JD2 的位移时程曲线，如图 9-5 所示。

如图 9-3（a）所示，在整体分析模型当中，支座附近上弦杆（距支座 $5L/16$ 范围内）以及 A 类和 B 类腹杆（距支座 $L/4$ 范围内）为敏感构件。发生初始构件失效后，敏感构件相邻 A 类腹杆应力显著提高，为关键构件。下弦杆敏感性系数较低，均低于 0.6；C 类和 D 类腹杆不是主要的受力构件，敏感性系数在 0.1 左右。如图 9-3（b）所示，杆件重要性系数分布规律与原结构在静力荷载作用下的内力分布规律基本一致。弦杆重要性系数由支座向跨中逐渐增大，A类和B类腹杆重要性系数由支座向跨中逐渐减小，而C类和D类腹杆的重要性系数在全跨范围内均较小。

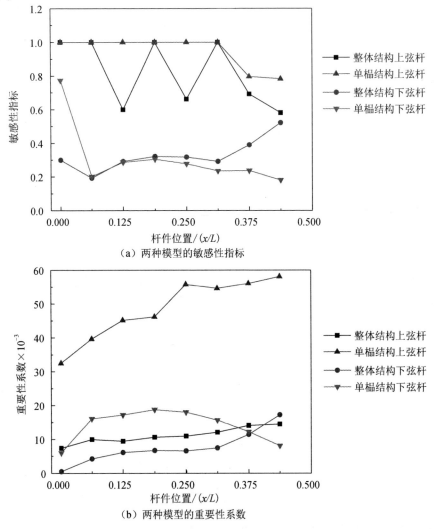

（a）两种模型的敏感性指标

（b）两种模型的重要性系数

图9-3　两种模型的敏感性指标及重要性系数

注：横坐标 x 为杆件下端节点坐标；L 为桁架跨度，下同

在单榀分析模型当中，相同位置杆件的敏感性系数和重要性系数显著增大，同时敏感构件的数量有所增加。另外，单榀模型下弦杆重要性系数分布规律发生变化，不再与原结构内力分布规律一致。同时，单榀模型和整体模型的抗连续倒塌性能和破坏模式有明显区别。在整体分析模型中，跨中下弦杆失效后，释放的内力通过侧向支撑桁架重传递至相邻主桁架上，相邻节点竖向位移较小（图9-5），

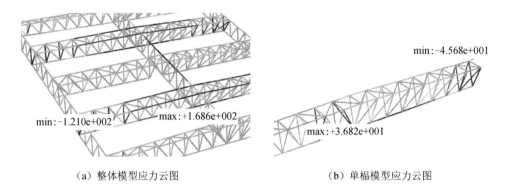

（a）整体模型应力云图　　　　　　　　（b）单榀模型应力云图

图 9-4　模型应力云图（单位：MPa）

结构仍能继续工作。而在单榀分析模型当中，当跨中下弦杆失效后，荷载无法侧向传递，将引起相邻腹杆和支座腹杆应力的显著增大，同时相邻节点竖向位移迅速增大（图 9-5），结构发生连续倒塌破坏。因此在进行连续倒塌分析时，应选取整体结构为研究对象，才能更准确地反映结构的抗连续倒塌性能。

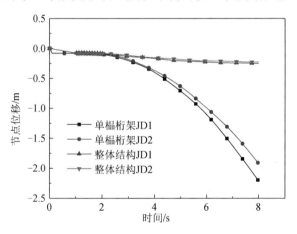

图 9-5　节点竖向位移时程曲线

9.1.3　杆件敏感性分析

在静力作用下，选取整体模型作为连续倒塌性能分析的对象，对杆件敏感性及重要性进行分析，定量地评估结构抗连续倒塌性能。根据对称性选取主桁架Ⅲ进行分析，分别计算上弦杆、下弦杆以及不同类别腹杆发生初始破坏后，敏感性指标随杆件位置 x 的变化规律。以主桁架Ⅲ为例，分别计算上弦杆、下弦杆以及不同类别腹杆发生初始破坏后，敏感性指标及重要性系数随杆件位置 x 的变化规律，如图 9-6 所示。

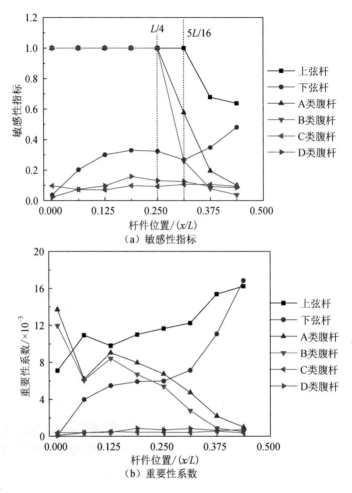

图 9-6 主桁架Ⅲ各杆件敏感性分析结果

1. 敏感性指标

通过分析可以发现，支座附近上弦杆发生初始破坏后，应力提高最显著的是支座附近的 A 类腹杆；而跨中区域上弦杆发生初始破坏后，应力提高最显著的是与之相邻的上弦杆。由立体桁架受力特性可以得出 A 类腹杆和上弦杆均为受压杆件，会发生受压屈曲，容许应力小于材料屈服强度。其中 A 类腹杆的长细比与上弦杆相比较大，受压稳定承载力较低，因而支座附近（距支座 5L/16 范围内）上弦杆的敏感性指标最大，达到最大值 1，为敏感构件，如图 9-6（a）所示。下弦杆发生初始破坏后，应力提高显著的是与之相邻的下弦杆，下弦杆均为受拉杆件，容许应力为材料屈服强度，还有较多的强度储备，因此未出现敏感构件。

A 类和 B 类腹杆失效后，应力提高最显著均为支座附近的 A 类腹杆，相比之下失效腹杆越靠近支座，应力提高的幅度越大。A 类和 B 类腹杆的敏感性指标在支座附近（距支座 $L/4$ 范围内）最大，达到最大值 1，为敏感构件，如图 9-6（a）所示。当失效杆件恰好为支座处的两类腹杆失效时，会引起相邻主桁架支座处的 A 类腹杆失效，可见失效杆件所释放的应力将通过平面桁架传递到其他主桁架上，从而进行应力重分布。C 类和 D 类腹杆不是主要的受力构件，起支撑和联系的作用，这类杆件的失效并不能引起桁架发生大的应力重分布现象，敏感性系数都很低，在 0.1 左右。

2. 重要性系数

如图 9-7 所示，主桁架两端铰接，弯矩主要由弦杆来承受，跨中弯矩最大，故跨中弦杆的应力大于支座处弦杆的应力。如图 9-6（b）所示，弦杆的重要性系数均由支座向跨中逐渐增加，与内力分布规律一致。立体桁架腹杆主要承受剪力，支座处剪力最大而跨中最小，因此支座处腹杆的应力大于跨中腹杆的应力。如图 9-6（b）所示，A 类和 B 类腹杆靠近支座处重要性系数最大，跨中处最小，支座处 A 类腹杆的重要性系数是跨中 A 类腹杆的 13.9 倍，支座处 B 类腹杆的重要性系数是跨中 B 类腹杆的 25.8 倍。不同位置 C 类和 D 类腹杆的重要性系数均很小。以上腹杆重要性系数变化规律与内力分布规律一致。

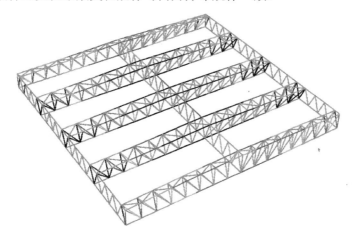

图 9-7　原始结构内力云图

由以上分析可知，重要性系数分布规律与原结构应力分布规律一致，敏感性指标则不同，有些应力较小的杆件也可能是敏感构件，比如支座附近的上弦杆，这反映出两种评价指标的针对性不同，敏感性指标针对单根杆件，评价的是失效杆件是否会引起其他杆件的继续失效；而重要性系数针对整个结构，考察的是失效杆件对于结构整体应力水平的提升情况。支座附近 A、B 类腹杆失效后，荷载由纵向支撑桁架传递至相邻主桁架上，导致相邻主桁架 A 类腹杆后续失效，而支座附近上弦杆失效只会引起同一榀内杆件的后续失效。

9.1.4　关键构件分布位置

关键构件是初始破坏发生后，内力重分布路径上能有效承担失效构件释放应力的杆件，即能有效遏制连续倒塌破坏的杆件。根据第 9.1.2 节的分析结果，敏感构件发生初始破坏后，后续失效杆件均为支座附近 1/8 跨度范围内的 A 类腹杆，这些杆件在力的传递路径上发挥关键的作用，为关键构件。

原结构腹杆 A 截面尺寸为 $\phi76\text{mm}\times5\text{mm}$，将关键构件截面分别加大至 $\phi83\text{mm}\times5\text{mm}$、$\phi89\text{mm}\times5\text{mm}$、$\phi95\text{mm}\times5\text{mm}$。选取原结构中 12 根敏感构件进行对比分析，敏感性分析结果如图 9-8 所示，敏感构件编号如图 9-1 所示。

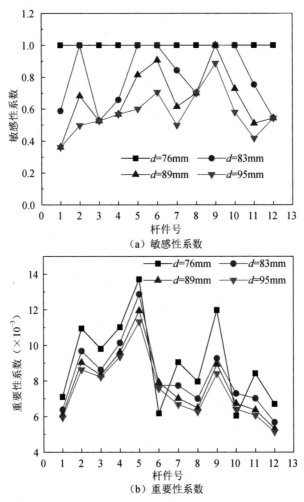

图 9-8　1～12 号杆件敏感性分析结果

　　敏感构件数量随关键构件截面的增大而逐渐减小，外径增大到 95mm 时，原来的敏感构件全部退化为普通构件，$S_{ij, max}$ 均小于 1，不会引起剩余结构杆件的后续失效。同时，重要性系数也随着关键构件截面的增大而逐渐降低，与原结构进行比较，关键构件外径为 83mm 时重要性系数平均降低 6.9%，外径为 89mm 时重要性系数平均降低 15.2%，外径为 95mm 时重要性系数平均降低 20.4%。因此，在工程设计中适当增加关键构件的截面尺寸，可以有效提高立体桁架结构的抗连续倒塌性能。

　　倒三角截面立体桁架关键构件和敏感构件分布规律如图 9-9 所示，支座附近上弦杆、A 类腹杆和 B 类腹杆敏感性系数最大，跨中下弦杆敏感性系数最大；敏感构件为支座附近上弦杆、A 类腹杆和 B 类腹杆；重要性系数分布规律与原结构应力分布规律一致，即跨中弦杆重要性系数最大，支座附近腹杆的重要性系数最大；关键构件为支座附近 A 类腹杆，通过增大关键构件的截面尺寸，可以有效提高结构的抗连续倒塌性能。

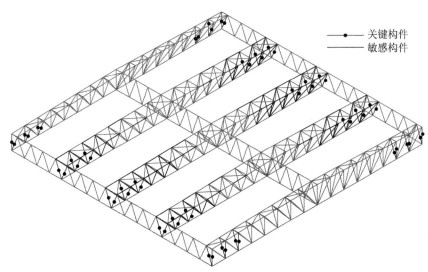

●——— 关键构件
——— 敏感构件

图 9-9　关键构件和敏感构件分布规律

通过以上数值分析可以得出：

　　（1）在进行立体桁架结构连续倒塌分析时，单榀模型和整体模型的抗连续倒塌性能和破坏模式有明显区别，应选取整体模型为研究对象。

　　（2）倒三角截面立体桁架支座附近上弦杆、A 类腹杆和 B 类腹杆敏感性系数最大，跨中下弦杆敏感性系数最大；敏感构件为支座附近上弦杆、A 类腹杆和 B 类腹杆；重要性系数分布规律与原结构应力分布规律一致，即跨中弦杆重要性系数最大，支座附近腹杆的重要性系数最大；关键构件为支座附近 A 类腹杆，通过增大关键构件的截面尺寸，可以有效提高结构的抗连续倒塌性能。

9.2　立体桁架结构抗连续倒塌性能参数化分析

9.2.1　高跨比

在保证相同设计应力比的情况下，分别对高跨比（即高度与横向跨度的比值）为 1/12、1/14、1/16 的立体桁架结构进行敏感性分析。由 9.1.3 节分析可知，敏感构件为支座附近上弦杆、A 类腹杆以及 B 类腹杆，因此仅对此三类构件进行敏感性分析，敏感性指标及重要性系数分布规律见图 9-10 和图 9-11。

如图 9-10 所示，在跨度不变时，随着结构高跨比增大，相同位置杆件的敏感性指标增大，同时敏感构件的分布范围也增大。例如，跨度为 36m，高跨比为 1/16、1/14 和 1/12 时，A 类腹杆敏感构件分别位于距支座 $L/16$、$L/8$ 和 $L/4$ 的范围内。在保证相同应力比的情况下，随结构高跨比的增加，杆件的截面尺寸会相应减小，

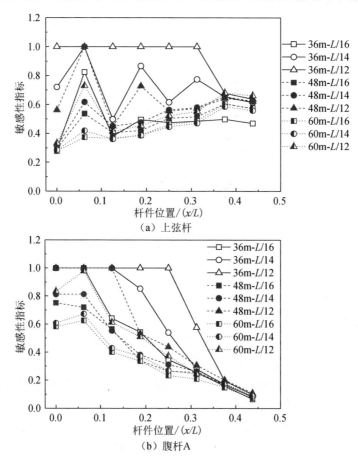

（a）上弦杆

（b）腹杆A

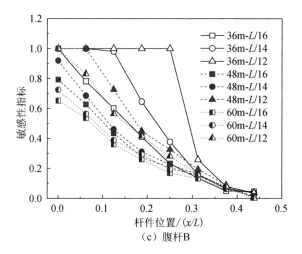

（c）腹杆B

图 9-10　不同模型各类杆件的敏感性指标

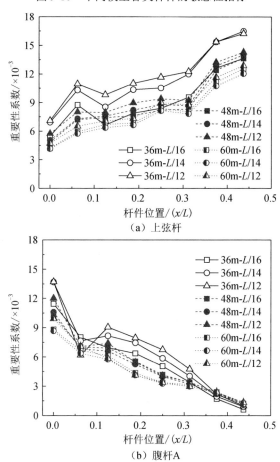

图 9-11　不同模型各类杆件的重要性系数

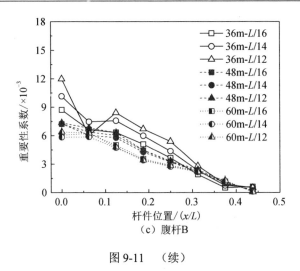

（c）腹杆B

图 9-11　（续）

压杆长细比增大，容许应力减小，因此杆件的敏感性指标会增大。对于支座附近 A 类腹杆等关键构件，应该采取局部加强措施，从而提高结构的抗连续倒塌性能。

如图 9-11 所示，重要性系数随着高跨比的增大而增大，跨度越小重要性系数随高跨比的变化越明显。杆件重要性系数的分布规律不随高跨比发生改变：对于弦杆，重要性系数最大值出现在跨中；对于腹杆，重要性系数最大值出现在支座。

9.2.2　跨度

对跨度为 36m、48m 和 60m 的立体桁架结构进行敏感性分析，敏感性指标及重要性系数计算结果如图 9-10 和图 9-11 所示。

如图 9-10 所示，随着跨度增大，相同位置杆件的敏感性指标降低，同时，敏感构件的范围减小。例如，高跨比为 1/12，跨度为 36m、48m 和 60m 时，A 类腹杆敏感构件分别分布在距支座 L/4、L/8 和 L/16 的范围内，当跨度增大后，杆件截面尺寸相应增大，压杆长细比减小，容许应力增大，杆件敏感性指标降低，各类杆件的重要性系数分布规律不随结构跨度发生改变，数值上随着跨度的增大而减小，如图 9-11 所示。

9.2.3　截面形式

设计跨度为 36m，高跨比为 1/12 的正三角截面立体桁架，主桁架杆件截面尺寸见表 9-4，与第 9.1.3 节中倒三角截面立体桁架分析结果进行比较。由第 9.1.3 节分析可知 C 类和 D 类腹杆敏感性指标较低，故本节中不予考虑，其他各类杆件敏感性分析计算结果如图 9-12 所示，图中▽表示倒三角截面，△表示正三角截面。

表 9-4　正三角截面立体桁架杆件规格

杆件类型	上弦杆	下弦杆	A、C 类腹杆	B、D 类腹杆
截面尺寸/（mm×mm）	$\phi 219×12$	$\phi 140×5.5$	$\phi 76×5$	$\phi 102×4.5$

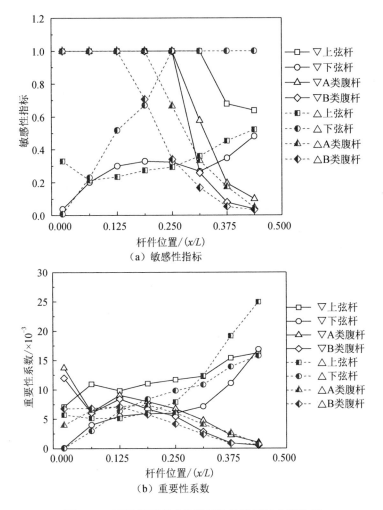

图 9-12　不同截面形式各类杆件的敏感性分析结果

正三角截面立体桁架弦杆的敏感性指标在跨中处最大。跨中下弦杆 $S_{ij,\max}$ 达到 1，为敏感构件，上弦杆 $S_{ij,\max}$ 均小于 0.6，未出现敏感构件，上述规律与倒三角截面立体桁架正好相反。正三角截面立体桁架腹杆的敏感性指标低于倒三角截面，敏感构件分布范围较小，出现在支座附近。两种截面形式结构重要性系数的分布规律相同，跨中弦杆重要性系数较大，支座附近腹杆的重要性系数较大。

在保证相同应力比情况下，随结构高跨比的增加或跨度的减少，相同位置杆件的敏感性指标增加，敏感构件分布范围增大。正三角截面立体桁架敏感构件为跨中下弦杆和支座附近的 A 类、B 类腹杆。

9.3 立体桁架结构连续倒塌失效模式

9.3.1 初始失效为 A 类腹杆

对不同参数的模型进行倒塌过程模拟，获得立体桁架结构在静力作用下的倒塌极限位移。根据 9.2 节的分析结果，综合考虑敏感性系数与重要性系数，选取 $S_{ij,\max}=1$ 且重要性系数较大的杆件为初始失效构件，模拟立体桁架结构发生连续倒塌破坏的全过程。拆除失效杆件后，对剩余结构的承载能力进行分析，计算剩余结构杆件的 S_{ij}，将 S_{ij} 达到 1 的杆件拆除，接着再进行承载能力分析，重复以上计算步骤直至结构发生连续倒塌。为了指导工程实践，方便观察和衡量，采用位移准则对结构倒塌进行判定，当结构最大竖向位移节点的位移突然增大，不能再达到平衡，则认为结构发生倒塌破坏，本节取位移时程曲线拐点之前所达到的最大位移值为倒塌极限位移。

对于 36m-$L/12$ 的模型，当初始失效构件为 A 类腹杆时，提取下挠最大节点的竖向位移，绘制位移时程曲线如图 9-13 所示。从 1.1s 开始，主桁架 II、III、IV A 轴的支座 A 类腹杆相继失效；3.03s 开始，A 轴侧向支撑桁架部分下弦杆失效；4.04s 时主桁架 I A 轴的支座 A 类腹杆和主桁架 III B 轴的支座 A 类腹杆开始失效，节点产生非常大的竖向位移，结构发生连续倒塌破坏，倒塌极限位移为 0.423m，是跨度的 $L/90$，图 9-14 为立体桁架结构的连续倒塌破坏过程，在 5.5s 时，55%的支座 A 类腹杆发生了破坏，结构产生很大的竖向挠度，同时，纵向支撑桁架和主桁架 I 发生了严重的平面外失稳。

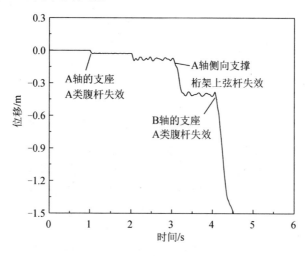

图 9-13 竖向位移时程曲线

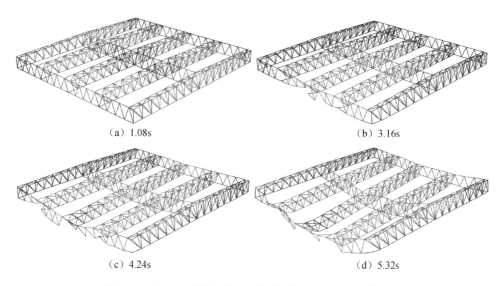

(a) 1.08s   (b) 3.16s

(c) 4.24s   (d) 5.32s

图 9-14　支座 A 类腹杆失效后倒塌过程（36m-L/12 模型）

对于 36m-L/14 的模型，提取下挠最大节点的竖向位移，绘制位移时程曲线见图 9-15 所示，支座 A 类腹杆发生初始失效时，后续失效的为 A 轴这一侧的 A 类腹杆以及支撑桁架的弦杆，倒塌区域为支座处，倒塌极限位移为 0.384m，L/90。对于 36m-L/16 的模型，提取下挠最大节点的竖向位移，绘制位移时程曲线如图 9-15 所示，支座 A 类腹杆发生初始失效时，后续失效的为 A 轴这一侧的 A 类腹杆以及支撑桁架的弦杆，倒塌极限位移为 0.356m（L/100）。对于 48m-L/12 的模型进行倒塌过程模拟，提取下挠最大节点的竖向位移时程曲线如图 9-15 所示，支座 A 类腹杆发生初始失效时，后续失效的为 A 轴这一侧的 A 类腹杆以及支撑桁架的弦杆，随后相邻主桁架上弦杆也失效，结构发生倒塌，倒塌极限位移为 0.532m（L/90）。

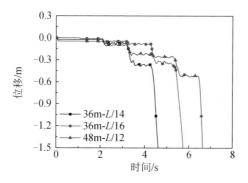

图 9-15　竖向位移时程曲线

9.3.2　初始失效为 B 类腹杆

对于 36m-L/12 的模型，提取节点的最大竖向位移，绘制位移时程曲线如图 9-16 所示，支座 B 类腹杆发生初始失效时，后续失效的为相邻的 B 类腹杆，跨中的主桁架下弦杆和支撑桁架的下弦杆，倒塌区域为支座处，倒塌极限位移为 0.539m（L/70）。对于 60m-L/12 的模型，提取节点的最大竖向位移，绘制位移时程曲线如图 3-20 所示，倒塌过程如图 9-17 所示，支座 B 类腹杆发生初始失效时，后续失效的为 A 轴这一侧的 B 类腹杆，接着跨中主桁架下弦杆也出现失效，随后结构倒塌，倒塌极限位移为 0.593m（L/100）。

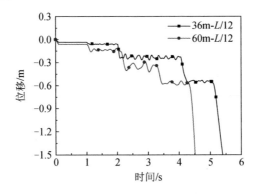

图 9-16　竖向位移时程曲线

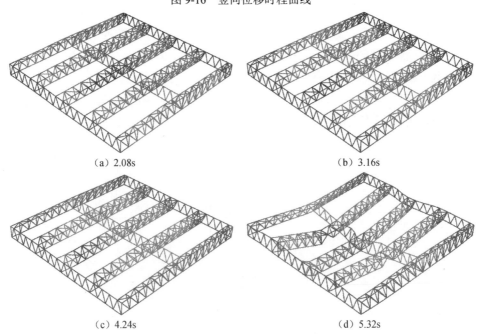

（a）2.08s　　　　　　　　　　　　（b）3.16s

（c）4.24s　　　　　　　　　　　　（d）5.32s

图 9-17　支座 B 类腹杆失效后倒塌过程（60m-L/12 模型）

9.3.3　初始失效为上弦杆

对于 36m-L/12 的模型，提取节点的最大竖向位移，绘制位移时程曲线如图 9-18 所示，跨中上弦杆发生初始失效时，后续失效的杆件主要是跨中的上弦杆，倒塌极限位移为 0.426m（L/90）。对于 36m-L/14 的模型，提取节点的最大竖向位移，绘制位移时程曲线如图 9-18 所示，支座附近上弦杆发生初始失效时，后续失效的杆件主要是支座附近的上弦杆，倒塌时跨中的下弦杆也发生失效，倒塌极限位移为 0.466m（L/80）。对于 48m-L/12 的模型，提取节点的最大竖向位移，绘制位移时程曲线如图 9-18 所示，倒塌过程如图 9-19 所示，支座附近上弦杆发生初始失效时，后续失效的杆件主要是支座附近的上弦杆，倒塌时跨中的上弦杆也发生失效，倒塌极限位移为 0.685m（L/70）。

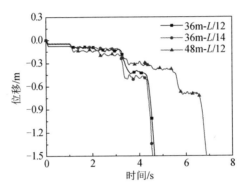

图 9-18　竖向位移时程曲线

由以上分析可以看出，当某一榀主桁架杆件失效后，应力通过纵向支撑传递至相邻主桁架，当各榀主桁架受损后侧向支撑桁架将开始出现杆件失效，故而进行连续倒塌分析时选取整体结构为研究对象。通过对不同模型以及不同初始失效构件的倒塌模拟可以得出，在静力作用下，立体桁架结构的倒塌极限位移为 L/100～L/70。

通过以上参数化分析表明：

（1）当支座 A 类腹杆发生初始失效时，后续失效的为相邻主桁架 A 类腹杆，接着纵向支撑桁架下弦受拉屈服，另一侧支座附近 A 类腹杆失效，跨中腹杆相继失效，纵向支撑桁架和端部主桁架发生平面外失稳，结构发生连续倒塌。

（2）支座 B 类腹杆发生初始失效时，后续失效的为相邻的 B 类腹杆，接着跨中的主桁架下弦杆和支撑桁架的下弦杆失效，纵向支撑桁架发生平面外失稳，结构发生连续倒塌。

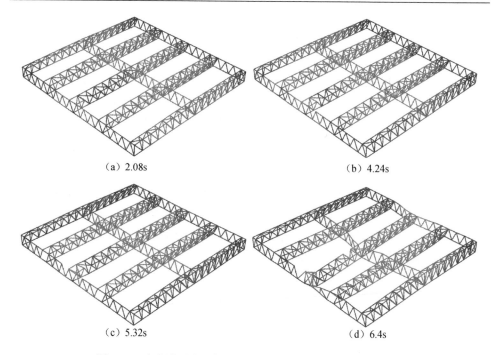

(a) 2.08s　　　　　　　　　　　　　　　(b) 4.24s

(c) 5.32s　　　　　　　　　　　　　　　(d) 6.4s

图 9-19　支座附近上弦杆失效后倒塌过程（48m-L/12 模型）

（3）上弦杆发生初始失效时，后续失效的杆件是与之相邻的上弦杆，接着跨中的上弦杆或下弦杆失效，结构发生连续倒塌。在静力作用下，立体桁架结构的倒塌极限位移为 L/100～L/70。

9.4　强震作用下立体桁架结构抗连续倒塌性能

9.4.1　立体桁架结构的动力响应分析

1. 数值分析模型

本节数值分析模型如图 9-1 所示，在进行地震作用下结构的抗倒塌性能分析时，采用 ABAQUS 动力显式方法，采用考虑损伤累积效应和杆件受压屈曲的弹塑性钢材本构模型，对结构进行动力非线性分析。结构重力荷载代表值以 MASS 单元形式施加在上弦节点上，其中恒荷载按 1.0kN/m^2，活荷载按 0.5 kN/m^2 计算。结构设计地震分组为第一组，场地类别为Ⅲ类，特征周期 T_g=0.45s，计算过程中采用瑞利阻尼，阻尼比取 0.02。

2. 地震动输入

对立体桁架结构进行动力非线性分析，依次输入多条地震记录并逐级增大地震波峰值加速度（PGA），直至结构发生倒塌破坏。我国《建筑抗震设计规范》中规定，采用时程分析法时，应按建筑场地类别和设计地震分组选用实际强震记录和人工模拟的加速度时程曲线，其中实际地震记录的数量不应少于总数的 2/3。在选择地震波时，峰值加速度（PGA）太大或太小的不予考虑，然后根据反应谱卓越周期选出适应场地的地震波，根据结构基本周期在相应频段上选择拟合最好的 3 条地震波。本节选取宁河波、El Centro 波以及人工波，采用三向输入的方式，地震动参数见表 9-5。人工波特征周期 T_s=0.45s，持时为 20s，增强时间 T_1=5s，衰减时间 T_2=10s，三向峰值加速度比值为 $x：y：z$=0.85：1：0.65。

表 9-5　地震激励参数

地震动	加速度峰值/g	地震持时/s	卓越频率/Hz
宁河波	$x：0.104，y：0.146，z：0.073$	19	1.12
El Centro 波	$x：0.214，y：0.357，z：0.247$	53	1.46
人工波	$x：0.307，y：0.441，z：0.286$	20	1.95

3. 破坏加速度及倒塌极限位移

采用增量动力法，根据结构的动力响应对地震动进行 8～10 次调幅，弹性阶段按步长 0.05g～0.1g 调幅，当接近破坏极限时，按步长 0.01g 调幅。在三条地震波作用下，立体桁架结构跨中下弦节点竖向位移随 PGA 变化规律、塑性杆件所占比例随 PGA 变化规律以及总应变能如图 9-20～图 9-22 所示。当曲线偏离平衡位置，即 PGA 的微小增量导致响应参数的大幅增加时，认为结构发生倒塌破坏。

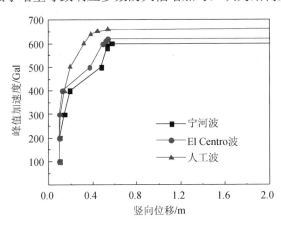

图 9-20　跨中下弦节点竖向位移随峰值加速度（PGA）的变化曲线

在宁河波作用下，当 PGA 达到 6～6.1m/s² 时，跨中下弦节点竖向位移发生明显转折（图 9-20），塑性杆件所占比例从 16.5% 增加到 37.6%（图 9-21），同时结构总应变能异常增大（图 9-22）。因此在宁河波作用下，结构的破坏加速度峰值为 6m/s²。同理，在 El Centro 波及人工波作用下，结构所能承受的最大峰值加速度分别为 6.2m/s² 和 6.6m/s²。

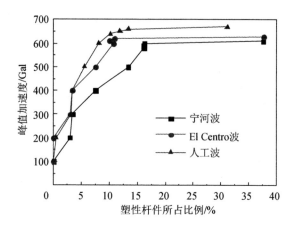

图 9-21　塑性杆件所占比例响应曲线

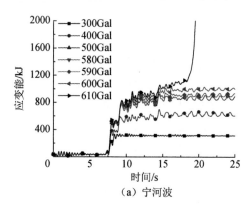

（a）宁河波

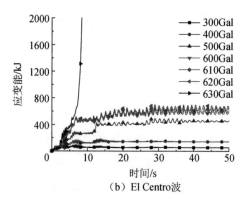

（b）El Centro波

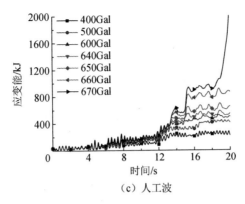

（c）人工波

图 9-22　总应变能时程曲线

取地震破坏加速度时立体桁架跨中下弦节点竖向位移最大值，作为结构的倒塌极限位移，在不同地震波下的倒塌极限位移见表 9-6。

表 9-6　结构倒塌极限位移

地震波	破坏加速度/（m/s²）	极限位移/m	与跨度比值
宁河波	6.0	0.573	1/60
El Centro 波	6.2	0.538	1/65
人工波	6.6	0.540	1/65

4. 薄弱部位分布

从结构塑性发展的角度考虑，进入塑性杆件的比例反映了结构的塑性变形程度。在宁河波作用下，当达到破坏加速度时，共 16.3%杆件进入塑性；在 El Centro 波和人工波作用下，当达到破坏加速度时，进入塑性杆件比例分别为 10.9%和 13.4%。计算结果表明：在三条地震波作用下，结构进入塑性的杆件位置基本相同，主要为主桁架跨中 3L/8 范围内的上弦杆、下弦杆及主桁架 II 和 IV 之间的跨中支撑桁架上弦杆。在宁河波作用下，结构的等效塑性应变云图如图 9-23 所示。

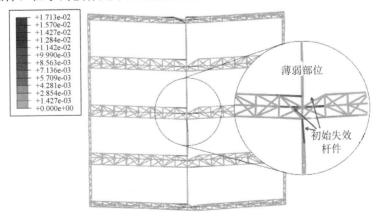

图 9-23　等效塑性应变云图

9.4.2 地震作用下立体桁架结构连续倒塌破坏

1. 立体桁架结构连续倒塌破坏模式

在动力荷载作用下,立体桁架结构可能发生动力失稳破坏或者动力强度破坏。若发生动力失稳破坏,则结构内部塑性发展较浅,结构变形在达到破坏加速度时突然增大,主桁架发生平面内或平面外失稳;若发生动力强度破坏,则结构内部塑性发展较为深入,结构变形随峰值加速度的增大不断增加,直到主桁架主要受力构件全部失效产生平面内强度破坏。

由上一节分析可知,完整结构在地震作用下的薄弱部位为主桁架跨中 $3L/8$ 范围内的上弦杆、下弦杆及跨中支撑桁架的上弦杆。从这三类杆件中分别选取等效塑性应变最大的杆件作为初始失效杆件(图 9-23),对结构进行连续倒塌分析,步骤如下:①对完整结构进行静力分析,保存结构的应力场和应变场;②建立缺陷结构的几何模型,在 ABAQUS 中设置预定义场,从而引入初始失效构件,此时结构处于力的不平衡状态;③输入地震波并逐级增大 PGA,对缺陷结构进行强震作用下的动力显式分析。

以三向宁河波为例,逐级增大峰值加速度,得到三类缺陷结构跨中下弦节点竖向位移及进入塑性杆件比例随 PGA 的变化规律如图 9-24、图 9-25 所示,结构总应变能时程曲线如图 9-26 所示。表 9-7 列出了选取不同初始失效构件时,立体桁结构的破坏加速度及倒塌极限位移。

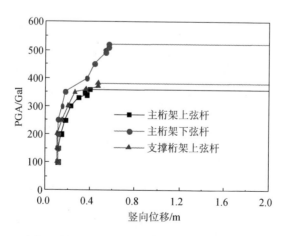

图 9-24　跨中下弦节点竖向位移随峰值加速度(PGA)的变化曲线

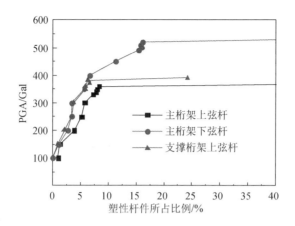

图 9-25　塑性杆件所占比例响应曲线

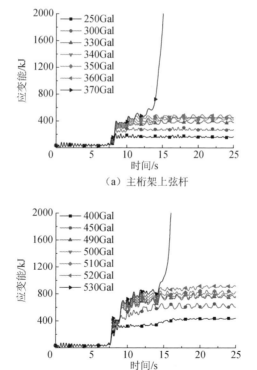

（a）主桁架上弦杆

（b）主桁架下弦杆

图 9-26　初始杆件失效后立体桁架结构总应变能时程曲线

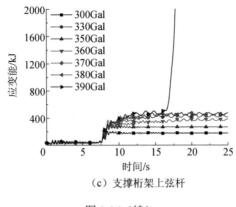

（c）支撑桁架上弦杆

图 9-26（续）

表 9-7 初始杆件失效后立体桁架结构破坏加速度及倒塌极限位移

初始失效杆件	破坏加速度/（m/s²）	进入塑性杆件比例/%	极限位移/m	与跨度比值
主桁架上弦杆	3.6	8.3	0.396	1/90
主桁架下弦杆	5.2	16.2	0.564	1/65
支撑桁架上弦杆	3.8	6.3	0.472	1/80

如图 9-24 所示,当主桁架上弦杆发生初始失效时,结构破坏加速度为 $3.6m/s^2$,跨中下弦节点竖向位移在达到极限位移 0.396m 后迅速增大;进入塑性杆件的比例从 8.3%增加到 50%以上（图 9-25）;应变能曲线急剧上升[图 9-26（a）]。当主桁架下弦杆发生初始失效时,PGA 由 $5.2m/s^2$ 增加到 $5.3m/s^2$,跨中下弦节点竖向位移在达到 0.564m 后迅速增大,进入塑性杆件的比例从 16.2%增加到 45.9%,总应变能迅速增大[图 9-26（b）];同理,当支撑桁架上弦杆发生初始失效时,破坏加速度为 $3.8m/s^2$,极限位移为 0.472m,破坏加速度作用下进入塑性杆件的比例为 6.3%,之后总应变能异常增大[图 9-26（c）]。从表 9-7 可知,缺陷结构的破坏加速度较完整结构降低了 13.3%～40.0%,倒塌极限位移降低了 1.6%～30.9%,同时进入塑性杆件的比例降低了 0.6%～61.3%。

图 9-27 为不同初始失效杆件对应的结构变形图。当主桁架上弦杆发生初始失效时,主桁架Ⅲ产生了明显的侧向失稳同时下挠严重。结构发生倒塌破坏前塑性发展较浅,进入塑性杆件比例不超过 10%,相比于完整结构倒塌极限位移下降了 30.9%,最终发生动力失稳破坏[图 9-27（a）]。当主桁架下弦杆发生初始失效时,下挠最严重的为主桁架Ⅲ、Ⅳ、Ⅴ,各榀主桁架产生对称变形。结构发生倒塌破坏前塑性发展深入,塑性杆件比例超过 10%,变为 16.2%,较完整结构倒塌极限位移仅下降 1.6%,最终发生动力强度破坏[图 9-27（b）]。当支撑桁架上弦杆发生初始失效时,主桁架Ⅱ发生了平面外失稳,下挠最严重的为主桁架Ⅱ、Ⅲ之间的支撑桁架。结构发生倒塌前塑性发展较浅,塑性杆件比例不超过 10%,较完整结

构倒塌极限位移降低了 17.6%，最终发生动力失稳破坏[图 9-27（c）]。

在上述初始失效构件中，主桁架上弦杆与支撑桁架上弦杆为受压杆件，主桁架下弦杆为受拉杆件。当受压杆件发生初始失效时，相邻杆件应力迅速增大，失稳区域进一步扩大，结构塑性发展较浅，最终发生整体失稳破坏；当受拉杆件发生初始失效时，相邻杆件应力重分布过程缓慢，结构塑性发展深入同时产生较大的变形，破坏加速度较发生动力失稳破坏时增大了 36.8%～44.4%，倒塌极限位移增大 19.5%～42.4%。因此，对立体桁架结构进行抗连续倒塌设计时，应首先对上述薄弱位置的受压杆件进行加强，并通过有效手段阻止局部失稳的进一步传播。

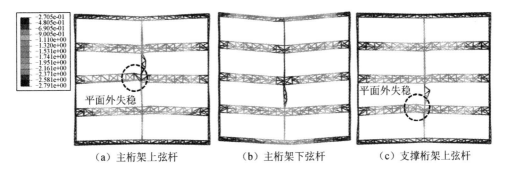

（a）主桁架上弦杆　　　　　　（b）主桁架下弦杆　　　　　　（c）支撑桁架上弦杆

图 9-27　不同初始失效杆件对应的结构变形图

2. 增加交叉支撑后的连续倒塌破坏模式

为了防止受压杆件发生初始失效后，局部失稳的进一步传播，在上述模型跨中 $3L/8$ 范围内的上弦平面设置交叉支撑，截面尺寸为 $\phi140mm\times6mm$，采用 CABLE 单元，计算模型如图 9-28 所示。增加侧向支撑后，结构静力响应较原结构变化很小，杆件应力最多减小了 7%，节点竖向位移减小了 8%。选择与上一节相同的初始失效构件，并输入三向宁河波，得到结构跨中下弦节点竖向位移及进入塑性杆件比例随 PGA 的变化规律如图 9-29 和图 9-30 所示。

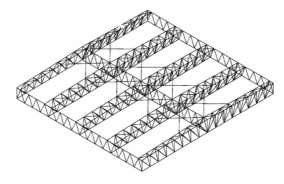

图 9-28　增加侧向支撑的计算模型

设置交叉支撑后，立体桁架结构的动力响应分析结果如表 9-8 所示。当主桁架跨中上弦杆和支撑桁架上弦杆为初始失效杆件时，由于交叉支撑的拉结作用，有效抑制了主桁架的平面外失稳，结构的整体性增强。结构破坏加速度分别增加了 69.4%和 73.7%，进入塑性比例分别增大了 80.7%和 88.9%，结构塑性发展深入，内力重分布更加充分，转而发生动力强度破坏。由于结构整体刚度的增加，连续倒塌极限位移分别降低了 36.9%和 28.4%，为结构跨度的 1/145 和 1/110。

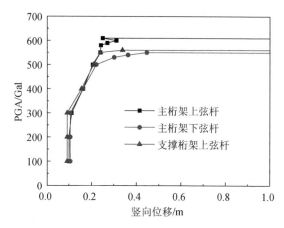

图 9-29　跨中下弦节点竖向位移响应曲线（增加交叉支撑）

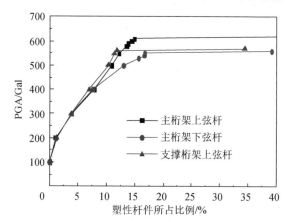

图 9-30　塑性杆件所占比例响应曲线（增加交叉支撑）

当主桁架下弦杆为初始失效杆件时，破坏加速度增大 5.8%，塑性杆件比例增加 3.7%，结构连续倒塌极限位移为跨度的 1/80，仍发生动力强度破坏。由于结构倒塌破坏模式较原结构未发生改变，因此结构动力响应变化不大。

图 9-31 为增加交叉支撑后，结构发生连续倒塌破坏时的变形图。可以看出，交叉支撑有效地限制了主桁架的侧向变形，主桁架仅产生平面内下挠，同时跨中支撑桁架产生了较大变形，后续失效杆件主要为主桁架跨中下弦杆、跨中支撑桁架下弦杆以及与交叉支撑相邻的主桁架上弦杆。

表 9-8　增加侧向支撑后立体桁架结构动力响应分析结果

初始失效杆件	破坏加速度/(m/s²)	进入塑性杆件比例/%	极限位移/m	与跨度比值
主桁架上弦杆	6.1	15.0	0.250	1/145
主桁架下弦杆	5.5	16.8	0.445	1/80
支撑桁架上弦杆	5.6	11.9	0.338	1/110

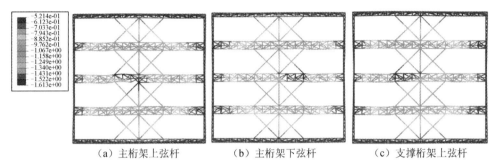

（a）主桁架上弦杆　　　　（b）主桁架下弦杆　　　　（c）支撑桁架上弦杆

图 9-31　不同初始失效杆件对应的结构变形图（增加交叉支撑）

综上所述，针对初始失效构件为受压杆件的两种情况，增加侧向交叉支承可以有效提高结构的抗连续倒塌性能，结构最终发生动力强度破坏。与动力失稳破坏相比，塑性发展更加充分，破坏加速度明显提升。

本节采用预定义场法引入初始失效杆件，分析了立体桁架结构在强震作用下的连续倒塌破坏机理和破坏模式，分析了不同初始失效下该类结构破坏加速度、倒塌极限位移等响应的变化规律，提出了改善结构抗连续倒塌性能的有效措施。

（1）完整结构在强震作用下的破坏加速度为 6.0～6.6m/s²，倒塌极限位移为结构跨度的 1/65～1/60，薄弱位置为主桁架跨中 3/8L 范围内的上弦杆、下弦杆及跨中支撑桁架上弦杆。

（2）缺陷结构的破坏加速度较完整结构降低了 13.3%～40.0%，倒塌极限位移降低了 1.6%～30.9%。

（3）当初始失效杆件为受压杆件时，结构产生动力失稳破坏；当初始失效杆件为受拉杆件时，结构产生动力强度破坏，后者破坏加速度增大 36.8%～44.4%，倒塌极限位移增大 19.5%～42.4%。

（4）针对发生动力失稳破坏的立体桁架结构，增加侧向交叉支撑可以有效提高结构的抗连续倒塌性能，破坏模式转变成动力强度破坏，破坏加速度提高 69.4%～73.7%。

参 考 文 献

韩庆华, 芦燕, 徐颖, 等, 2015. 基于 IDA 的格构式拱结构抗倒塌性能分析[J]. 土木工程学报, 48(3): 1-7.

韩庆华, 徐颖, 芦燕, 2015. 动力荷载作用下拱形立体桁架损伤及失效机理[J]. 中南大学学报(自然科学版), 46(2):

694-700.

江晓峰, 陈以一, 2010. 大跨桁架体系的连续性倒塌分析与机理研究[J]. 工程力学, 27(1):76-83.

李时, 汪大绥, 2011. 大跨度钢结构的抗连续性倒塌设计[J]. 四川大学学报(工程科学版), 43(6):20-28.

罗永峰, 杨木旺, 2008. 大跨度刚性空间结构地震反应的静力弹塑性分析方法[J]. 建筑科学与工程学报, 25(3): 73-80.

吕大刚, 崔双双, 陈志恒, 2013. 基于 Pushover 分析的钢筋混凝土框架结构抗侧向倒塌能力评定[J]. 工程力学, 30(1):180-189.

舒赣平, 余冠群, 2015. 空间管桁架结构连续倒塌试验研究[J]. 建筑钢结构进展, 17(5):32-38.

王磊, 2010. 桁梁结构体系的连续性倒塌试验与数值仿真研究[D]. 同济大学.

王磊, 陈以一, 李玲, 等, 2010. 引入初始破坏的桁梁结构倒塌试验研究[J]. 同济大学学报(自然科学版), 38(5):644-649.

徐颖, 韩庆华, 芦燕, 2014. 考虑损伤累积效应的拱形立体桁架结构倒塌分析[J]. 土木建筑与环境工程, 36(4):1-8.

中华人民共和国住房和城乡建设部. 2010. 建筑抗震设计规范: GB 50011—2010[S]. 北京: 中国建筑工业出版社.

中华人民共和国住房和城乡建设部. 2011. 空间网格结构技术规程: JGJ 7—2010[S]. 北京:中国建筑工业出版社.

ASCE 7-05 Minimum design loads for buildings and other structures[S]. Reston, V A: American Society of Civil Engineers, 2005.

AZARBAKHT A, DOLŠEK M, 2010. Progressive incremental dynamic analysis for first-mode dominated structures[J]. Journal of Structural Engineering, 137(3):445-455.

BERTERO R D, BERTERO V V, 2002. Performance-based seismic engineering: the need for a reliable conceptual comprehensive approach[J]. Earthquake Engineering & Structural Dynamics, 31(3): 627-652.

COLLINS K R, WEN Y K, FOUTCH D A, 1996. Dual-level seismic design: a liability-based methodology[J]. Earthquake Engineering & Structural Dynamics, 25(12): 1433-1467.

EADS L, MIRANDA E, KRAWINKLER H, et al, 2013. An efficient method for estimating the collapse risk of structures in seismic regions[J]. Earthquake Engineering and Structural Dynamics, 42(1): 25-41.

GURLEY C, 2008. Progressive collapse and earthquake resistance[J]. Practice Periodical on Structural Design & Construction, 13(1): 19-23.

HAN Q H, XU Y, LU Y, et al, 2015. Failure mechanism of steel arch trusses: Shaking table testing and FEM analysis[J]. Engineering Structures, 82:186-198.

KILAR V, FAJFAR P, 1997. Simle Push-over analysis of asymmetric buildings[J]. Earthquake Engineering & Structural Dynamics, 26(2): 233-249.

LIU M, 2013. A new dynamic increase factor for nonlinear static alternate path analysis of building frames against progressive collapse[J]. Engineering Structures, 48: 666-673.

PANDEY P C, BARAI S V, 1997. Structural sensitivity as a measure of redundancy[J]. Journal of Structural Engineering, 123:360-364.

VAMVATSIKOS D, CORNELL C A, 2002. Incremental dynamic analysis[J]. Earthquake Engineering & Structural Dynamics, 31(3): 491-514.

第10章 非结构构件抗震性能及破坏机理研究

本章综述了非结构构件地震响应和破坏机理研究、基于性能的非结构构件易损性分析以及非结构构件抗震设计反应谱分析理论。利用传递函数法揭示了主附结构的相互作用机理，研究了主附结构频率比和质量比等参数对耦合结构频域位移响应和网架杆件内力的影响。最后，基于振动台试验研究，揭示了考虑大跨结构作为主体结构时吊顶系统的地震破坏机理和抗震性能。

10.1 概　　述

非结构构件[non-structural components，或称二次结构（secondary systems）或附属结构（appendages）]是指建筑中结构部分以外的所有构件，结构部分承受地震、风、重力等荷载，对非结构构件起支撑作用，是建筑达到其预期功能必不可少的。

10.1.1 非结构构件地震响应和破坏机理研究

吊顶系统破坏是非结构构件震害报道中最为常见的一种震害形式。长期以来，围绕吊顶系统的地震响应及抗震性能研究是学术界的一个重要课题。

由于地震模拟振动台可以再现地震过程，研究结构的地震反应和破坏机理，早在 1983 年，美国的 ANCO Engineering 公司开展了 3.6m×8.5m 的吊顶系统振动台试验研究，研究表明吊顶系统的破坏主要集中在吊顶与墙体接触的房间四周，之后在 1993 年又针对美国 Armstrong 公司生产的吊顶系统的抗震性能展开一系列振动台试验研究。Rihal 和 Granneman 进行了在正弦波激励下的吊顶系统（3.66m×4.88m）振动台试验研究，得出设置竖向撑杆可以减小吊顶系统的位移反应，倾斜吊杆可以有效地降低吊顶动力反应。Yao 提出了一种直接悬挂吊顶系统，并对其自振特性和振动模态进行分析。分析表明 45° 方向的斜角吊线/钢丝不会改善吊顶系统的抗震性能，而对吊顶系统与周围墙体采用抽芯铆钉连接可以改善其抗震性能。McCormick 等对非结构系统中的隔墙和吊顶系统进行了足尺钢框架振动台试验。通过控制试验模型的层间位移角来对非结构系统进行基于性能的抗震性能评估。Gilani 等针对标准型和可替换型两种不同的周边墙体固定件对吊顶系统的地震响应进行振动台试验，分析表明可替换型的周边墙体固定件的吊顶系统抗震性能良好。在反应谱加速度达到 3g 时，其吊顶的破坏面积不超过 30%，掉落位置主要集中在吊顶的中部。Gilani 等同时采用满足 ICC-ES AC 156 规范要求的吊顶系统进行振动台试验，其破坏只表现为距离框架中心的吊顶板的掉落，同时未产生很大的竖向加速度。Magliulo 等对单向布置的龙骨连接整体式吊顶板与双向布置的龙骨连接整体式吊顶板的抗震性能进行研究，在振动台试验中并未出现吊顶板的脱落，主要原因为吊顶自身的振动特性、密集的龙骨布置以及大量的吊杆限制了吊顶板的竖向振动。Furukawa 等对一个四层的钢筋混凝土框架隔震结构（如医院）进行足尺振动台试验，试验表明橡胶隔震系统从某种程度上会加大结构的竖向地震加速度，但是在竖向峰值加速度不超过 $2g$ 时对医疗设备等非结构构件不会引起很大的震害。Nakaso 等加入加强索来改变吊顶的振动特性，通过动力试验进行对比，得出加入加强索会增加吊顶的水平刚度同时减小吊顶水平位移。韩庆华等研究了上部结构刚度不同时，吊顶系统的竖向加速度的变化规律。通过振动台试验研究得出在相同地震峰值加速度情况下，柔性上部结构对吊顶系统的竖向加速度影响较大，会产生吊顶板及网格的明显竖向振动，且随着地震加速度的增大，柔性上部结构引起的吊顶竖向振动越剧烈。

除此之外，国内外学者还对隔墙系统进行的抗震性能试验研究，Retamales 和 Filiatraut 等对 36 个使用普通细部构造的隔墙做了平面内的拟静力和动力试验。提出了新的构造细节，来提高最先发生破坏所需的水平位移，并减小破坏在墙体内的传播。Goodwin 和 Maragakis 等通过振动台试验研究了采用螺纹连接接头和焊接连接接头的管道系统的抗震性能，并提出其破坏模式。

10.1.2　基于性能的非结构构件抗震性能及易损性分析

基于性能的抗震设计是有效提升土木工程抗震能力的关键技术。建筑结构基于性态的抗震设计突破了传统抗震设计以"保证生命安全"为主要设防目标的局限，以有效控制人员伤亡和经济损失、保障结构使用功能为目标，代表抗震设计理论的发展方向，对确保建筑结构地震安全及土木工程防震减灾学科的发展具有重要推动作用。早在 2000 年美国联邦紧急事务管理署（Fedral Emergency Management Agency，FEMA）出版的既有建筑抗震加固指南 FEMA356（2000）便提出了非结构构件的 4 个抗震性能水准：基本完好（Operational），立即使用（Immediate Occupancy），生命安全（Life Safty）和减少灾害（Hazard Reduced）。美国国家减少地震灾害项目 HAZUS-MH MR3（NEHRP 2003）也针对吊顶系统提出了 4 个破坏形态：轻微破坏（Slight）、中等破坏（Moderate）、严重破坏（Extensive）、完全破坏（Complete）。易损性分析是进行建筑结构（包括非结构构件）抗震性能评估的重要一步。易损性曲线能够很好的反映其抗震性能。HAZUS-MH MR3 同样也针对吊顶系统的 4 个破坏形态提出了易损性曲线（如图 10-1 所示）。之后大量学者也基于不同非结构构件的抗震性能进行研究，并提出了其易损性曲线，以用来对其进行抗震性能评估。Badillo- Almaraz 等采用约束夹具、受压立杆改善吊顶系统的抗震性能，通过振动台试验获得了改进后的吊顶系统的易损性曲线。Magliulo 等以轻微破坏、中等破坏、严重破坏和龙骨网格失效 4 个性能等级对整体式吊顶板的抗震性能进行了分析，并得出易损性曲线（图 10-1）。Cosenzal 等生命损失、经济损失和居住、服务损失为基准设定了医疗机构非结构构件抗震性能的 3 个破坏形态，并通过振动台试验数据获得易损性分析。针对医疗机构的管道系统，Soroushian 和 Maragakis 等对管道系统中的螺纹接头、焊接接头以及管道系统进行了振动台试验和 Opensees 数值分析，结合试验和数值模拟结合提出了相应的易损性曲线。

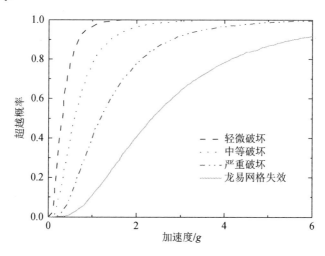

图 10-1　吊顶易损性曲线 HAZUS-MH MR3（NEHRP 2003）

10.1.3　非结构构件抗震设计反应谱分析理论研究

随着对非结构构件震害经验的积累，工程人员对非结构构件的抗震性能有了一定认识，逐渐形成了比较有效的非结构构件抗震设计方法并被纳入规范，最早的是美国 ATC-03 Report（ATC 1978）。1985 年美国国家减小地震灾害项目（NEHRP）制定的基于新建建筑物和其他结构抗震设计推荐规范（BSSC 1985）直接引用了 ATC1978 的相关规定。之后又对非结构构件的抗震设计进行多次修订。对非结构构件抗震设计的基本规定也被 2003 版国际建筑标准（ICC 2003）和 2002 版的 SEI/ASCE 7（ASCE 2003）所借鉴。此外欧洲抗震规范 Eurocode 8、新西兰抗震规范 NZS 1170.5、中国抗震规范 GB 50017 等都对非结构构件的抗震设计方法做出规定，以上这些规范所规定的设计方法只是考虑非结构构件与主体结构的连接强度。其基本设计原理是基于楼面反应谱法的设计方法。楼面反应谱（也称楼面谱）是安装在某楼面上的具有不同自振周期和阻尼的单自由度系统对楼面地震反应时程历史的最大值的均值组成的曲线。由于目前规范未考虑主体结构非线性对非结构构件抗震性能的影响。之后大量学者又深入研究了主体结构非线性对楼面反应谱的影响。其中，Lin 等提出一个放大系数来研究主体结构非线性变形、滞回性能以及非结构构件阻尼比的变化对楼面反应谱的影响，并通过此系数修正规范提出的设计楼面反应谱。Medina 等考虑主体结构自振周期、强度以及非结构构件的位置和阻尼比研究了非线性钢框架结构的楼面反应谱，提出对规范 ICC（2003）和 SEI/ASCE 7（ASCE 2003）提出的非结构构件的峰值加速度应该随着作用位置、非结构构件阻尼比和主体结构的自振周期及强度而变化，提出了修正系数 R_{acc}。Chaudhuri 等针对主体结构非线性对非结构构件的地震反应放大效应进行了大量参数化分析，提出非结构构件位于靠下楼层时且其自振频率接近主体结构的高阶频率时，需要着重考虑非结构构件的地震反应放大效应。Politopoulosa 等分析了多自由度主体结构的非线性对楼面反应谱的影响，但是主体结构的高阶模态会加大楼面反应谱。Petrone 等提出 Eurocode 8 规定的非结构构件设计方法并不完全适用于钢筋混凝土结构，尤其是非结构构件处于高频时，同时对 AC 156 提出的目标反应谱进行了说明。

国内研究学者对非结构构件的楼面反应谱法也进行了深入研究。秦权等最先采用随机振动法建立了由地面反应谱计算设备反应的程序，并针对 6 座典型高层建筑计算了 600 余条楼面谱，从中给出了设计用楼面谱。在此基础上，以冷风机组和楼顶水箱为例，讨论了非结构构件和设备的抗震设计的简化公式。黄宝锋等将非结构构件分为加速度敏感型构件、位移敏感型构件和混合敏感型构件，提出加速度指标、位移指标和混合指标，同时提出加速度放大系数谱和位移幅值谱的概念和生成方法，建议拟合楼层包络谱来指导非结构构件的计算和分析。曾奔等采用锥体模型求得地基基础阻抗函数，推导出非结构构件的绝对加速度传递函数，利用随机振动理论，通过功率谱密度函数法建立楼层反应谱，并和人工合成地震波分析所得结果进行了对比。功率谱密度函数法用较少计算量就可以得到相当准确的楼层反应谱，同时，能与现行抗震规范很好地相结合。此外，考虑主体结构的非线性，国巍、李宏男等利用随机振动和等效线性化方法推导了由非线性主体结构和支撑于其上的附属结构所组成的二次结构体系的随机响应表达式，以此来分析了主体结构非线性对附属结构动力响应的影响，分析了主体结构非线性对附属结构最优位置的影响；利用 SIMULINK 仿真工具对水平双向地震输入下偏心结构的楼板谱进行了计算，研究了影响楼板谱变化的几个重要参数，针对现行抗震设计规范中楼板谱计算的 SRSS（square root of the sum of squares）方法进行了分析，并指出了它的不足；建立了主附结构体系的扭转耦联模型，利用复模态理论和模式搜索方法研究了影响附属结构最优位置的几个重要因素，包括地震输入方向、场地类别、主体结构偏心、附属结构质量、频率及阻尼比等，通过数值分析得出了一些有益的结论。

10.2 大跨建筑结构中非结构构件动力性能研究

10.2.1 传递函数法

经研究得出主附结构系统主要有以下动力特性：①共振特性；②动力相互作用；③随机相关性；④非经典阻尼特性。基于主附结构系统复杂的动力特性，分析方法有解耦分析和耦合分析两类。解耦分析就是楼面反应谱法；耦合分析方法包括时程分析法、模态叠加法和最近提出的传递函数法。

把具有线性特性的对象的输入与输出间的关系，用一个函数（输出波形的拉普拉斯变换与输入波形的拉普拉斯变换之比）来表示的，称为传递函数。对于主附结构系统，通过联立主附结构各自的运动方程，可以得到结构任一点的频域位移响应公式及连接结构的频域作用力公式，当外荷载给定后，可以直接利用传递函数得到主附结构系统的谐位移。

如图 10-2（a）所示，以一网架结构，尺寸为 $a×b$，非结构构件悬吊于板的中点处（$a/2,b/2$），图 10-2（b）中非结构构件的质量为 m_1，刚度为 k_1，阻尼为 c_1。

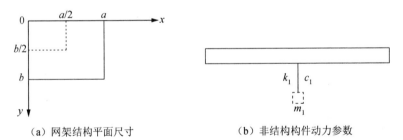

（a）网架结构平面尺寸 （b）非结构构件动力参数

图 10-2 网架单点连接单自由度非结构构件

由拟夹层板法得到的正放四角锥网架的自由振动方程

$$DL\overline{w} + \overline{m}L\frac{\delta^2\overline{w}}{\delta t^2} = 0 \tag{10-1}$$

其中

$$L = k_{\mathrm{d}}\frac{\delta^4}{\delta x^4} + \frac{1}{k_{\mathrm{d}}}\frac{\delta^4}{\delta y^4} - \frac{D}{C}\frac{\delta^4}{\delta x^2\delta y^2}\left(k_{\mathrm{c}}\frac{\delta^2}{\delta^2 x^2} + \frac{1}{k_{\mathrm{c}}}\frac{\delta^2}{\delta y^2}\right)$$

$$L_w = \left(1 - \frac{k_{\mathrm{d}}}{k_{\mathrm{c}}}\frac{D}{C}\frac{\delta^2}{\delta x^2}\right)\left(1 - \frac{k_{\mathrm{d}}}{k_{\mathrm{c}}}\frac{D}{C}\frac{\delta^2}{\delta y^2}\right)$$

$$C = \sqrt{C_{\mathrm{x}}C_{\mathrm{y}}}; \qquad D = \sqrt{D_{\mathrm{x}}D_{\mathrm{y}}}$$

$$k_{\mathrm{c}} = \sqrt{\frac{C_{\mathrm{x}}}{C_{\mathrm{y}}}}; \qquad k_{\mathrm{d}} = \sqrt{\frac{D_{\mathrm{x}}}{D_{\mathrm{y}}}}$$

式中：$\bar{m}$ 为单位面积的质量；C_x、C_y 为网架结构的剪切刚度系数；D_x、D_y 为网架结构的弯曲刚度系数；$\bar{w}$ 为网架结构的位移函数，真实挠度 w 与 $\bar{w}$ 的关系为 $w = L_w\bar{w}$。

由于边界条件为四边简支，采用如式（10-2）的函数：

$$\bar{w} = \sum_{m=1}^{\infty}\sum_{n=1}^{\infty} A_{mn} \sin\frac{m\pi x}{a}\sin\frac{m\pi y}{b}\sin\omega_{mn}t \tag{10-2}$$

式中：a、b 为网架的长、短边边长；ω_{mn} 为网架的固有频率。

经整理后，可以得到网架的固有频率和模态函数的表达式

$$\omega_{mn} = \sqrt{\frac{D}{\bar{m}}\frac{L_{mn}}{L_{wmn}}} \tag{10-3}$$

$$W_{mn} = \sin\frac{m\pi x}{a}\sin\frac{m\pi y}{b} \tag{10-4}$$

网架耦合结构由主体结构（网架）和附属结构两部分组成，如图 10-3 所示，考虑阻尼时主体结构的运动方程

$$\bar{m}L_w\frac{\delta^2\bar{w}}{\delta t^2} + C_t L_w\frac{\delta\bar{w}}{\delta t} + DL\bar{w} = P(t) + Zf_1(t) \tag{10-5}$$

其中

$$f(t) = c_1\dot{u}(t) + k_1 u(t)$$

$$Z = \sin\left(\frac{m\pi\sigma}{a}\right)\sin\left(\frac{m\pi\tau}{b}\right)$$

式中：C_t 为阻尼系数；$P(t)$ 为作用在主体结构上的荷载；$f_1(t)$ 为附属结构对主体结构的作用；c_1、k_1 分别为连接结构的阻尼和刚度，$u(t)$ 为附属结构相对于主体结构的位移；Z 为附属结构位置函数；(σ,τ) 为附属结构连接点处的坐标；

由四边简支的边界条件，采用试函数

$$\bar{w} = \sum_{m=1,3}^{\infty}\sum_{n=1,3}^{\infty} A_{mn}\sin\frac{m\pi x}{a}\sin\frac{m\pi y}{b}\eta_{mn}(t) \tag{10-6}$$

式中：$\eta_{mn}(t)$ 为网架的广义位移，即网架中点的位移函数。

将式（10-6）代入式（10-5），等号两边同乘以 $\sin\left(\dfrac{m\pi x}{a}\right)\sin\left(\dfrac{m\pi y}{b}\right)$，并在全域内积分，由模态正交化条件，最后整理可得

$$M_{mn}\ddot{\eta}_{mn}(t) + C_{mn}\dot{\eta}_{mn}(t) + K_{mn}\eta_{mn}(t) = P(t) + Zf_1(t) \tag{10-7}$$

其中

$$M_{mn} = \frac{mn\pi^2}{16}\bar{m}A_{mn}L_{wmn}$$

$$C_{mn} = \frac{mn\pi^2}{16}C_t A_{mn}L_{wmn}; \qquad K_{mn} = \frac{mn\pi^2}{16}DA_{mn}L_{wmn}$$

$$L_{wmn} = \left(1 + \frac{k_d}{k_c}\frac{D}{C}\frac{m^2\pi^2}{a^2}\right)\left(1 + \frac{k_d}{k_c}\frac{D}{C}\frac{n^2\pi^2}{b^2}\right)$$

$$L_{mn} = k_d\frac{m^4\pi^4}{a^4} + \frac{1}{k_d}\frac{m^4\pi^4}{b^4} + \frac{D}{C}\frac{m^2n^2\pi^4}{a^2b^2}\left(k_c\frac{m^2\pi^2}{a^2} + \frac{1}{k_c}\frac{m^2\pi^2}{b^2}\right)$$

对式（10-7）进行傅里叶变换，最终可得

$$w(x,y,\omega) = \sum_{m=1,3}^{\infty}\sum_{n=1,3}^{\infty} AB\left[P(\omega) + (i\omega c_1 + k_1)Zu(\omega)\right] \tag{10-8}$$

其中

$$A = \frac{A_{mn}}{M_{mn}}L_{wmn}H_{mn}(\omega); \quad B = \sin\frac{m\pi x}{a}\sin\frac{m\pi y}{b}$$

$$H_{mn}(\omega) = \frac{1}{\omega_{mn}^2 + \omega^2 + 2i\xi_{mn}\omega_{mn}\omega}$$

式中：ξ_{mn} 为主体结构各阶模态的阻尼比。

附属结构的运动方程

$$m_1\ddot{u}(t) + c_1\dot{u}(t) + k_1u(t) = F(t) \tag{10-9}$$

式中：$F(t)$ 为主体结构对附属结构的激励，可表达为 $F(t) = -m_1\ddot{w}(\sigma,\tau,t)$。

对式（10-9）进行傅里叶变换，最终得到

$$u(\omega) = \omega^2 h(\omega)w(\sigma,\tau,\omega) \tag{10-10}$$

其中

$$h(\omega) = \frac{1}{\Omega^2 - \omega^2 + 2i\xi\Omega\omega}$$

式中：Ω 和 ξ 分别为附属结构的频率和阻尼比。

将式（10-8）和式（10-10）联立，得到附属结构相对主体结构的频域位移公式

$$u(\omega) = \frac{\displaystyle\sum_{m=1,3}^{\infty}\sum_{n=1,3}^{\infty} A\omega^2 h(\omega)Z}{1 - \lambda\displaystyle\sum_{m=1,3}^{\infty}\sum_{n=1,3}^{\infty} A\omega^2 h(\omega)(i\omega c_1 + k_1)Z^2}P(\omega) \tag{10-11}$$

其中

$$\lambda = 27.2252 \times S^{-2} + 1.2981 \times S^{-1} + 0.0046 - 2.8595 \times 10^{-6} \times S$$

式中：λ 为调谐系数，与网架的尺寸有关；S 为网架的面积。

主体结构任一点处的频域位移公式

$$w(x,y,\omega) = \frac{\displaystyle\sum_{m=1,3}^{\infty}\sum_{n=1,3}^{\infty} AB}{1 - \lambda\displaystyle\sum_{m=1,3}^{\infty}\sum_{n=1,3}^{\infty} A\omega^2 h(\omega)(i\omega c_1 + k_1)BZ}P(\omega) \tag{10-12}$$

其中 A、B 同式（10-8）中所示，附属结构相对地面的频域位移为 $w(x,y,\omega)+u(\omega)$，而主体结构和附属结构之间的连接结构作用力为 $k_1 u(\omega)$，通过求导可进一步得到附属结构的频域速度、频域加速度的公式。

10.2.2　单点连接的非结构构件动力性能研究

从式（10-11）和式（10-12）可以看出，两个子结构之间的相互作用主要体现为频率调谐和位移改变，而影响因素主要有主附结构的频率比和质量比。取 6 组不同尺寸的网架耦合结构（图 10-3），网架模型几何参数见表 10-1。通过调整附属结构与主体结构的频率比和质量比两个参数进行计算分析，得出网架中点的位移、附属结构的位移、网架上、下弦杆内力的变化规律；同时，针对非结构构件对主体结构位移影响程度进行了分析。

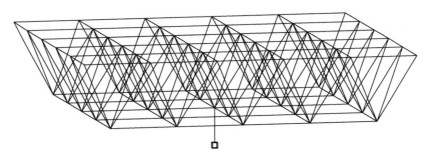

图 10-3　网架耦合结构示意图

表 10-1　网架模型几何参数

组号	网架尺寸/（m×m）	网格尺寸/（m×m）	网架高度/m
Case 1	18×18	3×3	1.2
Case 2	21×21	3×3	1.4
Case 3	27×27	3×3	1.5
Case 4	30×30	3×3	1.6
Case 5	36×36	3×3	2
Case 6	45×45	3×3	2.5

1. 主附结构频率比

通过改变连接构件的刚度进而改变附属结构的频率，选取附属结构与主体结构频率比为 0.4、0.6、0.8、0.9、1.0、1.1、1.2、1.4、1.6，分别对质量比为 0.002、0.01、0.02 的三组耦合结构进行了分析，得到了主体结构和附属结构最大位移以及下弦最接近中点的杆件最大应力与频率的变化规律（图 10-4～图 10-7）。

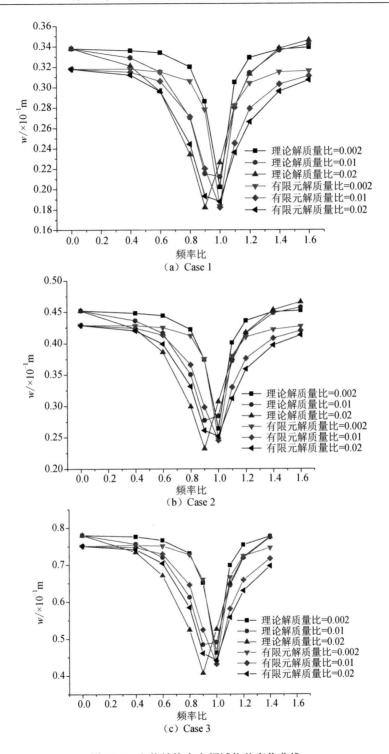

图 10-4　主体结构中点频域位移变化曲线

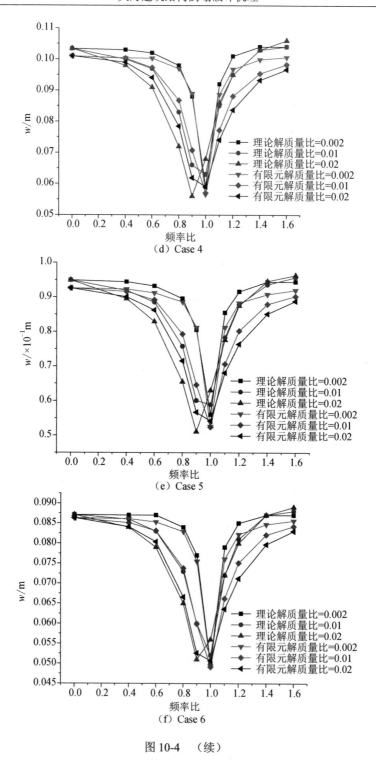

图 10-4 （续）

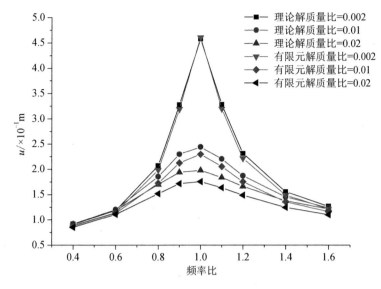

图 10-5　附属结构频域位移变化曲线

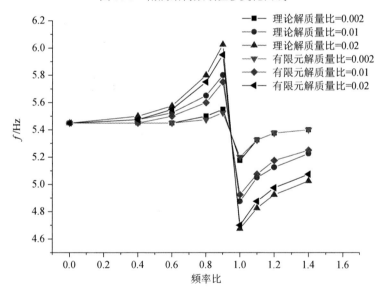

图 10-6　主体结构频率调谐趋势

从图 10-4 可知主体结构中点频域位移随频率比变化规律一致,以 Case 3 耦合结构为例,当主附结构质量比为 0.002 时,频率比在 0.9～1.1 范围内主体结构的位移明显减小;当质量比为 0.01 时,频率比在 0.8～1.2 范围内主体结构的位移明显减小;当质量比为 0.02 时,频率比在 0.7～1.3 范围内主体结构的位移明显减小。这说明对于耦合结构当频率比在 1 左右时主体结构位移有很大程度的减小。仍以 Case 3 为例,从图 10-5 和图 10-6 中还可以看出频率比在 1 左右时,附属结构的位移明显增大，主体结构基频与原基频偏移也明显变大，即主附结构频率调谐现象更加明显；当频率比为 1 时，频率调谐和附属结构的位移均达到最大，出现共振现象。图 10-7 显示出杆件最大应力的变化规律与主体结构位移变化规律基本一致。

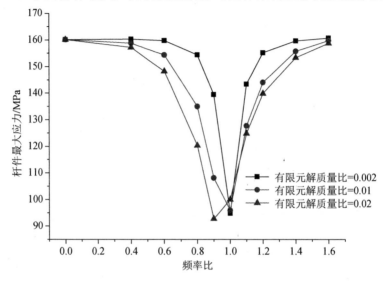

图 10-7   网架杆件最大频域应力变化曲线

2. 主附结构质量比

选取质量比为 0.0002、0.001、0.002、0.005、0.01、0.015、0.02，通过改变附属结构的质量同时使其刚度质量比保持不变，分别对频率比为 0.8、1、1.2 的三组耦合结构进行了理论分析和数值模拟，得到了主体结构和附属结构最大位移以及下弦最接近中点的杆件最大应力与频率的变化规律，如图 10-8～图 10-11 所示。

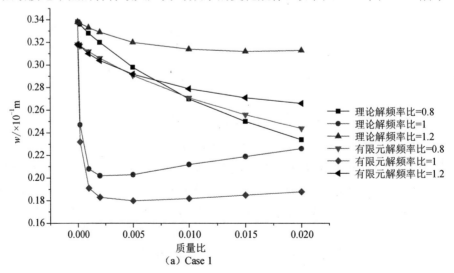

（a）Case 1

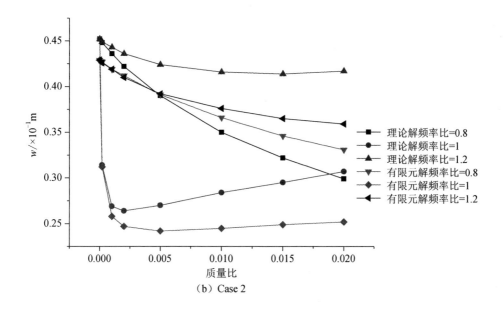

（b）Case 2

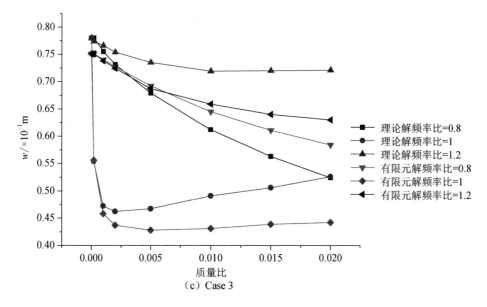

（c）Case 3

图 10-8　主体结构中点频域位移变化曲线

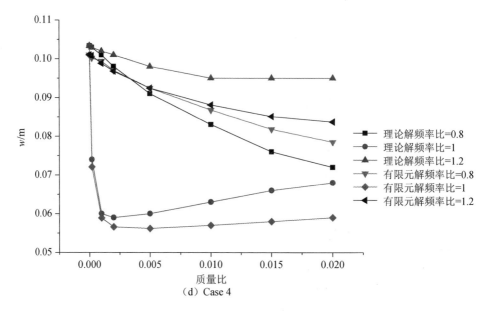

（d）Case 4

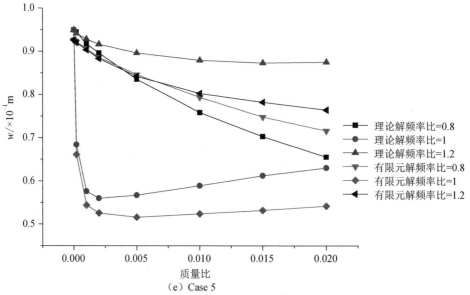

（e）Case 5

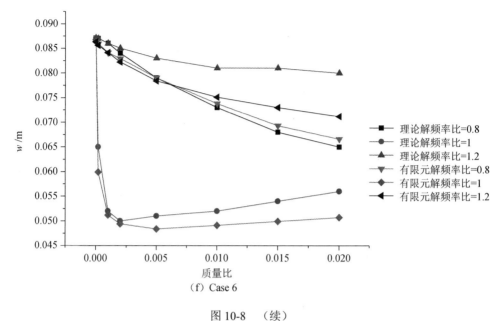

（f）Case 6

图 10-8　（续）

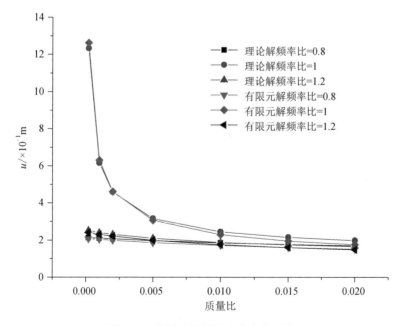

图 10-9　附属结构频域位移变化曲线

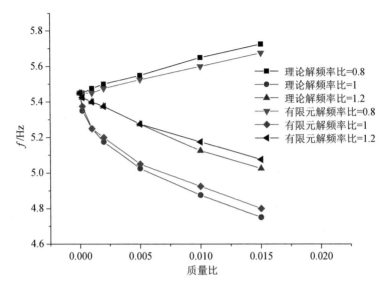

图 10-10　主体结构频率调谐趋势

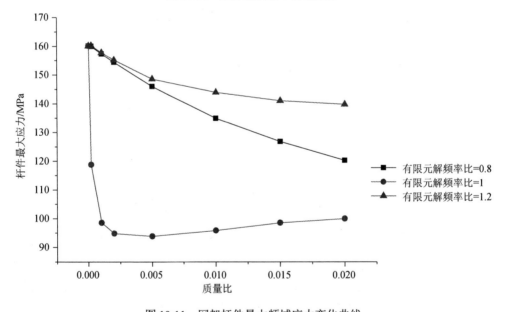

图 10-11　网架杆件最大频域应力变化曲线

从图 10-8 可知，6 组不同的主体结构中点频域位移随质量比变化有着一致的
规律，以 Case 3 网架耦合结构为例，频率比为 0.8 时，随着附属结构与主体结构
质量比的增大，主体结构位移逐渐减小，直至质量比增大到 0.1 左右时主体结构
位移达到最小；频率比为 1 时，在任何质量比下主体结构的位移均较小；频率比
为 1.2 时，随着质量比的增大主体结构位移也在减小，但位移减小程度较小。仍
以 Case 3 为例，由图 10-9 和图 10-10 可以看到，随着质量比增大，附属结构位移

也逐渐减小，主附结构频率调谐现象逐渐明显，频率比为 1 时最明显。图 10-11
显示出杆件最大应力的变化规律与主体结构位移变化规律基本一致。

3. 位移减小程度

通过非结构构件与网架结构的相对运动，减弱了网架结构的内力，减小主体
结构位移。以 Case 3 为例，改变主附结构频率比和质量比分析发现，当频率比在
1 左右，质量比在 0.001～0.02 时，主体结构位移减小幅度可达 40%左右；频率比
为 0.9～1，质量比在 0.01～0.02 范围内时主体结构位移减小幅度为 30%～40%；
频率比为 0.8～0.9 或 1～1.1，质量比在 0.01～0.02 内时，主体结构位移减小幅度
为 20%～30%；频率比为 0.7～0.8 或 1.1～1.2，质量比在 0.01～0.02 内主体结构
位移减小幅度为 10%～20%；其他频率比和质量比时，位移减小的程度都较小，
一般在 10%以内，如图 10-12 和图 10-13 所示。

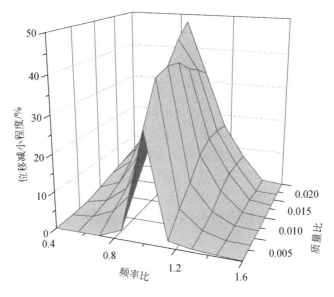

图 10-12　位移减小程度（理论解）

本节以四边简支的网架结构为例，基于传递函数法推导了网架结构单点连接
单自由度非结构构件的频域位移公式和频域连接力公式，针对 6 组不同跨度的网
架耦合结构进行了分析和对比，得出以下结论：

（1）任意质量比时，随着主附结构频率比逐渐接近 1，两个子结构的基频与
原结构基频偏移明显，即频率调谐作用增强，同时附属结构的位移增大。

（2）任意频率比时，随着附属结构质量的增大，频率调谐现象趋于明显，附
属结构位移减小。

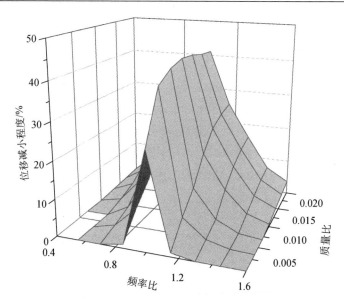

图 10-13　位移减小程度（有限元解）

（3）改变主附结构的频率比和质量比分析可知当频率比在 1 左右，质量比在 0.001～0.02 时，主体结构位移减小幅度可达 40%左右；频率比为 0.9～1，质量比在 0.01～0.02 范围内时主体结构位移减小幅度为 30%～40%；频率比为 0.8～0.9 或 1～1.1，质量比在 0.01～0.02 内时，主体结构位移减小幅度为 20%～30%；频率比为 0.7～0.8 或 1.1～1.2，质量比在 0.01～0.02 内主体结构位移减小幅度为 10%～20%；其他频率比和质量比时，位移减小的程度都较小，一般在 10%以内。

10.3　大跨建筑结构中吊顶系统抗震性能研究

为了能够更加深入地研究吊顶系统的抗震性能和地震反应规律，并进一步确定吊顶系统的破坏形式与破坏特点，研究大跨建筑结构中主体结构对吊顶系统的抗震性能的影响，同时与理论分析、数值分析结果进行对比，来验证其正确性。地震模拟振动台试验可以再现天然地震作用，安装在振动台上的试件能受到类似天然的地震作用，所以地震模拟振动台试验可再现结构在地震作用下的振动、破坏全过程；能反应应变速率对结构强度的影响；也可根据相似要求对地震波的时域和加速度幅值调整等处理，研究不同类型地震作用下的结构特性。

本节进行吊顶系统振动台试验，考虑水平与竖向的双向地震作用，获得地震中吊顶系统的位移、加速度时程曲线，测得龙骨、节点、吊杆的地震响应；验证吊顶系统有限元分析得到的地震响应规律；观察吊顶系统破坏形式，研究吊杆不同构造，上部结构形式对吊顶性能的影响。本次试验设计了三组吊顶模型，明架矿棉吸声板的吊顶构造形式。为了考虑大跨结构作为主体结构时对吊顶系统这一附属结构抗震性能的影响，设计了不同刚度的上部支承结构，来模拟大跨结构竖向振动的影响。同时，设计了采用吊杆中间加铰这一构造措施的吊顶系统，来研究不同构造措施对吊顶系统的抗震性能的影响。

本次振动台试验地震波的输入分为三部分，包括白噪声激振、多遇地震作用下地震波和罕遇地震作用下的地震波，分别研究吊顶系统的自振特性、地震作用下的响应特性以及大震作用下的破坏特性。对结构施加双向的地震波进行振动台试验，其中，自振特性试验是通过白噪声激振法来研究模型自振频率；地震作用下的动力响应试验通过监测三条地震波作用下模型的位移、加速度及应变响应，结合模型自振特性，分析其地震响应特征和规律；最后逐级加大天津波的幅值至结构破坏，观察随地震波幅值加大模型的塑性内力重分布和变形发展过程，观察试验模型的破坏形式。

10.3.1　吊顶系统模型的设计与制作

1. 吊顶系统模型

设计 3 组吊顶，吊顶平面尺寸、构造相同。选用明架矿棉吸声板的吊顶构造形式，主龙骨[图 10-14（a）]为吊顶龙骨骨架中的主要受力构件，承担连接吊顶平面与吊杆连接吊顶任务（轻钢龙骨矿棉板吊顶中的主龙骨采用 U 型龙骨）；次龙骨[图 10-14（a）]是吊顶龙骨骨架中连接主龙骨及固定装饰面板的构件；横撑龙骨[图 10-14（a）]是吊顶龙骨骨架中起横撑作用及固定装饰面板的构件（轻钢龙骨矿棉板吊顶中的次龙骨以及横撑用的次龙骨通常采用 T 型龙骨），吊件采用国标图集中的 C38 吊件（用于主龙骨与吊杆连接）以及 D-T 吊件（用于次龙骨与主龙骨之间的连接）[图 10-14（b）、（c）]。

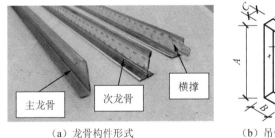 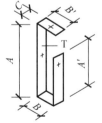 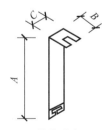

（a）龙骨构件形式　　　　（b）吊件形式一　　　（c）吊件形式二

图 10-14　龙骨组成构件

吊顶系统构造（图 10-15）为 3.6m×3.6m 吊顶系统，吊杆长度 0.5m，吊顶板尺寸 0.6m×0.6m。三组吊顶的设计不同之处在于上部支承结构不同、吊杆的构造不同。第一组（吊顶Ⅰ）采用普通吊杆、刚性上部结构；第二组（吊顶Ⅱ）采用普通吊杆、柔性上部结构；第三组（吊顶Ⅲ）采用中间加铰吊杆、柔性上部结构。构件尺寸：主龙骨规格为 C38 型 38mm×12mm×1mm；次龙骨规格为 T 型 24mm×32mm×0.5mm×0.5mm；横撑规格为 T 型 24mm×27mm×0.3mm×0.3mm；吊杆为公称直径为 8mm 的丝杆（表 10-2）。

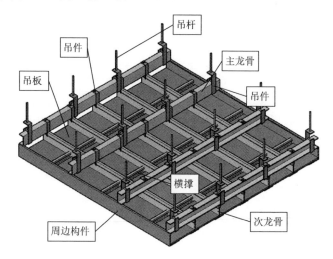

图 10-15　吊顶系统构造图

表 10-2　吊顶系统模型设计

吊顶	吊顶规格	吊杆类型	上部结构
吊顶 I	总尺寸 3.6m×3.6m	直杆	刚性结构
吊顶 II	吊顶板 0.6m×0.6m	直杆	柔性结构
吊顶 III	吊杆长度 0.5m	中间加铰	柔性结构

吊顶系统的材料布置如下：直杆吊顶模型（吊顶 I、吊顶 II）：吊顶整体尺寸为 3.6m×3.6m（6 格×6 格）；主龙骨布置，沿 x 方向布置，长 3.6m，相邻主龙骨间距 1.2m（共 4 根）；次龙骨布置，沿 y 方向布置，长 3.6m，相邻次龙骨间距 0.6m（共 6 根）；横撑布置：沿 x 向布置，单根长 0.6m，间距 0.6m，共 42 根吊杆布置，每根主龙骨上布置 4 根吊杆，长 0.5m，间距 0.9m，端部距离 0.15m。加铰杆吊顶模型（吊顶 3）吊杆总长 0.5m，均分为两段，中间铰接。其他构件与直杆吊顶相同，如图 10-16 所示。

2. 钢框架支承系统

非结构构件的振动台试验设计中，不仅要考虑非结构构件（吊顶系统）的设计，同时对于支承非结构构件的主体结构的设计有一定要求。由于实际地震中，地震的作用首先由地面运动传递给主体结构上，再由主体结构传递给连接在其上的非结构构件。因此，非结构构件所受到的地震作用是经过主体结构放大后的地震作用，而主体结构不同位置的响应会有所不同，因此在对比试验中，特别要考虑这一问题。

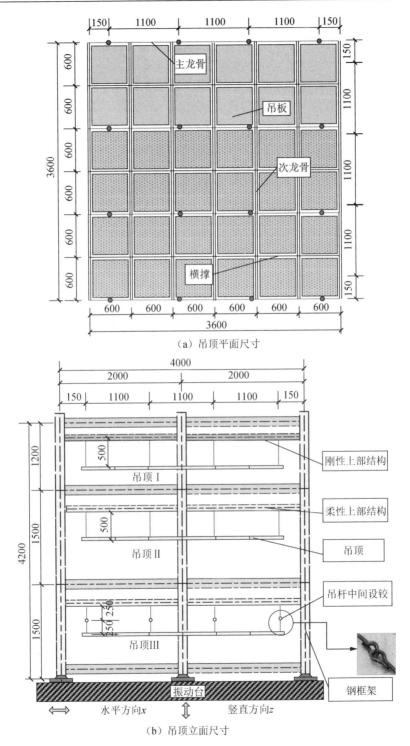

（a）吊顶平面尺寸

（b）吊顶立面尺寸

图 10-16 振动台试验模型示意图

本节设计一个三层钢框架，用来支承 3 组吊顶。为了减小框架响应对试验结构的影响，设计时，将框架层高减小，选择较大的构件截面，以提高自身的刚度，保证框架结构三层中各位置的响应相近，排除框架结构响应的影响。试验中，吊顶系统与框架之间，通过角钢支承系统来连接，改变角钢的截面与跨度，得到不同的刚度支承方式，来模拟大跨空间结构竖向刚度对于吊顶系统抗震性能的影响。

钢框架系统立面布置如图 10-17 所示，钢框架梁、柱采用 H 型钢，截面选取如表 10-3 所示；钢框架自下至上每层高度分别为 1.5m、1.5m 和 1.2m。下两层为柔性上部结构，采用截面为∟50mm×4mm 的角钢，跨度为 4m，作为吊顶的上部支承结构；最高层为刚性上部结构，采用截面为∟100mm×8mm 的角钢，跨度为2m，即角钢与中间布置的钢梁连接。

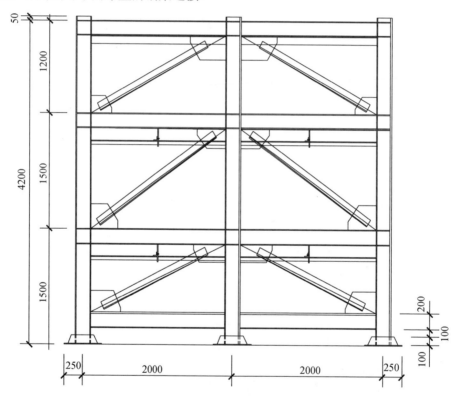

图 10-17　框架立面示意图（单位：mm）

表 10-3　钢框架构件列表　　　　　　　（单位：mm）

构件	构件型号	构件长度	数量/个
角柱	HW300×300×10×15	4250	4
边柱	HW200×200×8×12	4250	4
底层连梁	HW200×200×8×12	2000	8
1～3 层外圈梁	HW200×200×8×12	2000	24

续表

构件	构件型号	构件长度	数量/个
1～3 层中间梁 y 向	HW200×200×8×12	4000	3
1～3 层中间梁 x 向	HW200×200×8×12	2000	6
斜撑角钢	∟100×8	2450	24
刚性上部结构角钢	∟100×8	4000	4
柔性上部结构角钢	∟50×4	4000	12

吊顶和框架的立面布置如图 10-18 所示，最高层放置吊顶Ⅰ，即直杆，刚性上部结构。中间层布置吊顶Ⅱ，即直杆，柔性上部结构；最下层布置吊顶Ⅲ，即中间加铰杆，柔性上部结构。钢框架的平面布置如图 10-19 所示，柱脚采用刚接柱脚，梁柱连接采用螺栓与对接焊缝混合连接，柱脚和梁柱节点连接如图 10-20 所示。

图 10-18　试验装置

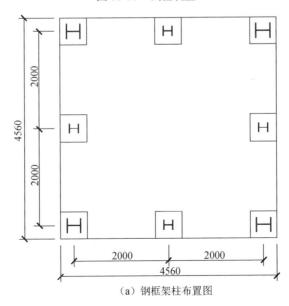

（a）钢框架柱布置图

图 10-19　钢框架平面布置（单位：mm）

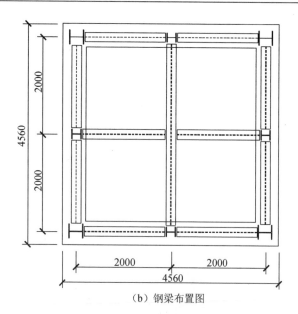

（b）钢梁布置图

图 10-19　　（续）

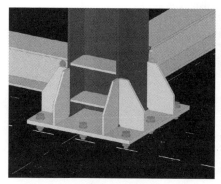

（a）柱脚构造示意图

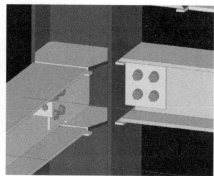

（b）梁柱节点构造示意图

图 10-20　钢框架节点构造

10.3.2　试验设备

1. 振动台参数

本试验在中国地震局工程力学研究所恢复地震工程综合实验室进行，该实验室的模拟地震振动台试验系统的电液伺服作动器、液压泵站和管路系统以及控制系统由美国 MTS 公司引进。其主要技术指标见表 10-4。本试验根据结构的尺寸与吨位等因素，选择 5m×5m 振动台。

表 10-4　振动台参数

振动台参数	小台	大台
自由度	三向六自由度	三向六自由度
台面尺寸	3.5m×3.5m	5m×5m
最大荷载	6t	30t
最大倾覆力矩	40t·m	80t·m
最大行程	$X\&Y\pm250$mm；$Z\pm200$mm	$X\&Y\pm500$mm；$Z\pm200$mm
满载最大加速度	$X\&Y4.0$g，$Z3.0$g	$X\&Y2.0$g，$Z1.5$g
空载最大加速度	$X\&Y7.0$g，$Z8.0$g	$X\&Y3.0$g，$Z2.0$g
最大速度	$X\&Y2.4$m/s，$Z1.8$m/s	$X\&Y1.5$m/s，$Z1.2$m/s
运行频率	0.1～100Hz	0.1～100Hz
振动波形	正弦、随机、地震波	正弦、随机、地震波

油源工作压力 280bar（1bar=10^5Pa），总功率 1130kW，总流量 2000L/min，供油温度范围：60℃以下，推荐温度 40℃，基坑深度 7m。两台东西向中心矩最大为 22m，最小为 8m。小台频带宽，加速度幅值大，可以适应核电设备的需要，主要用于设备的抗震试验，大台行程大，速度大，能够适应进行近断层大脉冲型地振动模拟，与反力墙配合，可以进行子结构相互作用的试验。

2. 传感器

加速度传感器选用单轴向 IPEP 型加速度传感器，型号为 132A01，该传感器的主要技术参数见表 10-5。

表 10-5　加速度传感器参数

型号	参考灵敏度/[mV／（ms^{-2}）]	最大量程/g	分辨率/mg	质量/g
	50	±10g	0.5	115
132A500	使用频率/Hz	横向灵敏度比/%	输出方向	外壳材料
	0.3～3k	<5	侧端	不锈钢

位移传感器为 SW-40 型拉线相对式位移传感器，可以测出模型相对于台面的相对位移量。采用了悬臂梁式应变桥传感原理。该位移传感器主要技术性能参数见表 10-6。

表 10-6　位移传感器参数

最大可测位移/mm	频率范围/Hz	灵敏度/[mV／（cm/V）]	分辨率/mm	尺寸/（mm×mm×mm）	质量/kg
±400	0～30	10	0.2	75×75×74	0.75

10.3.3　测量内容与测点布置

本试验主要记录在各个地震波工况下的吊顶系统模型的加速度值时程、位移值时程以及结构关键测点如龙骨吊杆等位置的应变值。以下列出单组吊顶的测量内容与测点布置，为有效地对比各组吊顶的振动特性，各组吊顶的对应的测点布置是相同的。各测量点位置的选取过程中，考虑了试验中使用的吊顶系统具有对称性，将吊顶平面分成 4 块区域，相同类别的物理量的测量集中在同一 1/4 区域内，不同区域分别测量不同的变量。如此布置，一方面能够完全的反应吊顶的振动特性，另一方面，又能够比较方便地布置各个传感器。

加速度位移测点如图 10-21 所示，主要测量吊顶系统中振动响应比较强烈的关键位置的加速度和位移。具体个点的测量内容如表 10-7 所示。

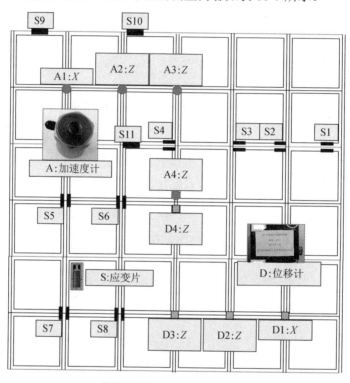

图 10-21　加速度、位移及应变测点布置

表 10-7　加速度、位移测点测量内容

项目	测点	方向	测量内容
加速度传感器	A1	水平	吊顶整体加速度
	A2	竖向	次龙骨加速度
	A3	竖向	次龙骨加速度
	A4	竖向	主龙骨加速度
位移传感器	D1	水平	吊顶整体位移
	D2	竖向	次龙骨加位移
	D3	竖向	次龙骨加位移
	D4	竖向	主龙骨加位移

结构的应变测点布置如图 10-21 所示，主龙骨应力测点选取了主龙骨弯矩的极值点，可以反应出主龙骨的受力状况，次龙骨的测点选取了次龙骨的跨中，弯矩最大值位置（表 10-8）。

表 10-8　应变测点布置

测点	位置	
S1～S8	主龙骨	弯矩极值点
S9～S12	次龙骨-左	跨中点
S13～S16	次龙骨-中	跨中点
S17～S19	吊杆	中、边、角位置吊杆

10.3.4　地震波输入与加载制度

试验加载按照多遇、罕遇地震的确定原则改变地震波的峰值，从小到大依次输入，加载制度如表 10-9 所示。表 10-9 中列出的峰值加速度为水平向峰值加速度，输入竖向地震波的峰值加速度为水平向峰值加速度的 0.65 倍。振动台试验开始前进行白噪声扫描（水平、竖向），以测定结构的自振频率。选取三条双向地震波：天津波（GM1，1976）、Loma 波（GM2，1989）及人工波（GM3）。人工波按照我国的抗震设计规范选取，场地卓越周期为 0.40s，地震波的加速度时程如图 10-22 所示，其相应的 5%阻尼比的地震反应谱如图 10-23 所示。在加载前后分别进行白噪声扫描，白噪声扫频时程为 20s。

表 10-9　振动台加载制度

工况	输入	方向	PGA/g	工况	输入	方向	PGA/g
1	白噪声	X	0.1	16	白噪声	X	0.1
2	白噪声	Z	0.1	17	白噪声	Z	0.1
3	天津波	X,Z	0.07	18	天津波	X,Z	0.4
4	Loma 波	X,Z	0.07	19	Loma 波	X,Z	0.4
5	人工波	X,Z	0.07	20	人工波	X,Z	0.4
6	白噪声	X	0.1	21	白噪声	X	0.1
7	白噪声	Z	0.1	22	白噪声	Z	0.1
8	天津波	X,Z	0.14	23	天津波	X,Z	0.62
9	Loma 波	X,Z	0.14	24	Loma 波	X,Z	0.62
10	人工波	X,Z	0.14	25	人工波	X,Z	0.62
11	白噪声	X	0.1	26	白噪声	X	0.1
12	白噪声	Z	0.1	27	白噪声	Z	0.1
13	天津波	X,Z	0.22	28	人工波	X,Z	0.8
14	Loma 波	X,Z	0.22	29	人工波	X,Z	1.0
15	人工波	X,Z	0.22	30	人工波	X,Z	3.0

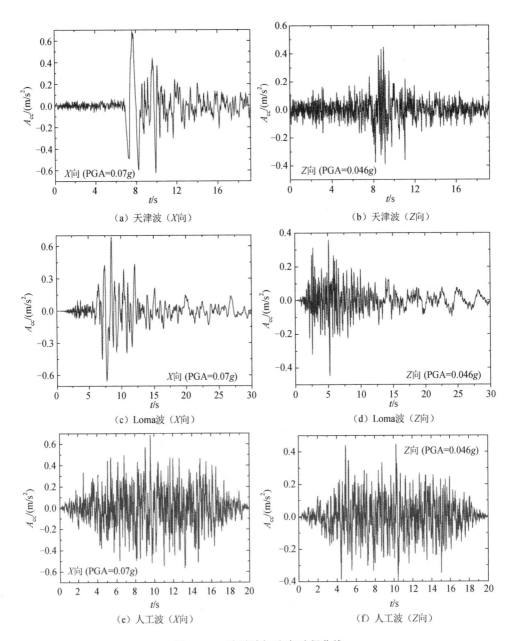

图 10-22　地震波加速度时程曲线

10.3.5　试验结果与分析

本次试验通过不断增大加速度的幅值，研究模型在中震到大震作用下的振动特性发展过程、位移变化和破坏特征。

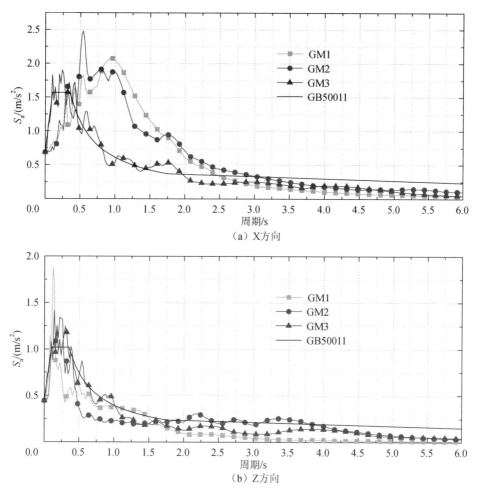

（a）X方向

（b）Z方向

图 10-23　5%阻尼比的地震反应谱

1. 自振频率和竖向地震响应

通过白噪声扫频得出框架结构水平方向的自振频率 24.8Hz，竖向的地震频率为 16.5Hz。上部支承结构的自振频率如表 10-10 所示。

表 10-10　上部支承结构的自振频率

上部主体结构	水平 X/Hz	竖向 Z/Hz
吊顶 I	23.36	50
吊顶 II	23.36	7.40
吊顶 III	23.36	8.47

2. 钢框架结构的加速度响应

图 10-24 列出了钢框架结构每层的最大加速度响应。除人工波外，水平方向

每一层的加速度响应基本接近，误差在13%以内。在竖向，每一层的加速度响应基本一致，可以认为每一层钢框架的结构的加速度响应基本一致，同样可以认为上部支承结构的输入地震动是基本一致的。

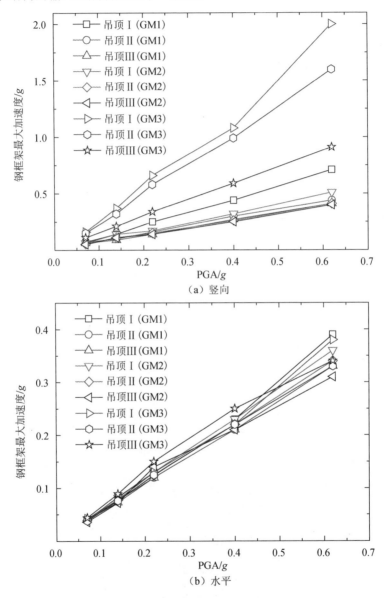

（a）竖向

（b）水平

图 10-24 钢框架结构加速度响应

3. 破坏现象

本次试验通过不断增大加速度的幅值，研究模型在中震到大震作用下的振动特性发展过程、位移变化以及破坏特征（表 10-11）。试验初始阶段，在峰值加速度为 0.07g、0.14g 时，吊顶系统振动不明显，没有发生任何破坏。刚性上部结构与柔性上部结构均未发生明显振动。随着输入地震波，峰值加速度为 0.4g，上部结为柔性结构的吊顶系统表现出明显的竖向振动。

表 10-11　破坏现象

PGA/g	破坏现象		
	吊顶 I	吊顶 II	吊顶III
0.07	无	无	无
0.14	无	无	无
0.22	无	无	无
0.40	无	吊顶板竖向振动	吊顶板竖向振动
0.62	横撑掉落	吊板明显的竖向振动	主次龙骨连接件破坏
0.8	1 块吊板掉落	吊板明显的竖向振动	1 块吊板掉落
1.0	3 块吊板掉落	1 块吊板掉落	4 块吊板掉落
3.0	31 块吊板掉落	27 块吊板掉落	16 块吊板掉落

当峰值加速度增加到 0.62g 时，出现了吊顶 I 的横撑的掉落[图 10-25（a）]，吊顶III则出现主次龙骨连接处的 U 形连接件破坏[图 10-25（b）]，但吊顶 II 仅表现出明显的竖向振动。当峰值加速度为 0.8g 时，吊顶 I 出现在吊顶角部一块吊板的掉落，同时伴随着有明显的竖向振动。当峰值加速度为 1.0g 时，吊顶系统（吊顶 I，吊顶 II 以及吊顶III）中吊板的掉落数量分别为 3 块、1 块和 4 块[图 10-25（d）～（f）]。当加载到峰值加速度为 3.0g 时，大量的吊板掉落，如图 10-25（g）所示。此时吊板的掉落情况如图 10-26 所示，可以看出，吊顶 I 的吊板掉落数量最多，吊顶III吊板的掉落数量最少，主要位于吊顶系统的四周。

（a）横撑破坏（吊顶 I）

（b）连接件破坏（吊顶 II）

（c）1块吊板掉落（吊顶III）

（d）3块吊板掉落（吊顶 I）

（e）1块吊板掉落（吊顶 II）

（f）3块吊板掉落（吊顶III）

图 10-25　振动台试验现象

（g）整体破坏

图 10-25　（续）

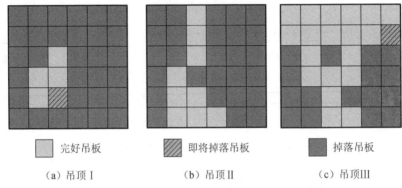

完好吊板	即将掉落吊板	掉落吊板
（a）吊顶 I	（b）吊顶 II	（c）吊顶 III

图 10-26　吊板掉落位置

　　表 10-12 总结了在整个振动台试验中的吊顶掉落的数据。表 10-13 列出了每一级加载工况下，吊板的掉落数量，吊板的掉落累积总和以及吊板掉落的面积比。图 10-27 为吊板的掉落面积比与峰值加速度的相关关系曲线，将其曲线拟合为对数正态分布函数。例如，当吊板的掉落面积比为 50%时，对应的峰值加速为分别 2.0g、2.4g 和 3.6g（吊顶 I，吊顶 II 和吊顶 III）。如不满足要求，则需要采取相应的加强措施。

表 10-12　吊板的掉落顺序

吊顶	PGA/g	掉落量		
		当前	总和	面积比/%
I	≤0.8	0	0	0
	1.0	3	3	8.33
	3	28	31	77.7
II	≤0.8	0	0	0
	1.0	1	1	2.7
	3.0	24	25	69.4
III	≤0.62	0	0	0
	0.8	1	1	2.7
	1.0	3	4	11.11
	3.0	13	16	44.4

表 10-13　吊顶加速度放大系数（水平）

PGA/g	吊顶 I			吊顶 II			吊顶III		
	GM1	GM1	GM3	GM1	GM1	GM3	GM1	GM1	GM3
0.07	0.95	0.82	1.99	0.57	0.73	1.32	1.00	1.36	1.29
0.14	0.99	0.98	2.63	0.87	0.96	1.89	1.05	1.22	1.45
0.20	1.04	1.09	3.91	1.36	1.14	2.00	1.57	1.38	1.97
0.40	2.87	1.64	4.31	1.73	1.35	2.71	1.49	1.89	2.20
0.62	2.7	1.9	4.23	2.35	2.06	2.97	1.93	2.05	2.33
0.80	—	—	3.96	—	—	2.50	—	—	2.21
1.00	—	—	3.84	—	—	2.06	—	—	2.05
3.00	—	—	3.09	—	—	2.73	—	—	2.27
max	4.31			2.97			3.27		
min	0.95			0.57			1.00		
median	2.40			1.74			1.71		

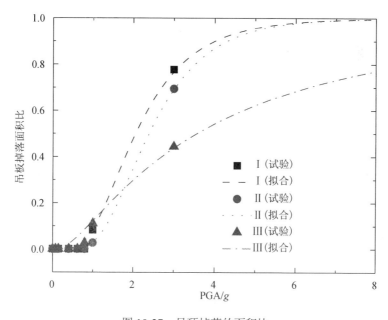

图 10-27　吊顶掉落的面积比

4. 吊顶加速度放大系数

　　吊顶系统的一个关键响应参数是吊顶的加速度响应与屋面加速度响应的比值，即吊顶加速度放大系数。基于吊顶及屋面的加速度响应，表 10-13 和表 10-14 分别列出了水平方向和竖向的吊顶加速度放大系数。ASCE 7-10 中规定，非结构构件的加速度放大系数 α_p 是描述非结构构件的地震响应和支承吊顶的上部结构地震响应的比值，通常取为 2.5。本试验中吊顶系统的水平加速度放大系数的均值分别为 2.4、1.74 和 1.71。试验获得的吊顶加速度放大系数均小于规范的建议值。

表 10-14 吊顶加速度放大系数（竖向）

测点	PGA/g	吊顶 I			吊顶 II			吊顶III		
		GM1	GM2	GM3	GM1	GM2	GM3	GM1	GM2	GM3
A2	0.07	1.78	1.38	2.13	4.17	2.38	2.67	5.19	1.76	3.30
	0.14	2.17	1.75	2.58	3.46	2.45	2.50	5.46	1.86	2.60
	0.20	2.38	1.54	2.25	3.08	2.35	1.91	5.45	1.62	2.53
	0.40	3.12	1.71	2.06	4.22	2.79	2.42	3.62	2.58	2.86
	0.62	3.21	1.64	2.63	3.39	3.59	2.90	2.21	3.03	2.85
	0.80	—	—	2.26	—	—	1.84	—	—	1.23
	1.00	—	—	2.49	—	—	1.75	—	—	1.19
	3.00	—	—	2.75	—	—	8.16	—	—	5.06
A3	0.07	1.73	1.20	1.60	3.29	2.13	1.75	3.19	1.84	2.50
	0.14	1.53	1.16	1.81	2.65	2.34	1.86	4.31	1.74	2.07
	0.20	1.48	1.33	1.53	2.25	2.33	1.49	3.98	1.56	1.79
	0.40	2.04	1.22	1.44	1.83	2.30	1.62	4.31	1.82	1.88
	0.62	2.05	1.36	1.48	2.22	2.32	2.26	3.00	2.36	1.93
	0.80	—	—	2.03	—	—	1.22	—	—	0.75
	1.00	—	—	2.03	—	—	1.92	—	—	0.79
	3.00	—	—	3.05	—	—	5.39	—	—	4.26
A4	0.07	2.08	1.07	1.85	9.41	3.85	4.50	3.67	2.37	2.36
	0.14	1.58	1.12	2.03	7.68	4.52	4.78	4.44	1.71	2.34
	0.20	1.45	1.03	1.70	5.78	4.60	3.71	3.58	1.74	1.93
	0.40	1.51	1.19	1.87	4.52	4.30	3.62	3.70	1.72	1.94
	0.62	1.92	1.24	1.94	3.42	4.41	4.05	2.32	1.94	2.09
	0.80	—	—	1.34	—	—	2.45	—	—	2.88
	1.00	—	—	1.46	—	—	2.46	—	—	2.18
	3.00	—	—	2.42	—	—	4.58	—	—	3.81
最大值		3.21			9.41			5.46		
最小值		1.03			1.22			0.75		
均值		1.92			3.33			2.69		

在竖直方向，非结构构件的加速度放大系数按照 ICC-AC156 可取为 2.5（与水平方向相同）或 2.67。本试验中，吊顶系统的竖向加速度放大系数的均值分别为 1.82、3.33 和 2.69（吊顶 I、吊顶 II 和吊顶III）。对于吊顶 II 和吊顶III超出了规范的建议值，分别比建议值增加 33%和 8%，其原因主要是上部支承结构的竖向振动。对于吊顶 II，其上部支承结构竖向自振频率为 8.47Hz，相比于吊顶 I（竖向自振频率为 50Hz）比较柔，所以导致吊顶 II 的竖向加速度放大系数为吊顶 I 的 1.81 倍。但是，对于吊顶III，由于在吊杆中间设置一铰，在相同的情况下，竖向加速度放大系数只为吊顶 II 的 85%。由此可见，吊杆中间设铰对降低吊顶的竖向地震反应比较有效。因此对于柔性上部支承结构的非结构构件竖向加速度放大系数应适当提高。

5. 吊顶位移响应

图 10-28（a）列出了测点 D1 的水平位移响应。吊顶 I 的水平位移响应最大，

主要是由于其框架最上层的水平响应最大。吊顶Ⅱ和吊顶Ⅲ的水平响应比较接近。图 10-28（b）～图 10-28（d）列出了测点 D2，D3 和 D4 的竖向位移响应。从图

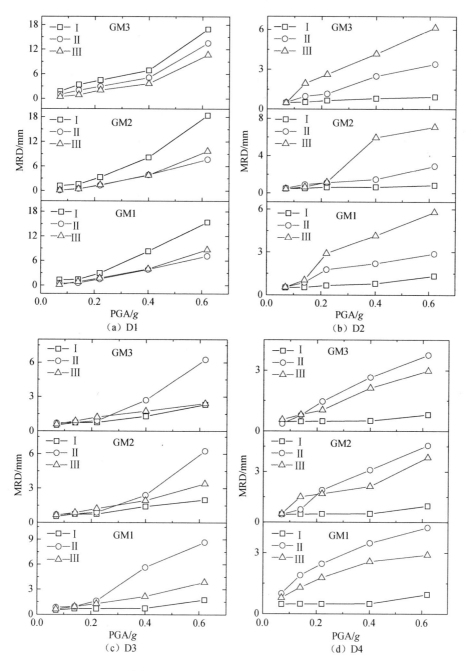

图 10-28　吊顶位移响应（单位：mm）

注：MRD 代表吊顶测点的最大位移响应

中可以看出，吊顶Ⅰ的位移响应最小。当峰值加速度小于等于 0.2g，吊顶Ⅰ和吊顶Ⅱ的水平加速度响应基本接近。但是，随着峰值加速度的增大，吊顶Ⅱ的竖向位移迅速增大，达到吊顶Ⅰ的 1.75～6.5 倍。而对于吊顶Ⅱ，从测点 D3 和 D4 来看，其竖向位移响应相比吊顶Ⅱ有所降低，降低幅度达 10%～62%。当峰值加速度为 3.0g 时，按照线性插值法图 10-29 列出了吊顶 1/4 部分的竖向位移云图。吊顶中点的位移最大，吊顶Ⅰ、Ⅱ、Ⅲ中点的位移值分别为 12.1mm、66mm 和 28mm。吊顶Ⅰ的竖向最大位移值小于吊顶 2 和吊顶 3，可以认为，吊顶Ⅰ吊板掉落面积比达到 77.7%的主要原因是很大水平上的加速度响应所导致。

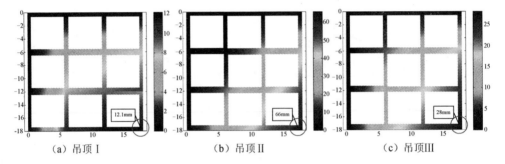

(a) 吊顶Ⅰ　　　　　　(b) 吊顶Ⅱ　　　　　　(c) 吊顶Ⅲ

图 10-29　吊顶位移云图（单位：mm）

6. 吊顶应力

表 10-15 列出了当峰值加速度为 3.0g 时测点的应力响应。从试件的拉伸试验中可以对比得出，测点的应力值均小于主龙骨、次龙骨、横撑和吊杆的材料屈服强度 286.5MPa、285.9MPa、285.9MPa 和 362.66MPa。吊顶网格失效的主要原因是主次龙骨连接处、次龙骨与横撑连接处的吊件破坏，因此，需要对吊顶龙骨连接处采取加强措施。

表 10-15　测点的最大应力　　　　（单位：MPa）

测点	吊顶Ⅰ	吊顶Ⅱ	吊顶Ⅲ
S1	14.9	9.1	5.8
S2	18.5	23.2	38.7
S3	12.9	10.9	13.1
S4	14	20.4	19.7
S5	32.4	26.9	29.9
S6	50.5	41.2	49.8
S7	57.8	9.2	68.3
S8	67.7	39.6	21.6
S9	15.1	28.7	27.9
S10	19.6	21.2	12.4
S11	24.7	48.4	20.2

7. 损伤极限状态分析

HAZUS-MH MR3 规定了吊顶系统的不同损伤状态，分别为：轻微破坏、中等破坏、严重破坏以及完全破坏。Badillo-Almaraz 等详细定义了不同损伤状态的具体规定。损伤状态 1（轻微破坏）认为吊顶板的掉落面积比为 1%。损伤状态 2（中等破坏）认为吊顶板的掉落面积比为 10%；而损伤状态 3（严重破坏）则认为吊顶板的掉落面积比为 33%；损伤状态 4（完全破坏）则为吊顶板的完全掉落。表 10-16 则列出了吊顶Ⅰ～Ⅲ在不同损伤状态下的峰值加速度值。从表中可以看出，吊顶Ⅰ在不同损伤状态下的峰值加速度比吊顶Ⅱ的小，主要原因是吊顶Ⅰ的上部支承结构的水平加速度较大。除损伤状态 1 以外，对吊顶Ⅱ在不同损伤状态下的峰值加速度均比对吊顶Ⅲ的小，可见吊杆中间设铰可以降低吊顶的地震反应。

表 10-16　吊顶系统损伤状态

损伤极限状态	PGA/g		
	吊顶Ⅰ	吊顶Ⅱ	吊顶Ⅲ
轻微破坏（1%）	0.85	1.12	0.6
中等破坏（10%）	1.56	1.9	2.05
严重破坏（33%）	2.08	2.4	2.75

10.4　非结构构件抗震性能发展趋势和展望

众多地震灾害调查报告显示，非结构构件的震害主要集中在吊顶、管道、隔墙等系统上。针对不同非结构构件的抗震性能与抗震设计方法的研究仍有待深入开展。

1. 不同主体结构的非结构构件抗震性能及破坏机理有待深入研究

以吊顶为例，目前针对吊顶系统的失效形式和破坏机理的研究主要针对的是钢框架或钢筋混凝土框架结构，框架结构由于其抗侧刚度差，以水平振型为主；其他结构形式，如大跨建筑结构，自由度多，自振频率分布密集，振型复杂，振型之间相互耦联，往往结构第一振型以竖向振动为主。Furukawa 等对隔震结构与非结构构件进行的足尺振动台试验研究得出：虽然竖向楼面加速度在不超过 2g 时，家具和医疗设备等不会出现过大的振动，但是加速度超过此值后，竖向振动明显增大。因此，针对不同主体结构的非结构构件抗震性能及破坏机理仍有待深入研究。

2. 基于性能的非结构构件破坏指标不清晰

地震损伤等级划分是基于性能抗震研究的基础。对吊顶系统的地震损伤状态进行划分，可以为建立易损性曲线建立依据。表 10-17 表述了 FEMA356、HAZUS-

MH MR3、Bodillo Almaraz 及 Magliulo 针对吊顶系统的损伤状态的定义。从表 10-18 中规定看出，基于性能的吊顶系统损伤状态主要以吊顶板的掉落或者网格的失效为评判标准，由于吊顶系统构造的复杂性及多变性，系统各部件之间存在复杂的相互作用，上部结构对吊顶的抗震性能有很大的影响，所以需要建立不同主体结构的吊顶系统破坏模式，制定出吊顶系统的损伤状态及具体评判指标。同时，针对管道、隔墙等其他非结构构件也需要制定具体的损伤状态。

表 10-17　吊顶系统损伤状态

参考规范或文献	损伤状态	损伤描述
FEMA356	完好	吊顶板有移动或脱落
	立即使用	几块吊顶板掉落或脱开
	生命安全	大量吊顶板损伤和掉落
HAZUS-MH MR3	轻微破坏	几块吊顶板移动或掉落
	中等破坏	大量吊顶板掉落、网格骨架局部脱开或屈曲
	严重破坏	大量的网格骨架屈曲，局部倒塌
	完全破坏	完全倒塌或基本所有的网格骨架屈曲
Badillo-Almaraz	轻微破坏	1%吊顶板掉落
	中等破坏	10%吊顶板掉落
	严重破坏	33%吊顶板掉落
	网架失效	轻钢网格骨架局部或整体失效
Magliulo	完好	10%的吊顶板掉落
	立即使用	30%的吊顶板掉落
	生命安全	50%的吊顶板掉落

3. 基于试验及解析法相结合的非结构构件易损性分析有待深入研究

地震易损性（seismic fragility）是指在不同强度地震作用下结构发生各种不同破坏状态的概率。国内外研究学者提出了很多易损性评估方法，主要有经验法、解析法、试验法和兼而有之的混合法。经验易损性曲线是在建筑震害现场调查的基础上，建立的峰值地面加速度、爱氏地震动强度或有效峰值加速度的函数。易损性函数多呈正态分布和对数正态分布。采用解析法进行结构易损性分析时，首先应建立结构的力学模型；其次，建立运动方程并选择合适的地震动输入和分析方法计算结构的地震反应；最后，依据地震反应和结构在不同强度水平下极限状态之间的关系，确定不同地震动作用下结构处于不同状态的条件概率。典型的结构地震反应分析方法有反应谱法、非线性静力分析法、非线性动力分析方法等。其主要缺点是计算工作量大。结构模型的建立、分析方法的选择、计算假定、地震危险性的考虑以及破坏状态的定义都显著地影响易损性分析的结果，从而影响风险评估的结果。随着结构地震反应理论模型、非线性分析方法、样本采样技术以及可靠度分析方法的不断发展和完善，由解析法估计结构的易损性越来越显现出广阔的发展前景。Soroushian 等针对管道系统进行了基于试验和解析相结合的易损性分析，对组成管道系统的焊接接头、螺纹连接接头、吊杆、连接件等进行了单调加载和拟静力加载，拟合其易损性曲线，基于试验结构建立管道系统的数值分析模型，通过大量的数值分析，考虑管道的泄露和开裂，建立了基于试验和解析相结合的易损性曲线。由于试验的数量有限，耗费的成本比较大，开展合理有效的非结构构件数值建模方法，研究结构反应参数与非结构构件地震损伤状态的对应关系，研究可以预测非结构构件损伤状态的实用且有效的抗震性能指标，为非结构构件的基于性能的抗震研究提供基础。

4. 非结构构件反应谱分析理论急需深入开展

目前各国抗震规范对非结构构件的地震作用进行计算的采用等效侧力法。等效侧力法是将非结构构件作为单自由度系统，侧向地震力与重力成正比，作用于重心。一般考虑设计加速度、功能（或重要性）系数、构件类别系数、位置系数、动力放大系数和构件重力系数 6 个因素。由于对各个系数的理解还不够深入，各国规范中这些系数的取值也多半出于经验，而没有经过周密的实验和理论研究。同时，各国的规范对各个系数的解释和取值规定也各不相同，因此，计算出的相同条件下构件的地震力差别也很大，如不同规范计算出的同一构件的地震力可能相差 5 倍。同时目前规范主要以非结构构件的的水平地震作用进行规定，不考虑构件的竖向地震作用，只有 FEMA356 进一步规定了竖向地震作用的计算方法，但是没有明确指出什么情况下该考虑构件的竖向地震作用。因此，需要建立不同主体结构的"楼面反应谱"以期提出合理的非结构构件的水平地震作用和竖向地震作用的设计方法。

5. 非结构构件抗震构造措施研究

非结构构件的抗震构造措施对非结构构件抗震设计至关重要。非结构构件急需依据对其失效激励的分析结果，确定非结构构件的抗震薄弱位置，结合施工工艺，提出不同非结构构件的抗震构造措施。

参 考 文 献

国巍, 李宏男, 2008. 多维地震作用下偏心结构楼板谱分析[J]. 工程力学, 25(7):125-132.

国巍, 李宏男, 2009. 考虑扭转耦联效应的附属结构最优位置分析[J]. 计算力学学报, 26(6):797-803.

国巍, 李宏男, 柳国环, 2010. 非线性建筑物上的附属结构响应分析[J]. 计算力学学报, 27(3):476-481.

韩淼, 秦丽, 2003. 多点连接二次结构地震响应的研究方法[J]. 北京建筑工程学院学报, 19(4):13-17.

韩淼, 王亮, 2001. 二次结构系统抗震研究的发展综述及展望[J]. 北京建筑工程学院学报, 17(4):30-34.

韩庆华, 寇苗苗, 芦燕, 等, 2014. 国内外非结构构件抗震性能研究进展[J]. 燕山大学学报, (2):181-188.

韩庆华, 张鹏, 芦燕, 2014. 基于传递函数法的大跨建筑非结构构件动力性能研究[J]. 土木工程学报, (S2):79-84.

黄宝锋, 卢文胜, 2009. 非结构构件地震破坏机理及抗震性能分析[A]//第 18 届全国结构工程学术会议论文集(第Ⅲ册)[C]. 77-83.

康希良, 赵鸿铁, 薛建阳, 等, 2006. 悬吊质量结构减震性能的研究[J]. 兰州理工大学学报, 32(4):112-116.

刘小娟, 蒋欢军, 2013. 非结构构件基于性能的抗震研究进展[J]. 地震工程与工程振动, 33(6):053-62.

董石麟, 钱若军, 2000. 空间网格结构分析理论与计算方法[M]. 北京: 中国建筑工业出版社.

秦丽, 郭声波, 李业学, 2011. 单点支撑非结构构件抗震减震研究综述[J]. 世界地震工程, 27(3): 163-168.

秦权, 李瑛, 1997. 非结构件和设备的抗震设计楼面谱[J]. 清华大学学报(自然科学版), 37(6):82-86.

秦权, 聂宇, 2001. 非结构构件和设备的抗震设计和简化计算方法[J]. 建筑结构学报, 22(3):15-20.

王勃, 2015. 大跨建筑结构中吊顶系统的动力特性及其试验研究[D]. 天津大学, 天津.

谢礼立, 吕大刚, 2005. 结构动力学理论及其在地震工程中的应用[M]. 第 2 版. 北京: 高等教育出版社.

徐芝纶, 1990. 弹性力学[M]. 北京: 高等教育出版社.

于晓辉, 吕大刚, 王光远, 2008. 土木工程结构地震易损性分析的研究进展[C]. 第二届结构工程新进展国际论坛.

曾奔, 周福霖, 徐忠根, 2009. 隔震结构基于功率谱密度函数法的楼层反应谱分析[J]. 振动与冲击, 28(2):36-39.

中华人民共和国住房和城乡建设部. 建筑抗震设计规范: GB 50011—2010[S]. 北京: 中国建筑工业出版社, 2010.

周奎, 李伟, 余金鑫, 2011. 地震易损性分析方法研究综述[J]. 地震工程与工程振动, 31(1): 106-113.

周艳龙, 张鹏, 2010. 结构地震易损性分析的研究现状及展望[J]. 四川建筑, 30(3): 110-114.

Acceptance criteria for seismic certification by shake-table testing of nonstructural components[S]. AC156, ICC-ES Evaluation Committee, Whittier, CA, 2010.

American Society of Civil Engineers, Minimum design loads for buildings and other structures(SEI/ASCE 7-02) [S]. Reston, Va., 2003.

Applied Technology Council(ATC), Tentative provisions for the development of seismic regulations for buildings(ATC Rep. No.3-06) [R]. Palo Alto, California, 1978.

BADILLO-ALMARAZ H, WHITTAKER A, REINHORN A, et al, 2006. Seismic fragility of suspended ceiling systems[J]. Almaraz, 23(1).

Building Seismic Safety Council (BSSC), NEHRP recommended provisions for the development of seismic regulations for new buildings(1985 Ed., FEMA-95)[R]. Federal Emergency Management Agency, Washington, D.C., 1986.

CHAUDHURI S R, VILLAVERDE R, 2008. Effect of building nonlinearity on seismic response of nonstructural components: a parametric study[J]. Journal of Structural Engineering(ASCE), 134(4): 661-670.

COSENZA E, SARNO L D, MADDALONI G, et al, 2015. Shake table tests for the seismic fragility evaluation of hospital rooms[J]. Earthquake Engineering & Structural Dynamics, 44(1):23-40.

Council of Standards New Zealand, Structural design actions part 5: earthquake actions-NewZealand(NZS 1170.5:2004) [S]. Wellington, New Zealand, 2004.

European Committee for Standardization(CEN), Eurocode 8: design of structures for earthquake resistance-part 1: general rules, seismic actions and rules for buildings(EN 1998-1) [S]. Brussels, Belgium, 2004.

Federal Emergency Management Agency, Pre-standard and commentary for the seismic rehabilitation of buildings (FEMA 356)[S]. Washington D.C., USA, 2000.

FILIATRAULT A, MOSQUEDA G, RETAMALES R, et al, 2010. Experimental Seismic Fragility of Steel Studded Gypsum Partition Walls and Fire Sprinkler Piping Subsystems[J]. American Society of Civil Engineers, (369):2633-2644.

FURUKAWA S, SATO E, SHI Y D, et al, 2013. Full-scale shaking table test of a base-isolated medical facility subjected to vertical motions[J]. Earthquake Engineering & Structural Dynamics, 42(13):1931-1949.

GILANI A, REIHORN A, INGRATTA T, et al, 2008. Earthquake Simulator Testing and Evaluation of Suspended Ceilings: Standard and Alternate Perimeter Installations[C]. Structures Congress, 1-10.

GILANI A, REINHORN A, GLASGOW B, et al, 2010. Earthquake simulator testing and seismic evaluation of suspended ceilings[J]. Journal of Architectural Engineering, 16(2):63-73.

GOODWIN E R, MARAGAKIS E M, ITANI A M, et al, 2007. Experimental evaluation of the seismic performance of hospital piping subassemblies[R]. Technical Report MCEER-07-0013.

International Code Council(ICC) [S]. International building code, Whittier, California, 2003.

LI Q, CHEN J, 2003. Nonlinear elastoplastic dynamic analysis of single-layer reticulated shells subjected to earthquake excitation[J]. Computers and Structures, 81(4): 177-188.

LIN J, MAHIN S A, 1985. Seismic Response of Light Subsystems on Inelastic Structures[J]. Journal of Structural Engineering, 111(2):400-417.

MAGLIULO G, PENTANGELO V, CAPOZZI V, et al, 2012. Shake table tests on plasterboard continuous ceilings[C]. The 15th World Conference on Earthquake Engineering, Lisbon, Portugal.

MAGLIULO G, PENTANGELO V, MASSALONI G, et al, 2012. Shake table tests for suspended continuous ceilings[J]. Bulletin of Earthquake Engineering, 10(6): 1819-1832.

MCCORMICK J, MATSUOKA Y, PAN P, et al, 2008. Evaluation of non-structural partition walls and suspended ceiling systems through a shake table study[M]. ASCE-SEI Structures Congress, Vancouver, BC, Canada, 1-10.

MEDINAA R A , SANKARANARAYANANA R, KINGSTON K M, 2006. Floor response spectra for light components mounted on regular moment-resisting frame structures[J]. Engineering Structures, 28(14):1927-1940.

Minimum design loads for buildings and other structures[S]. ASCE/SEI 7-10, ASCE, Reston, VA, 2010.

Multi-hazard loss estimation methodology, earthquake model[S]. HAZUS-MH MR3, FEMA, Washington, D.C., 2003.

NAKASO Y, KAWAGUCHI K, OGI Y, et al, 2015. Seismic control with tensioned cables for suspended ceilings[J]. Journal of the International Association for Shell and Spatial Structures, 56 (4) :231-238.

National Earthquake Hazards Reduction Program(NEHRP), Multi-hazard loss estimation methodology, earthquake model(HAZUS-MH MR3)[S]. Washington, D.C., 2003.

PETRONE C, MAGLIULO G, MANFREDI G, 2016. Floor response spectra in RC frame structures designed according to Eurocode 8[J]. Bulletin of Earthquake Engineering, 14(3):747-767.

POLITOPOULOSA I, 2010. Floor spectra of MDOF nonlinear structures[J]. Journal of Earthquake Engineering(ASCE), 14(5):726-742.

Recommended seismic for new buildings and other structures[S]. FEMA P-750, NEHRP, Washington, D.C., 2009.

RETAMALES R, DAVIES R, MOSQUEDA G, et al, 2013. Experimental seismic fragility of cold-formed steel framed gypsum partition walls[J]. Journal of Structural Engineering, 139(2):1285-1293.

RIHAL S S, GRANNEMAN G, 1984. Experimental investigation of the dynamic behavior of building partitions and suspended ceilings during earthquake[R]. Interim Progress Report prepared for the National Science Foundation, Report # ARCE R84-1, Architectural Engineering Department, California Polytechnic State University, San Luis Obispo, USA, June.

SOROUSHIAN S, MARAGAKIS E, ZAGHI A E, et al, 2014. Comprehensive analytical seismic fragility of fire sprinkler piping systems[R]. Technical Report MCEER-14-0002.

SOROUSHIAN S, RYAN K L, MARAGAKIS M, et al, 2012. Seismic Response of Ceiling/Sprinkler Piping Nonstructural Systems in NEES TIPS/NEES Nonstructural/NIED Collaborative Tests on a Full Scale 5-Story Building[C]. Structures Congress, 1315-1326.

YAO G C, 2000. Seismic performance of direct hung suspended ceiling systems[J]. Journal of Architectural Engineering, 6(1):6-11.

YIN Y, HUANG X, HAN Q H, et al, 2009. Study on the accuracy of response spectrum method for long-span reticulated shells[J]. International Journal of Space Structures, 24(1):27-35.